The Wonders of Physics

奇妙的物理学

〔俄〕A．瓦尔拉莫夫
〔俄〕L．阿斯拉马卓夫 \著

潘士先 译

科学出版社
北京

图字：01-2012-2164 号

图书在版编目(CIP)数据

奇妙的物理学/（俄罗斯）瓦尔拉莫夫（Varlamov，A.）等著；潘士先译 .—北京：科学出版社，2014. 2
（20 世纪科普经典特藏）
书名原文：The Wonders of Physics
ISBN 978-7-03-039444-6

Ⅰ.①奇… Ⅱ.①瓦… ②潘… Ⅲ.①物理学-普及读物 Ⅳ.①04－49

中国版本图书馆 CIP 数据核字（2013）第 311388 号

责任编辑：侯俊琳　李　娄 / 责任校对：桂伟利
责任印制：师艳茹 / 封面设计：黄华斌

科学出版社出版
北京东黄城根北街 16 号
邮政编码：100717
http：//www. sciencep. com
三河市骏杰印刷有限公司印刷
科学出版社发行　各地新华书店经销
*
2014 年 2 月第　一　版　　开本：720×1000 1/16
2024 年 8 月第二十二次印刷　　印张：16 1/4　插页：1
字数：225 000

定价：48.00 元

（如有印装质量问题，我社负责调换）

中文版序言

放在读者面前的《奇妙的物理学》是一本不寻常的书。

物理学研究自然世界运动的基本规律。20世纪物理学的两大革命性突破——相对论和量子论，导致了科学技术的革命，造就了信息时代的物质文明。手机通信、音乐/视频播放器、数码相机、互联网、全球定位系统等现代生活必不可少的便利，都离不开物理学等基础学科和立足于它们的激光、电子学、计算机等先进技术。然而，这些现代技术中运用的物理规律似乎高不可攀、神秘莫测，离中学课本里的物理学及日常生活现象越来越远。《奇妙的物理学》这本书有助于读者缩短这个距离，填补中间的空白。

俄罗斯（苏联）有很好的科普传统，许多著名科学家十分重视科普工作。《奇妙的物理学》一书的作者列夫·阿斯拉马卓夫（Lev Aslamazov，1944～1986）和安德烈·瓦尔拉莫夫（Andrey Varlamov）继承了这个传统。他们是优秀的理论物理学家，在超导理论研究等方面有卓越的贡献。该书是基于他们在著名科普杂志《量子》（*Quantum*）发表的一系列文章写成的。不幸的是第一位作者在俄文版第一版面世前早逝（1986年），以后的工作都由第二位作者完成。

该书最大的特点是用物理规律阐述我们周围熟悉的现象，深入浅出，可以引起读者很大的兴趣。为什么搅动杯中的水，茶叶会聚集到杯底的中央；河流的弯道如何形成；湖泊可以有几个出水口；为什么天空是蓝色的；为什么有的酒杯“会唱歌”，有的不会；为什么肥皂水能起泡，而清水不行；为什么电缆会嗡嗡响。这些看起来简单，或者似乎复杂的现象都有基本的物理规律“管着”。耐心的读者能从该书中找到许多有趣问题的答案，引发出更多的、值得思考的“为什么”。

这是一本认真的通俗读物，“通”而不“俗”，它能比较准确地描述和解释现象，而不是停留在“比划”的层次上。对于有高中物理基础的读者来说，一边看书，一边用笔“写写画画”，可以理解书中公式的含义和数量级的估算，为进一步学习、钻研打下很好的基础。从这个意义上讲，该书是严肃的科普读物的典范。出版后市场的反应证实了它的价值：俄文版已出第四版，英文版第三版也已问世，还出了意大利文版和西班牙文版，德文版和日文版正在筹备中。相信该书的中文版是对我们科普文库的一个重要的扩充和提升。

该书的最新版中增加了许多“与时俱进”的内容，包括对纳米、高温超导、核磁共振、量子计算等科学技术新进展的介绍，甚至对煮咖啡和酿造葡萄酒过程中的物理现象也有引人入胜的描述，读起来饶有兴趣。希望读者喜欢这本书，并从中得益。

中国科学院院士，于　渌

2013 年 3 月于北京

英文版前言

我很高兴把《奇妙的物理学》英文版第三版呈献给读者。自从这本书在苏联出版后，已经过去了1/4个世纪。这本书的生命很长，很受读者欢迎。在第二版出版后，接着出了俄文版第三版和第四版，然后是两个英文版，一个意大利文版和一个西班牙文版。

在最近的1/4个世纪中，世界经历了很大的变化。我们生活中轻重缓急的次序改变了。新一代读者成长起来，作者在20世纪80年代中期写第一版时做梦都想不到的科学和技术新成就，如今变成了我们生活的一部分。随着物理学的进展，这本书也在不断发展。如今它的篇幅比以前增加了一倍，增加了新的内容；它告诉读者许多重大发现，包括高温超导、核磁共振等，也展示了一个叫做纳米物理学的广阔的研究领域，当然也包括这些新发现在日常生活中的应用。

最近10年，我一直住在意大利，在那里，饮食文化是公众最感兴趣的方面之一。我最初在意大利出版物上发表的关于咖啡和葡萄酒酿造的物理学的文章，是我努力想要理解物理学定律如何在人类日常活动中起作用（这是我新发现的一个领域）的结果。这些文章出乎预料地受到了广泛的欢迎和正面回应，它们被翻译成好几种语言，还在电视上讨论。这就是“厨房里的物理学”这样一个新部分出现在俄文版中的缘故。我希望读者喜欢它。

阿斯拉马卓夫和我写这本书既是为了满足我们的好奇心，也是为了和读者分享我们对物理学在其一切自然体现中美的赞赏。我们把大量时间放在教授各种水平的物理学上，我们的学生有富有天赋的新生，也有成熟的博士生。我们的全部经验让我们深信，除了正规和严格地学习这门学科，“艺术”方法——教师（或作者）用它证明物理学在日常现象中的重要性——也是至关重要的。我希望本书从标题到内容都成功地传达了我们对物理学的领会。本书是以我们最近 40 年里在《量子》(*Kvant*) 杂志和其他期刊上发表的文章为基础写成的。

我要向我的许多朋友和同事表示深切的感谢,没有他们,这一版是不可能完成的。首先是科学编辑、我亲爱的老朋友阿历克斯·阿布里科索夫 [Alex Abrikosov (Jr.)] 博士。他热情,具有渊博的科学知识,他的翻译、评论和指正使英文版得以面世。他的这项工作因与我的朋友 Dmitriy Znamensky 博士和 Janine Vydrug 的合作而大为增色。书中有几章是以我和我的朋友合写的文章为基础的,他们是 G. Balastrino 教授、A. Buzdin 教授、Yu. Galperin 教授、A. Rigamonti 教授,还有我的高中老师 A. Shapiro 博士。感谢他们的贡献。

我深切感谢我的编辑:D. De Bona 博士、L. Panyushkina 博士、T. Petrova 博士、V. Tikhomirova 博士和 A. Ovchinnikov 博士,没有他们的专业精神和前几版的合作,就不会有现在这一版。

最后,我以我自己及阿历克斯·阿布里科索夫的名义衷心感谢另外三位,其中两位是阿历克斯的父母、我们的物理和生活老师 Alexei 和 tatyana Abrikosov,第三位是我们从学生时代起共同的朋友 Serguei Pokrovski。他们在我们的工作中起着十分重要的作用。

安德烈·瓦尔拉莫夫

罗马,2011 年

俄文版前言摘录

物理学是20世纪科学和技术革命的领头羊。今天，物理学继续决定着人类前进的方向。最明显的例子是最近高温超导的发现，它或许会急剧改变现代技术的整个体系结构。

然而科学家越是深入宇宙和微观粒子的世界，离传统的中学物理学（讲变压器，与地平线成一角度发射的火箭和导弹等）也就是大多数人认为的那种物理学越远。普及读物的目的是填平这条鸿沟，把现代物理学的精华带到好奇的读者面前，同时展示其主要成就。这是一项困难的任务，不容玩忽。

你手里的这本书发扬了这类著作的最好传统。这本书由理论物理学家和具有奉献精神的科学知识普及者撰写，它把读者带到量子固态物理学的最新成就面前，同时又告诉读者物理学定律如何在那些看来平淡无奇的事物和我们周围的自然现象中现身。最重要的是，它展示了科学家眼中的世界，足以“证明与代数的和谐”。

可惜这本书的作者之一、超导理论的著名专家、长期担任科普杂志《量子》副主编的L.G. 阿斯拉马卓夫教授没有看到这本书的问世，这是极大的遗憾。

我希望从高中生到专业物理学家的广大读者，会发现阅读这本内容极为丰富的书是真正有趣、愉快和有益的体验。

2003年诺贝尔物理学奖获得者，阿列克谢·阿布里科索夫

莫斯科，1987年

英译者的话

让我把这本书译成英文是很大的荣幸。现在，在这片物理学的神奇土地上，我是你的翻译，但这并非巧合。

首先，对于我来说，物理学好像“家事”一般，这一点你大概已经猜到了。自儿时我就温馨地记着的许多人，原来都是物理学家。我记得当我还是一个 10 岁孩子的时候，阿斯拉马卓夫（当时的研究生，后来的教授）在敖德萨①的海滩上晒太阳。然后，高中时我交了第一个朋友——A. 瓦尔拉莫夫。我们决定并同时进入莫斯科理工学院。我们长时间地争论许多与物理学有关和无关的事。这本书中有些题目唤醒了我对那些日子的记忆。

多亏新的《量子》杂志的问世，我的“物理倾向”才得以充分发展。《量子》有一个年轻而热情的编辑团队，阿斯拉马卓夫一开始就在那里。他的《蜿蜒赴海》发表在第一期上。当我们成长了些，我们开始自己动手写，本书的每一章几乎都曾发表于《量子》。

在我的论文中有我第一篇普及作品的稿子。Leva（大家都这么叫他）拒绝了它。他解释说，不要简单地写出我们从课本上知道的东西，而是要找到新的聪明和清晰的例子来说明我们的知识。在他看来，这是普及科学知识最主要也是最困难的任务。如你所看到的，这正是本书的精神。

我对物理学的热爱让我愿意翻译这本书，虽然英语不是我的母语。我希望，我努力注入这本书里的那份非语言知识至少部分地补偿了它的“俄罗斯味”。我想，一些不可避免的疏忽不致惹恼你，倒会

① 敖德萨是黑海沿岸城市，传统的理论物理学春季专题讨论会在那里召开。

把你逗乐。

当然，我不会独自冒险，你读到的是我和我的翻译同伴兹南明斯基（Dmitriy Znamensky）通力合作的结果，我从他那里学到了很多。由我来写这一段文字只不过是老朋友的特权，对他的贡献绝无贬损之意。

在完成翻译工作的过程中，我们想要纪念过去的伟大科学家，因此加了简短的传记性脚注。

阿列克谢·阿布里科索夫

莫斯科，2000年

目　录

中文版序言

英文版前言

俄文版前言摘录

英译者的话

第1部分　户外物理学 ………………………… 1

第 1 章　蜿蜒赴海 ………………………… 3

第 2 章　从湖泊出发的河流 ……………… 9

第 3 章　海洋电话亭 …………………… 11

第 4 章　在蓝色中 …………………… 21

第 5 章　月光沼泽 …………………… 30

第 6 章　傅科摆和贝叶尔定律 ………… 33

第 7 章　月制动 ……………………… 41

第2部分　星期六晚上的物理学 ………… 45

第 8 章　小提琴为何歌唱 …………… 47

第 9 章　鸣叫和沉默的酒杯 ………… 53

第 10 章　泡和滴 ………………………… 59

第 11 章　魔灯之谜 ……………………… 71

第 12 章　水麦克风：贝尔的一项发明 …… 80

第 13 章　波如何传输信息 …………… 84

第 14 章　为何电线嗡嗡叫 …………… 91

第 15 章　沙滩上的脚印 ……………… 96

第 16 章　如何防止雪堆积 ………… 106

第 17 章　列车上的体验 ………… 108

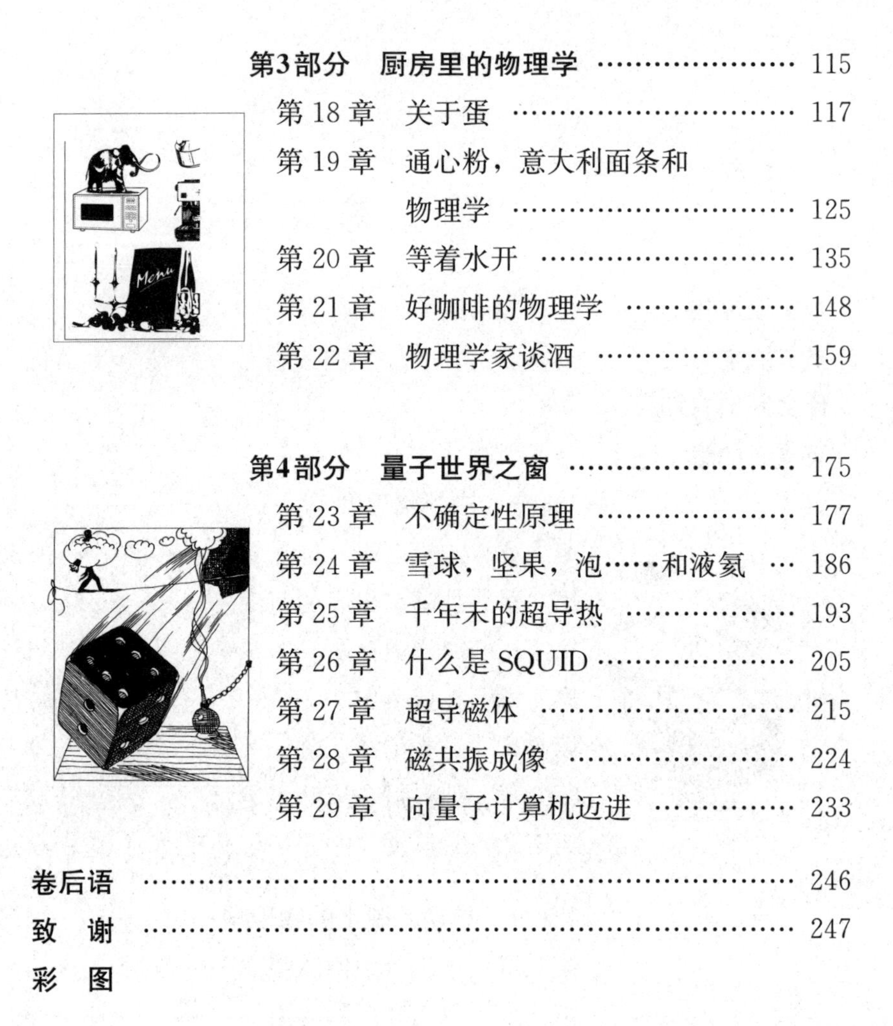

第3部分　厨房里的物理学 …………………… 115

第 18 章　关于蛋 …………………………… 117

第 19 章　通心粉，意大利面条和物理学 …………………………… 125

第 20 章　等着水开 ………………………… 135

第 21 章　好咖啡的物理学 ………………… 148

第 22 章　物理学家谈酒 …………………… 159

第4部分　量子世界之窗 ……………………… 175

第 23 章　不确定性原理 …………………… 177

第 24 章　雪球，坚果，泡……和液氦 … 186

第 25 章　千年末的超导热 ………………… 193

第 26 章　什么是 SQUID …………………… 205

第 27 章　超导磁体 ………………………… 215

第 28 章　磁共振成像 ……………………… 224

第 29 章　向量子计算机迈进 ……………… 233

卷后语 ………………………………………………… 246

致　谢 ………………………………………………… 247

彩　图

第 1 部分

户外物理学

从本书的第一部分，你将知道为何河流蜿蜒曲折及河流如何冲刷河岸，为何天是蓝色的，白浪是白色的。我们要告诉你海洋的一些性质，谈谈风及地球旋转的作用。

简言之，我们将给出物理学定律如何在地球尺度上表现的一些例子。

第1章 蜿蜒赴海

你曾见过一条笔直的河吗？当然，短短一段河道可能是笔直的，但不存在完全没有弯曲的河流。即使流经平原，河流一般也蜿蜒曲折，而且弯曲是周期性地出现的。此外还有一条规则：弯曲处一侧的河岸陡峭，另一侧平缓。怎么解释河流的这些特点呢？

流体力学是研究流体运动的物理学分支，如今已是一门成熟的学科。但河流是复杂的自然物，即使流体力学也不能解释河流的每一个特点。尽管如此，它还是能够回答许多问题。

伟大的爱因斯坦①也在河流弯曲问题上下过工夫，对此，你可能会感到惊异。在1926年提交普鲁士科学院的一篇报告中，他将河水与在玻璃杯里旋转的水相比较。这种比较能够解释为何河流总是选择曲折的路径。

让我们也来尝试理解这种现象，哪怕定性地理解也好。让我们从一杯茶开始。

1.1 杯子里的茶叶

泡一杯茶（用茶叶，不是袋茶!），充分搅动它，然后把茶匙拿出来。随着茶水逐渐静止下来，茶叶将集中在杯底的中间。这是什么缘故呢？为了回答这个问题，让我们首先确定液体在杯子里旋转时表面的形状。

---

① A. Einstein（1879～1955），德国出生的物理学家，居住在瑞士，自1940年起为美国公民；相对论的开创者；1921年诺贝尔物理学奖获得者。

茶杯实验表明，茶的表面变成弯曲的了。原因很清楚。为了使茶水的质点作圆周运动，作用于每一质点的净力必须产生一个向心加速度。我们来看位于距离旋转轴 r 处的一小方茶水（图 1-1（a））。设它所包含的茶水的质量为 Δm。如果旋转角速度为 ω，则小立方体的向心加速度为 $\omega^2 r$。这一加速度是作用于立方体两个侧面上（图 1-1（a）的左面和右面）的流体静压力之差的结果。

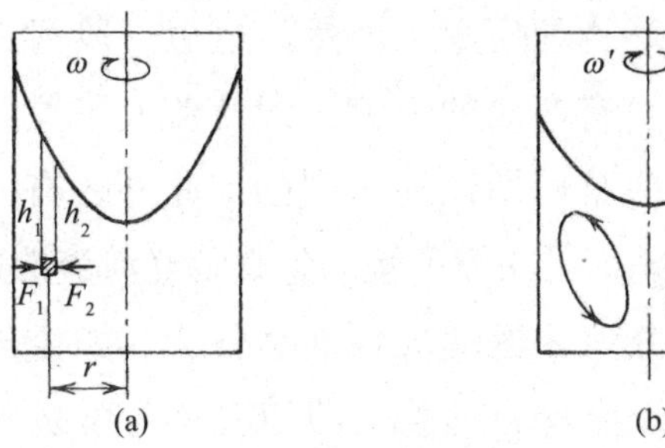

图 1-1　（a）作用于旋转液体的质点的流体静压力；

（b）旋转减速时出现的涡流

$$m\omega^2 r = F_1 - F_2 = (P_1 - P_2)\Delta S \quad (1\text{-}1)$$

式中，ΔS 是侧面的面积，压强 P_1 和 P_2 决定于两侧面到液体表面的距离 h_1 和 h_2。

$$P_1 = \rho g h_1,\quad P_2 = \rho g h_2 \quad (1\text{-}2)$$

式中，ρ 是液体的密度，g 是重力加速度。只要 F_1 大于 F_2，h_1 必定大于 h_2，故旋转液体的表面是弯曲的，如图 1-1 所示。旋转越快，面的曲率越大。

我们可以确定旋转液体弯曲表面的形状。原来它是一个抛物面，就是说，是一个具有抛物线截面的面[①]。

只要持续不断地用茶匙搅动茶，它就会保持旋转。但当我们把茶匙取出后，液体层之间的黏滞摩擦及液体与杯壁和杯底的摩

① 仅当液体与杯子作为一个整体一起旋转时表面形状才为抛物面。这叫做刚性旋转。——A. A.

擦将把液体的动能转换为热能，使运动逐渐停止。

随着旋转变慢，液面渐渐变平。同时液体中出现方向如图 1-1 (b)所示的涡流。涡流的产生是杯底和表面的液体减速不一致所致的。杯底处摩擦较强，液体减速比表面处快，所以即使到旋转轴的距离相等，液体质点的速率也不相同（靠近杯底的比靠近表面的要慢些），但压力差产生的净力对所有这些质点是相同的。这个力现在不能产生使所有质点以同一角速度均匀旋转所需的向心加速度。靠近表面处，角速度过大，水粒子被甩向杯的侧壁；靠近杯底处，角速度过小，故合力使水向杯子中心运动。

现在我们明白了为何茶叶堆集在杯底中间（图 1-2）。它们是被不均匀减速引起的涡流拖到那里的。当然，我们的分析是简化的，但确实抓住了要点。

图 1-2　茶杯实验；涡流把茶叶推向杯底中央

1.2　河床如何变化

让我们来考虑河湾处水的运动，情形和我们在茶杯里观察到的相似。在河湾内，河水的表面是倾斜的，从而形成压力差来产生必需的向心加速度（图 1-3 是河湾截面的示意图）。与茶杯里的情形十分相像，靠近河底的水速比靠近河面处低（图 1-3 中用矢量表示速度随深度的分布）。靠近表面处，流体静压力的净差不能使流速较快的水的质点跟随河湾的曲线，故水被“甩”向外岸（远离河湾中心的河岸）。另一方面，靠近河底处，流速较小，故水朝河的内岸（靠近河湾中心的河岸）运动。由此在主流以外出现了附加的水的环流。图 1-3 显示出横截面上环流的方向。

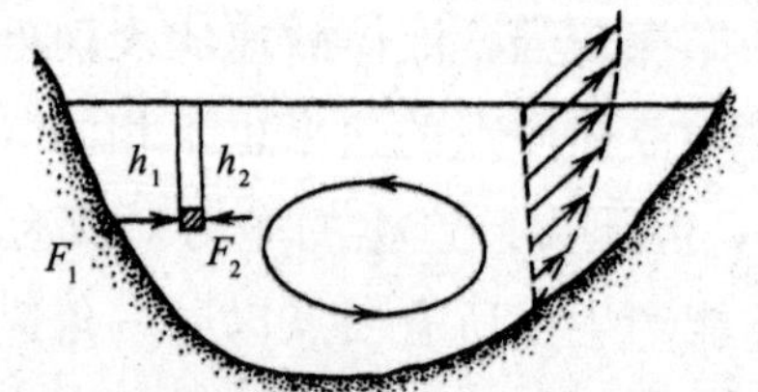

图 1-3　拐弯处河床截面；流体静压力、涡流和速度分布

水的环流引起土壤冲蚀。结果，外岸受到冲刷，泥土逐渐沉积于内岸，形成越来越厚的土层（回忆杯子里的茶叶!）。这使河床的形状逐渐改变，其截面类似图 1-4 所示那样。观察水流速度在两岸间的变化也很有趣。在笔直的一段河道中，水在中间流得最快。在弯曲处，最快的水流向外偏移。这是因为，让快速运动的水质点拐弯比起慢速运动的水质点要难，它需要更大的向心加速度。但流速越大，环流也越强，土壤冲蚀也就越严重。这就是河床内流速最快处一般也是最深处的缘故，河流领航员都知道这一点。

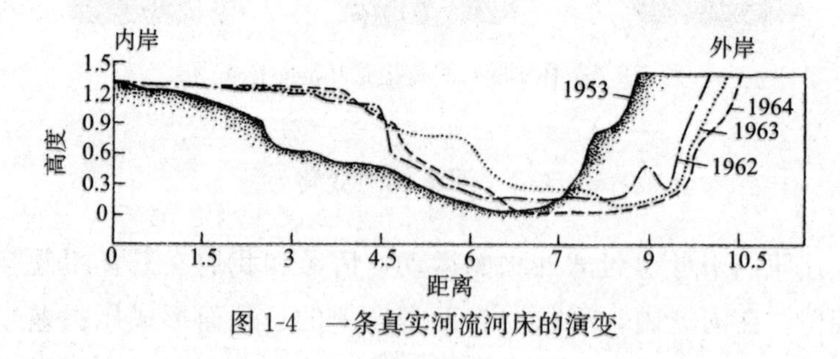

图 1-4　一条真实河流河床的演变

沿外岸的土壤冲蚀和沿内岸的沉积，造成整个河床逐渐远离河湾中心，结果增加了河流的蜿蜒曲折。图 1-4 显示出一条真实河流河床的同一截面在若干年内的变迁。你可以清楚地看到河床的变迁及其曲折程度的增加。

因此，即使一个偶然的小小的河湾（比方说，因塌方或一棵树的倒下而形成）也会逐渐生长。这就是说，流经平原的一段笔直的河道是不稳定的。

1.3　河曲如何形成

河床的形状基本上决定于它流经地区的地形。一条流经多山地区的河流躲开高地，沿着山谷流淌，故而蜿蜒曲折：它在“寻找”一条斜率最大的路径。

但河流在开阔地如何选择它的路径呢？上面讲过，直河床是不稳定的，因为任何一个偶然出现的河湾，无论多么小，都会逐渐生长，形成河曲。这种不稳定性必然使河流弯曲，从而增大其路径长度。我们还会很自然地想到，在理想情形下（绝对平坦、均匀的地形）将出现周期曲线。那将是怎样的呢？

地质学家提出了这样的概念：在平原上，河流的路径的形状像一把折弯的钢尺。

将一把钢尺的两端扳到一起，它将如图1-5所示那样弯曲。这种特别的弹性曲线叫做欧拉曲线，这个名称来自伟大的数学家欧拉[①]，他首先对此作了理论分析。欧拉曲线具有一种奇妙的性质：在连接给定两点的所有长度相等的曲线中，它具有最小的平均曲率。如果我们在沿曲线的等间隔点上测量角偏转 θ_k（图1-5），并将它们的平方加起来，则 $\theta_1^2+\theta_2^2+\cdots$ 对于欧拉曲线最小。欧拉曲线的这种“经济性”是河床形状假设的基础。

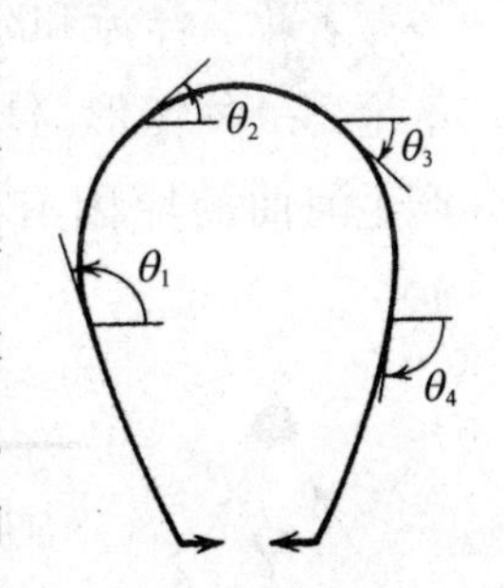

图1-5　弯曲钢尺的形状叫做欧拉曲线

为了检验这一假设，地质学家做了河床变化的模型研究。他们让水通过一条嵌在均匀介质中的人工河道，

① L. Euler（1707～1783），瑞士出生的数学家和物理学家，柏林、巴黎、圣彼得堡科学院成员和伦敦皇家学会会员，长期在俄国工作，葬于圣彼得堡。

介质由疏松地结合在一起的细小颗粒物组成，因而易受冲蚀。很快，笔直的河道开始弯曲，河湾的形状正如欧拉曲线所描述的那样（图 1-6）。当然，没人在自然界见过这样完美的河床（如由于土壤的不均匀性）。但流经平原的河流通常都蜿蜒曲折，形成周期结构。在图 1-6 中你可以看到一条真实的河床，以及最接近其形状的欧拉曲线（虚线）。

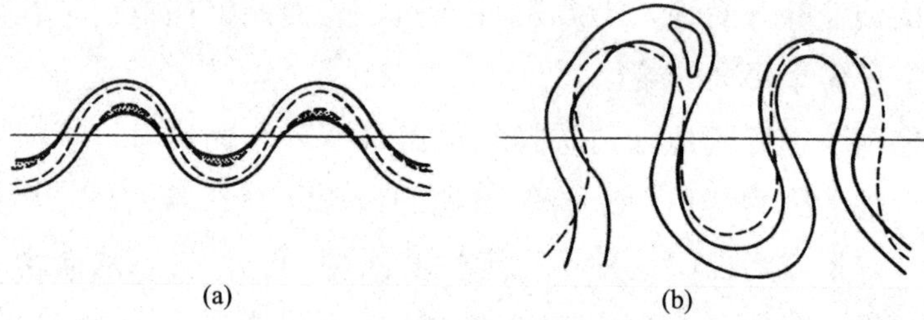

图 1-6 （a）实验室里模拟的河曲，运河河床衍生出周期性的欧拉弯曲（虚线）；（b）一条真实的河流和最接近的欧拉曲线（虚线）

顺便一提，“meander”（文中译做“河曲”）一词有其古老的来源。它源自土耳其的孟德尔（Meander）河，这条河以其扭曲和多弯著称。洋流和冰川表面上形成的溪流的周期性弯曲也称河曲。不论哪一种情形，均匀介质中的随机过程都产生周期结构。虽然产生河曲的原因有所不同，但由此形成的周期曲线的形状永远如一。

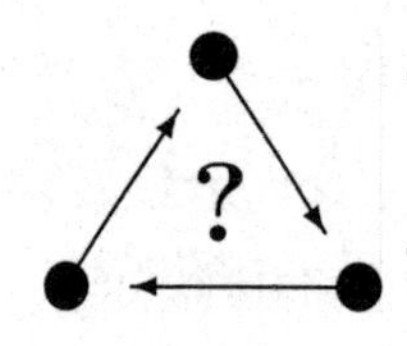

证明均匀（刚性）旋转液体的表面呈抛物线的形状。

第 2 章　从湖泊出发的河流

古老的贝加尔有三百多个儿子，但只有一个女儿——美丽的安格拉。

——古代传说

怀疑的读者如果不相信上面那段引文，去查地图吧。不开玩笑，他将发现有 336 条河流入贝加尔湖，但只有一条，那非凡的安格拉，以它为源。但贝加尔并非特例。一般地，无论有多少条河流入一个湖，流出的却只有一条。

例如，有许多条河流入拉多加湖，但只有娜伐（Neva）从它流出；斯维尔（Svir）是从奥涅格湖[①]流出的唯一一条河；等等。这种情形可由下面的事实来解释：向外流的水偏爱最深的河床，而其他的出口皆在湖面之上。存在具有同样高度出口的好几条河床这种可能性几乎没有。从一个水量丰沛的湖流出两条小溪不是没有可能，但这种情形只存在于比较年轻（新形成）的湖，而且是不稳定的。渐渐地，较深和流速较快的那条溪流将冲刷河床，流量增加。结果湖面下降，较弱的那条溪流将慢慢淤塞，最终只有较深的那条河留存下来。

一个湖要成为两条河的水源，它们的源头必须严格地在同一水平面上。这种情形叫做分岔（这个词如今被数学家广泛地用来指一个方程的解增加的情形）。分岔很少见，一般只有一条河从湖

---

① 拉多加湖（Ladoga lake）在俄罗斯西北部，是欧洲最大的湖泊。奥涅格湖（Onega lake）位于拉多加湖和白海之间。——译者

中流出。

同样的规律也适用于河流。众所周知，河流很容易合流，但分叉比较少见。溪流永远选择下降最陡的曲线。在这条曲线上分叉的概率很小。尽管如此，在河流三角洲上的情形却不同，在那里主流分为许多较小的支流。

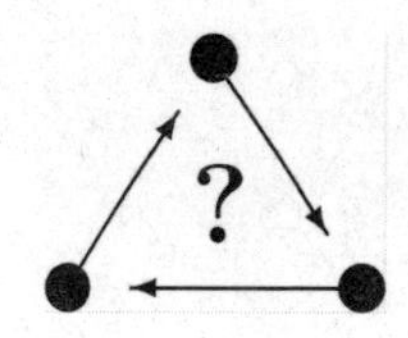

试说明为何在河流接近大湖或海洋时行为如此奇特。

第3章　海洋电话亭

隔墙果然有耳，或者说，有一只耳朵。圆孔里插一只管子就形成了一个秘密电话，它把地牢里说的每一个字都传到特马托先生的小室里。

——奇阿尼·洛丹里[①]，《希波里诺历险记》

不久以前（更准确地说，是20世纪40年代中期），苏联和美国科学家发现了一种令人惊讶的现象。在海洋里传播的声波有时可在离声源数千公里之遥的地方检测到。在一次最成功的实验中，科学家在澳大利亚海岸引发的地下爆炸发出的声波传播了半个地球，被另一组研究者在19 600公里之外的百慕大记录到（这创造了脉冲声信号传播距离的纪录）。这意味着声的强度从声源出发后没有很大的变化。如此长距离声传播的机理是什么呢？

看来，海洋包含着一个声波导，就是说包含一条声波传播的通道，声沿其传播时实际上没有衰减（强度损失）。本章引文中的那根“管子”其实就是一个小小的声波导。

声波导的另一个例子是船上使用的管子，这种方法始于何时已不可考。船长用一根管子从船桥上向引擎房发出命令。有趣的是，声沿这种波导在空气中传播时衰减非常小，要是我们建造一

---

① Gianni Rodari（1920～1980），20世纪意大利杰出儿童文学作家，作品被译做多种语言。*The Adventures of Cipollino*（《希波诺里历险记》）是他最著名的作品，1973年在苏联被改编为芭蕾舞剧《小洋葱》搬上舞台，由苏联著名作曲家哈恰图良谱曲。——译者

根长 750 公里的管子，它足可用做匹兹堡与底特律之间的“电话”。不过通过这样一根管子谈话很不方便，因为你的朋友在另一端要等上半个小时才能听到你说的话。

我们应当强调，波在波导边界上的反射是波导的关键所在：正是因为这一性质，波的能量不在所有方向散射，而只沿着给定的方向传播。

上面的例子让我们想到，声波能在海洋里传播极远的距离必定是由于存在某种波导效应。但这么巨大的一个波导是如何形成的呢？它在什么条件下产生，那些使声波传播这么远的反射边界又在哪里呢？

因为海洋表面能够很好地反射声，它或许可以作为波导的上边界。反射波与穿越两介质分界面的波的强度之比决定于介质密度和介质中的声速。如果介质差异很大，即使声垂直入射到平坦的分界面上，实际上也将被完全反射。水和空气的密度相差千倍，它们中声速的比值为 4.5。因此，从水中垂直进入空气的声波的强度仅为入射声强度的 0.01%。当波倾斜地入射到分界面时反射更强。当然，由于永远存在的波浪，洋面不会是理想平坦的。这就引起声波混乱的反射，从而干扰波导的传播特性。

声波在洋底反射时的情形并不更好。洋底沉积土的密度通常在 1.24～2.0 克/厘米^3 的范围内，声在这种沉积土内的传播速率只比水中小 2%～3%。所以当声波触及洋底时，它的很大一部分能量被吸收了。

因为洋底对声波的反射不佳，它不能作为波导的下边界。海洋波导的边界必定是在洋面与洋底之间的什么地方。果然如此，边界原来是海洋中一定深度上的水层。

声波是怎样从海洋波导的“壁”上反射的呢？为了回答这个问题，我们必须探究海洋中声传播的机理。

3.1 水中的声

直到此刻，在我们讲波导的时候，一个不言而喻的假设是其中声速为常数。但海洋中的声速依温度、盐浓度、流体静压强和其他因素在1.450～1.540米/秒的范围内变化。例如，流体静压强$P(z)$随深度z增大，这使声速每下降100米增加1.6米/秒。温度的升高也使声速增加。水温总是从温暖的上层向深处（那里的水温实际上是恒定的）迅速降低。由于流体静压强和温度这两个因素的交互作用，海洋中声速$c(z)$与深度的关系如图3-1所示。在靠近表面处，迅速降低的温度起主要作用，使声速随深度而降低。在较深处，温度的降低趋缓，但流体静压强继续增大。在某个深度上，这两个因素达到平衡，声速达到最小值。再往深处，声速开始因流体静压强的上升而增大。

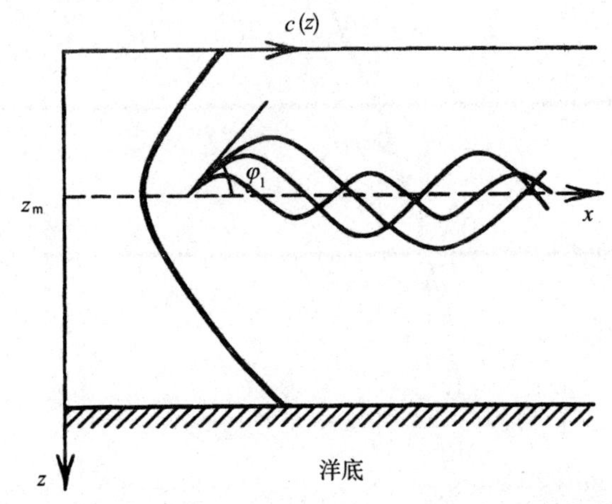

图3-1　海水中声速c取决于深度z，在z_m处具有最小值

我们看到，海洋中的声速依赖于深度，而这影响海洋中声传播的特性。为了理解“声束”如何在海洋中传播，我们将借助一个光学比拟来说明。我们将考察光如何在一叠具有不同折射率[①]的平行薄片内传播，然后我们再把我们的发现推广到折射率平滑变化的介质。

---

① 对于光，介质折射率的定义是$n=c/v$，c是真空中的光速，v是介质中的光速。对声波也类似。——译者

3.2 水中的光

让我们考虑一叠具有不同折射率 n_0，n_1，…，n_k 的平行薄片，这里设 $n_0 < n_1 < \cdots < n_k$（图 3-2）。假定光束与法线成角 α_0 射在最上面的片上，折射后它以角 α_1 离开 0-1 边界，这角也是 1-2 边界的入射角。在下一个分界面折射后，光束以角 α_2 入射到 2-3 边界，如此等等。依照斯奈尔[①]定律，我们有

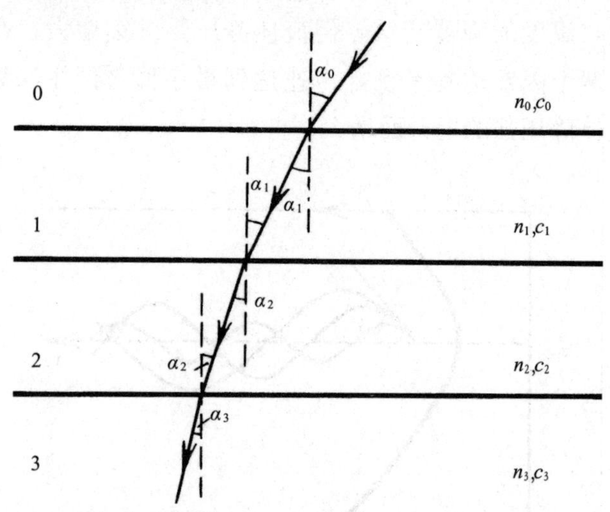

图 3-2　非均匀光学介质可用一叠具有不同折射率的玻璃片来模拟

$$\frac{\sin\alpha_0}{\sin\alpha_1}=\frac{n_1}{n_0},\quad \frac{\sin\alpha_1}{\sin\alpha_2}=\frac{n_2}{n_1},\quad \ldots,\quad \frac{\sin\alpha_{k-1}}{\sin\alpha_k}=\frac{n_k}{n_{k-1}}$$

因为两介质的折射率之比等于它们中光速之比的倒数，我们可以把这些方程式写做下面的形式

$$\frac{\sin\alpha_0}{\sin\alpha_1}=\frac{c_0}{c_1},\quad \frac{\sin\alpha_1}{\sin\alpha_2}=\frac{c_1}{c_2},\quad \ldots,\quad \frac{\sin\alpha_{k-1}}{\sin\alpha_k}=\frac{c_{k-1}}{c_k}$$

把这些方程式乘起来，我们得到

$$\frac{\sin\alpha_0}{\sin\alpha_k}=\frac{c_0}{c_k}$$

---

① W. Snell Van Royen，荷兰数学家，卒于 1626 年。

设想薄片的厚度降低到 0，同时数目增加到无穷大，我们得到推广的折射定律（斯奈尔定律）

$$c(z)\sin\alpha(0)=c(0)\sin\alpha(z)$$

式中，$c(0)$ 是光束进入介质那一点上的光速，$c(z)$ 是距边界 z 处的光速。这样，当光束通过折射率不断减小的非均匀光学介质传播时，它偏离法线的程度将越来越大。也就是说，随着介质内的光速增大（折射率减小），光束逐渐变得与界面相平行①。

如果知道光速在非均匀光学介质内如何变化，我们可以用斯奈尔定律确定光束在其中的轨迹。在声速变化的非均匀介质中传播的声束也以完全相同的方式弯曲。海洋就是这种介质的例子。

3.3 水 波 导

现在让我们回到声在海洋声波导中传播的问题上来。设声源位于最小声速的深度 z_m 上（图 3-3）。声束离源后将如何传播呢？沿水平线传播的声束是笔直的，但那些与水平线成一角度离源的声束将因声折射而弯曲。因为声速从 z_m 向上和向下都增大，声束将向水平线弯曲。在一定的点上，声束将变得平行于水平线，且在被反射后向直线 $z=z_m$ 折返（图 3-3）。

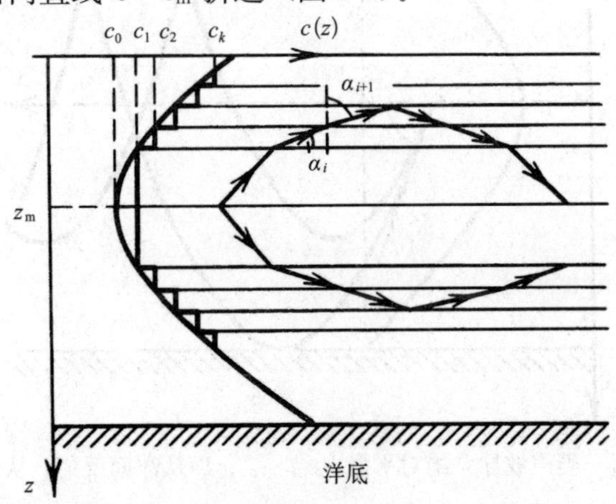

图 3-3　声在非均匀声介质中的折射［声速 $c(z)$ 在平面 $z=z_m$ 上最小］

① 该句原文为“随着介质内的光速降低（折射率增大），光束逐渐变得与界面相平行”，似有误。——译者

这样，由于海洋中声的这种折射，从源发射的一部分声能可以通过水传播，既不上至洋面也不下达洋底。这就是说，我们有了一种海洋声波导。声束反射的那两个深度上的水层起着波导“壁”的作用。

声速达到最小值的水位 z_m 叫做波导的轴。一般 z_m 为 1000～1200 米，但在低纬度地区，温暖的水层较深，波导轴可降至 2000 米。而在高纬度地区，温度对声速分布的影响仅在靠近洋面处才是显著的，因此波导轴上升至 200～500 米的深度。在极地纬度上，它还要更接近于洋面。

海洋中有两类不同的波导。第一类发生于靠近洋面的声速 c_0 小于洋底的声速 c_f 时。这种情形通常发生在洋底压强达数百大气压的深水中。我们在上面指出过，声在水和空气的交界面上反射甚佳。故若洋面平静（绝对平静），它可以作为波导的上边界。这时声通道分布于从洋面到洋底的整个水层中（图 3-4）。

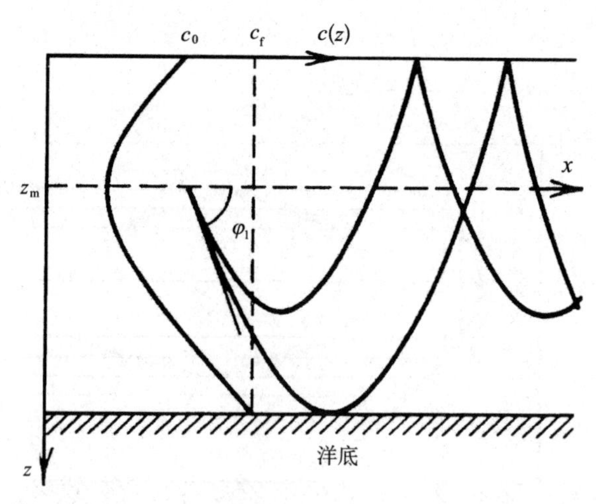

图 3-4 第一类声波导：绝对平静，$c_f > c_0$；声从洋面反射，从洋底折射

让我们来看声束的哪一部分被通道所“捕获”。我们把斯奈尔定律重写如下

$$c(z)\cos\varphi_1 = c_1\cos\varphi(z)$$

式中，φ_1 和 $\varphi(z)$ 各为声射线与深度 z_1 和 z 的水平线所成的角度。显然，$\varphi_1=\frac{\pi}{2}-\alpha_1$，$\varphi(z)=\frac{\pi}{2}-\alpha(z)$。如果声源位于通道轴上 ($c_1=c_m$)，通道捕获的最后的声射线将与洋底相切，$\varphi(z)=0$，如图 3-4所示。因此，离开声源的角度满足条件

$$\cos\varphi_1 \geqslant \frac{c_m}{c_f}$$

的所有射线都将进入通道。

当水面波涛汹涌时，所有声射线都将被洋面散射。那些以大于 φ_1 的角离开表面的射线将达到洋底并被吸收。但即使在这种情形下，由于折射的缘故，通道仍能捕获那些没有到达汹涌表面的射线（图 3-5）。那时通道分布于洋面与深度 z_k 之间，z_k 可从条件 $c(z_k)=c_0$ 确定。很清楚，这样的通道捕获所有满足条件

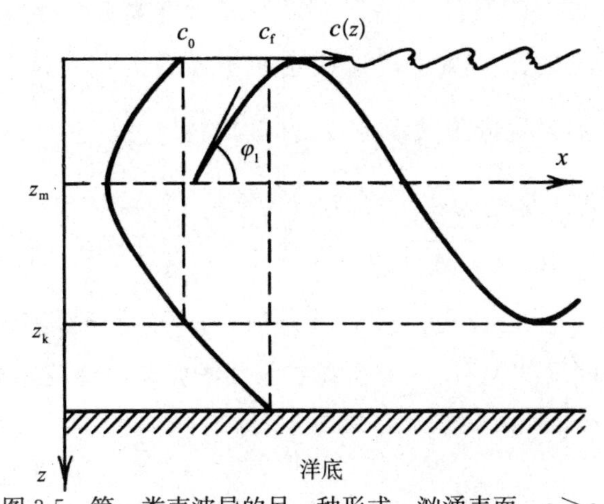

图 3-5　第一类声波导的另一种形式：汹涌表面，$c_f>c_0$；声在水面下折射但不达洋底

$$\varphi_1 \leqslant \arccos\frac{c_m}{c_0}$$

的射线。

第二类波导是浅水的特征。只有当靠近表面的声速比洋底大

时才会出现（图 3-6），通道占据从洋底到深度为 z_k 的水层，这里 $c(z_k)=c_f$。这看起来仿佛是第一类波导颠倒了过来。

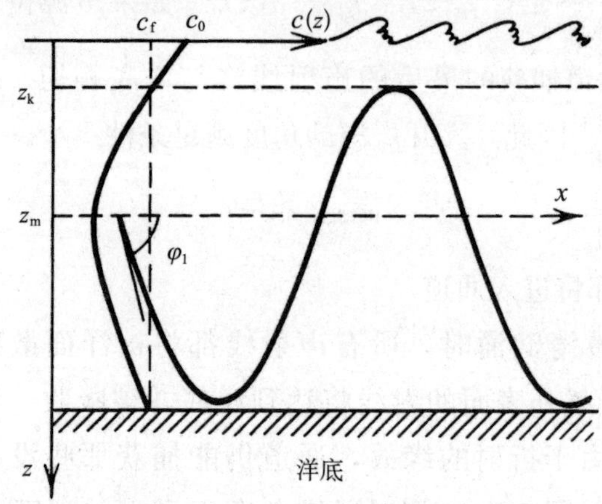

图 3-6　第二类声波导：当 $c_f<c_0$ 时从洋底折射的声达不到表面

对于一定类型的声速对深度的依赖，波导像一块透镜那样将声束聚焦。如果声源位于轴上，以不同角度离开它的射线将周期性地交汇于轴的某些点上。这些点叫做通道的焦点。若通道内声速与深度的关系接近于抛物线：$c(z)=c_m(1+\frac{1}{2}b^2\Delta z^2)$，式中 $\Delta z=z-z_m$，则对于那些与水平面成小角度离开声源的射线，焦点将在点 $x_n=x_0+\pi n/b$ 上，式中 $n=1,2,\cdots$，b 是常数，其量纲是深度的倒数（米$^{-1}$）（图 3-7）。抛物线函数 $c(z)$ 接近于深海声波导中实际的声速与深度的关系。$c(z)$ 对抛物线律的偏离将使波导轴上的焦点模糊[①]。

① 像自然界的许多周期过程，波束沿抛物线波导的传播遵守调和律。靠近轴处的轨迹服从方程式

$$\frac{d^2\Delta z}{dx^2}=-b^2\Delta z$$

式中，x 不是时间，是水平坐标。显然，轨迹是正弦的，$\Delta z=A\sin b(x-x_0)$，其过零点为 $x_n-x_0=\pi n/b$。——A. A.

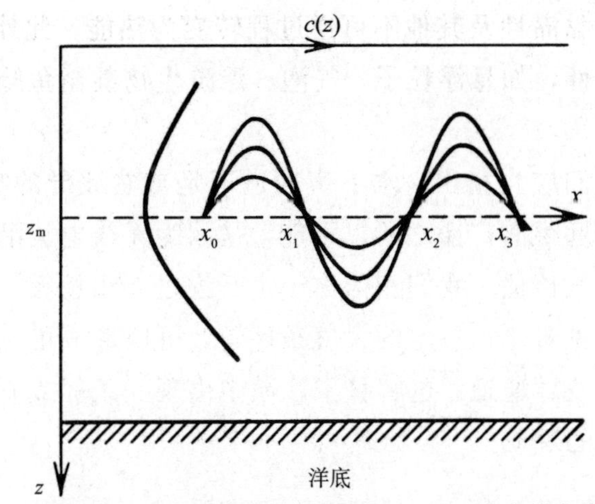

图 3-7　波导像一块声透镜那样将从声源（x_0）发出的声束聚焦。波束汇聚的那些点（x_n）称为焦点

3.4　应　　用?

沿海洋波导发送一个声信号，在它环绕地球一周后，在原点接收它，这可不可能？回答是断然的：不可能。首先，大陆是不可逾越的障碍，加之世界上海洋的深度也大不相同。所以，不可能找到一条形成环球波导的路径。但这还不是唯一的原因。沿海洋声波导传播的声波与我们前面讲到的船上“电话”管子里传播的声波不同。从船桥上传到引擎房的声波是一维的，它的波前面积不论离声源多远都恒定不变。因此，声的强度沿管子也是恒定的（不考虑热损耗）。而对于海洋声波导，声波并不沿一条直线传播，而是在 $z=z_m$ 平面内的所有方向上传播，所以这里的波是柱面波[①]。这样，声的强度随距离而降低——声强与 $1/R$ 成比例，R 是从声源到检测器的距离。你不妨试着推导这个关系，并将它与三维空间中球面声波的衰减规律相比较。

声衰减的另一个原因是声波通过海水传播时的损耗。波的能

---

① 以图 3-5 的情形为例，波前是以过声源处的 z 轴为中心、高限于洋面和 z_k 之间的柱面。——译者

量由于水的黏滞性及其他不可逆过程转变为热能。此外，声波因种种不均匀性，如悬浮粒子、气泡、浮游生物甚至鱼鳔等而耗散于海洋中。

最后我们应当指出，水下声通道不是自然波导的唯一例子。无线电台的远距离广播之所以可能，是因为无线电波沿着巨大的波导通过大气传播。我们相信你一定听说过海市蜃楼，尽管你可能没有亲眼见过。在一定的大气条件下，可以形成可见波长范围内电磁波的波导通道。这解释了沙漠中出现一条船或海洋中浮现出一座城市的现象。

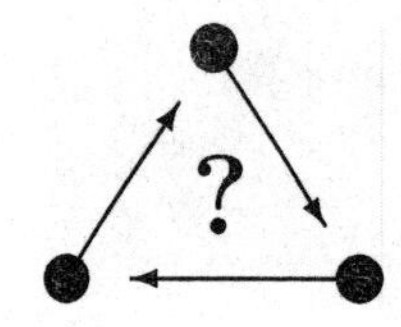

证明抛物线波导内声束的轨迹服从调和方程。

第4章 在蓝色中

现在白色的野马们开始表演，
在浪花里又踢又蹬，焦躁不安。
——马修·阿诺德[①]，《被抛弃的人鱼》

上天赋予艺术家犀利的职业眼光，所以写实主义风景画里的世界不但亮丽多彩，还描绘出了一些自然界事物的特征。纵使最好的画家，也无须理解她（或他）所描绘的景色的原因，那常常是深深地隐藏着的。然而，通过一幅好的风景画来研究我们周围的自然世界，甚至可以比我们亲历其境更好。沉浸于画所描绘的那一刻，画家凭直觉全神贯注于主要的事物，略去了非本质的和偶然的细节。

看看俄罗斯画家雷洛夫[②]的油画《在蓝色中》吧（彩图1）。“白色的鸟儿在蓝天白云中翱翔，帆下的那条船在轻轻摇荡的波浪中静静地漂流，仿佛是海洋里的一只白色的鸟儿。”这一评论来自于著名的俄罗斯艺术评论家费德罗夫·达维多夫（A. A. Fedorov-Davydov）。在莫斯科特列季亚科夫美术馆里看着这幅奇妙的画，你会忘记身在何处，觉得自己是大自然盛宴上的一位宾客。

不过我们不谈美学。让我们用研究者的眼光来观察那幅画吧。首先，画家是在哪里画的这幅风景呢？他是在海边一块岩礁上，还是在一条船上？

---

① Mathew Arnold（1822～1888），英国诗人和评论家。
② A. A. Rytov（1870～1939），苏维埃俄罗斯画家，风格壮丽。

他必定是在一条船上，因为前景里没有碎浪，波浪的分布是对称的，对称性没有受到附近海岸的破坏。

有一条船漂浮在一段距离之外，风紧鼓着它的帆。让我们来估计一下风速。我们很容易想到，风速可以用浪的高度和其他自然物为参照来估计。1806年毕福特[①]爵士把风力与它对陆地上物体的效应及对海浪的效应联系起来（表4-1），提出了他的近似的十二分级。这一分级被国际气象委员会批准并沿用至今。

表4-1 毕福特风级

毕福特风级	空气状态	风速		海面描述
		节	英里/小时	
0	无风	0～1	<1.15	海面如镜
1	软风	1～3	1.2～3.5	形成鳞状涟漪，无泡沫浪冠
2	轻风	4～6	4.6～6.9	小碎浪，仍短，但更显著；波冠透明，不破碎
3	微风	7～10	8.0～12	大碎浪，冠开始破裂，透明泡沫或见散乱白浪
4	和风	11～16	13～18	小波浪变大，常见白浪
5	清劲风	17～21	20～24	长得多的中等波浪，形成许多白浪，偶见水花
6	强风	22～27	25～31	开始形成大浪，到处有白色泡沫浪冠，多半有水花
7	疾风	28～33	32～38	大浪堆涌，碎裂的波浪形成的白沫开始在风吹下形成沿风方向的条带，开始可见飞沫
8	大风	34～40	39～46	更长的中等高度波浪，波冠边缘破裂形成飞沫，泡沫在风吹下形成沿风方向的明显条带
9	烈风	41～47	47～54	高浪，沿风方向的稠密泡沫带，海开始翻滚，水花妨碍可见度
10	狂风	48～55	55～63	具有突起长冠的很高的浪，由此形成的大片泡沫在风吹下形成沿风方向的稠密白色条带，整个海面呈白色，翻滚加剧，可见度受影响

① F. Beaufort（1774～1875），英国海军上将，水文学家，制图家，英国水文局局长。

续表

毕福特风级	空气状态	风速		海面描述
		节	英里/小时	
11	暴风	55～65	64～75	特别高的浪，中小船只可能长时间被浪阻挡视线，海面被一片片长长的白色泡沫所覆盖，波冠的边缘被吹为泡沫，可见度受影响
＞12	飓风	＞65	＞75	空气中满是泡沫和水花，海面因猛烈的水花喷溅呈一片白色，可见度受严重影响

回到那幅画上，我们看到海很平静。海面上几乎不见白浪（白色的浪花）。依照毕福特分级，这相当于轻风，速度在每小时 10 英里[①]左右。

除了毕福特分级，我们也可以从海和天空的亮度对比来判断风速。通常在开阔的海面上，地平线看起来是一条清晰的边界。只有在完全无风的时候，海的亮度才等于天空的亮度。在这种情形下，对比消失，海天一色，无法区分。这非常罕见，因为必须几乎绝对无风，毕福特数才能等于零。即使最轻微的风也会扰动海面，海面上倾斜的波纹的反射系数不再等于 1，于是出现了海面与天空之间的对比。这可以用实验来研究。俄罗斯研究船“德米特里·门捷列夫”在远航期间测量了海天对比度与风力的关系。在图 4-1 中，测量结果用叉表示，实线表示比安柯（A. V. Byalko）和派勒文（V. N. Pelevin）得到的理论关系。

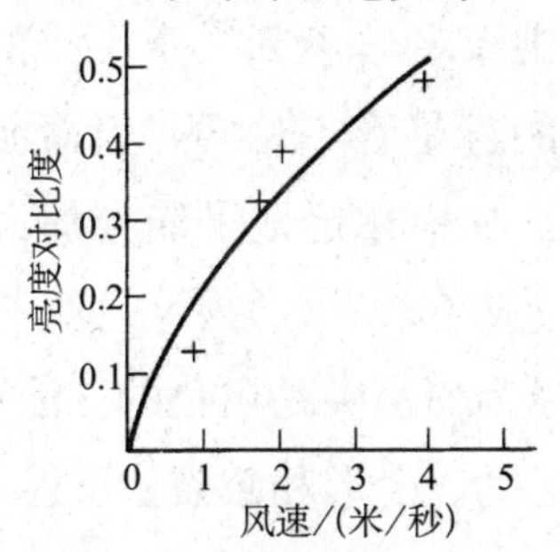

图 4-1　海与天空的亮度对比度与风速的关系

① 1 英里＝1609.344 米。

那么，为何白色浪尖与蓝绿色的海水如此不同呢？

海的颜色是由许多因素确定的，其中最重要的有太阳的位置、天空的颜色、海面的形状和深度。在浅水区，海藻和固体粒子污染的存在也是很重要的因素。所有这些因素都影响光从海面的反射、海水的散射和吸收。这使得准确预测海的颜色是不可能的。但我们还是可以知道一些细节。例如，我们能够解释为何前面靠近画家处的波浪色调要比其他地方暗得多，为何在接近地平线处海变得较为明亮。

当光波入射到两种具有不同光学密度的介质的分界面上时，反射的程度决定于入射角和介质的相对折射率，并由反射系数定量表示。反射系数等于入射线和反射线的强度①之比。反射系数也有赖于入射角。要看到这一点，你可以观察光从光亮桌面的反射。桌面上透明的清漆是较稠密的光学介质。你将会看到，切线方向的射线几乎完全被反射，但入射角越小，透入较稠密介质的光便越多，从边界反射的光越少。反射系数随入射角的减小而降低。

我们来看波浪的示意图（彩图 2）。显然，从一个波浪的前侧和后侧到观察者的射线的入射角 α_1 和 α_2 是不同的，且 $\alpha_2 > \alpha_1$。故较多的光从远处进入观察者的眼睛，波浪的前侧比起远处平坦的海面来显得暗些。当然，在波涛汹涌的海上角 α 是变化的。但从足够远处开始，较暗波冠的角范围迅速减小，即使 α_2 仍大于 α_1。在靠近地平线的地方，观察者看不到一个一个的波浪，看到的是一个平均模式，波之间的谷是看不见的，因而波的较暗侧渐渐地消失了。因为这个缘故，画中靠近地平线处的海看起来比前景中的海要明亮。

现在我们可以解释为何浪尖是白色的。浪尖上翻腾的水中挤满了泡沫，它们不停地运动、变形和破裂。反射角随点而异，也随时

① 光的强度是通过垂直于光传播方向的单位面积的光流量的时间平均值。

间而异。结果阳光几乎完全被泡沫反射，浪尖看来是白色的[①]。

海的颜色受天空颜色的影响很大。我们已经说过，前者实际上是不可预测的，但后者可用物理学原理来解释。显然，天空的颜色决定于阳光在地球大气中的散射。太阳光谱是连续的，包含所有的波长。那为什么散射使天空变蓝而太阳似乎是黄色的呢？我们将用瑞利的光散射定律来解释。

1898 年英国物理学家瑞利[②]爵士提出了一种光被粒子散射的理论，其中粒子的大小比光的波长小得多。他发现的定律说，散射光的强度与波长的四次方成反比。为了解释天空的颜色，瑞利把他的定律应用于阳光在大气中的散射。因此，上面的陈述往往被称为“蓝天定律”。

瑞利定律的含义可以定性地解释如下。我们知道，光是电磁波，分子是由带电粒子即电子和原子核构成的。在光波的电磁场中，这些粒子开始运动。可以认为，原子内束缚电子的位移服从正弦律：$x(t)=A_0\sin\omega t$。式中，A_0 是振动的振幅，ω 是波的频率。于是粒子的加速度是 $a=-\omega^2A_0\sin\omega t$。加速的带电粒子自身成为电磁辐射源，发射所谓的次级波。次级波的振幅正比于发射波的粒子的加速度（匀速运动的带电粒子形成恒定电流，不产生电磁波）。于是次级发射的强度与波场中电子的加速度的平方成正比（我们可以忽略较重的原子核的运动），因而正比于频率的四次方 $[l\propto a^2\propto(x'')^2\propto\omega^4]$。

现在回到天空。蓝色与红色的波长之比为 650 纳米 /450 纳米＝1.44（1 纳米＝ 10^{-9} 米）。这个数的四次方是 4.3。因此，依照瑞利定律，被大气散射的蓝光超过红光四倍。结果，10 英里（约 16 公里）厚的空气层获得了一种蓝色调。相反，通过大气“滤波器”到达我们的太阳光中的蓝色分量大为减少，故通过大气的阳光获

① 在浪冠的泡沫中，来自天空的蓝色射线与黄色的阳光相混合，使其呈现白色。

② J. W. S. Rayleigh（1842～1919），英国物理学家，伦敦皇家学会主席，1904 年诺贝尔物理学奖获得者。

得了一种黄色调。在太阳落山时，这种颜色可能增强为红色和橙黄色，因为那时射线必须在空气中通过较长的路径。显然，在日出时颜色以相反的次序变化。

有趣的是，尽管瑞利定律要求散射光的波长比散射粒子大得多，散射强度却不依赖于粒子的大小。瑞利起初认为，天空的颜色是由污染大气的最微细的尘埃所决定的。但后来他确定，阳光是被构成空气的气体分子散射的。10 年后的 1908 年，波兰理论物理学家斯莫洛科斯基[①]提出了一个想法：散射受到意想不到的因素的影响，即受粒子密度不均匀性的影响。斯莫洛科斯基利用这一假设解释了长久以来已知的临界乳光现象：发生于临界点附近的液体和气体内的光的强散射。最后，爱因斯坦基于斯莫洛科斯基的想法，于 1910 年阐述了光的分子散射的定量理论。在气体的情形下，散射光的强度与瑞利早先的结果完全一致。

现在好像一切都清楚了。但空气中不均匀性的起源是什么呢？空气应处于热力学平衡状态。造成风的巨大的不均匀性与光的波长不可比较，因而不会影响散射。

为了弄清不均匀性的起源，我们必须更仔细地讨论热力学平衡的概念。为简单起见，让我们考虑一个密闭容器内宏观体积的气体。

物理系统是由巨量粒子构成的。这使统计描述成为唯一可行的方法。统计处理的意思是，不去考察各个分子，而是计算整个系统物理特性的平均值。各个分子的物理特性值完全不必相同。宏观气体体积内分子的最可能的分布是均匀分布。但因为热运动，气体集中于容器的某一部分也有非零概率。理论上，甚至全部气体集聚于容器的一半中，另一半空空如也是可能的。但这种事件的概率极其微小：在 10^{10} 年这么长的时间（如今被认为是宇宙的寿命）里实现一次的希望也微乎其微。

---

① M. Von Smolan-Smoluchowski（1872～1917），波兰物理学家，从事涨落理论和布朗运动理论方面的经典性工作。

物理量对其平均值的小偏离不但容许，而且事实上由于分子热运动而不断发生。这些偏离叫做涨落。由于涨落，气体密度可能这里大那里小，结果折射率到处变化。

让我们现在回到光的散射上来。适用于密闭容器的所有推论在大气中也成立。光被密度涨落造成的折射率的不均匀性散射。此外，空气是几种气体的混合物，不同分子热运动的差别是不均匀性的另一来源。

折射率不均匀性（和密度不均匀性）的典型尺度有赖于温度。阳光主要是在不均匀性的尺度远小于可见光的波长而又远大于组成空气的气体分子的大气层内散射的。这意味着散射受到不均匀性的影响，但不受分子的影响，正如瑞利所假设的那样。

虽然如此，天空呈蓝色而非紫色，并不与瑞利定律的预测相矛盾。这有两个理由。第一，太阳光谱包含的紫色射线比蓝色的少得多。使理论与实际似乎不符的第二个理由是我们的“记录”器件，即人眼。原来，视觉感知显著依赖于光的波长。表示这一依赖关系的实验曲线如彩图 3 所示。由此可见，我们的眼睛对紫色射线的响应要比对蓝色和绿色弱得多，这对人眼隐藏了散射阳光的紫色分量。

那么为什么我们看到的天空中的云毫无疑问是白色的呢？或许它们是由违反瑞利定律的粒子组成的，所以我们的结论不再成立？

云是由水滴或冰晶组成的，它们虽很微小但比可见光的波长大得多。瑞利定律对这些粒子不成立，散射光的强度对所有波长差不多都一样。这就使云看上去像画上画的那样。

现在把你的注意力转向云的形状。画中，云的顶端呈蓬松纤卷的絮状（这就是所谓的“堆云”），而下表面轮廓清晰。为什么？人们知道，堆云（区别于“片云”）由对流中潮湿空气的上升气流形成。空气的温度随距海面（和陆地）的高度而降低。只要高度大大低于地球半径和到最近海岸的距离，等温面（温度为常数的面）是平行于海面的水平面，靠近海平面处，温度随高度的下降足够快，约为每百米 1℃。（一般而言，空气温度对高度的依赖远不是线性的，但对小于数公里的高度，这些数字是正确的。）

当上升的潮湿空气流上升到温度相当于水蒸气露点的高度，它所携带的水开始凝结成微细的水滴。凝结发生处的等温面形成云的底部轮廓，此处表面不规则的尺度不超过数十米，而云绵延数百数千米。因此，它们的下边界看起来几乎是平坦的。这一点被远处平行地飘浮在海面上的一行云块所证实。

然而，上升并不在云的底部停止。空气继续向上运动并迅速冷却。残留的水蒸气迅速凝结，先形成水滴再形成小冰晶。冰晶通常形成堆云的顶部。在失去水蒸气和冷却后，空气减速，掉头从旁绕过云流动。对流引起堆云顶上圈卷的形成，下降的冷空气使云块保持分离。因为这个缘故，它们被蓝色的间隔分开，不能合并为大片沉重的乌云。

彩图 1 里有一只白色的鸟儿在飞翔。让我们来估计一下一只中等大小的鸟（比方说，质量 $m\approx 10$ 千克，翅翼面积 $S\approx 1$ 米^2）在无滑翔飞行中翅翼扑动的频率。令翼的平均速度为 $\bar{v}$，则在时间 Δt 内翼将赋予质量为 $\Delta m=\rho S\bar{v}\Delta t$ 的空气以速度 $\bar{v}$（ρ 是空气密度）。翼传递给空气的总动量将为 $\Delta\bar{p}=\rho S\bar{v}^2\Delta t$。为了保持鸟儿在同一高度，必须抵偿它的重量。这意味着 $\Delta\bar{p}=mg\Delta t$。我们有

$$mg=\rho S\bar{v}^2$$

由此得到翼的平均速度 $\bar{v}=\sqrt{mg/\rho S}$。这一速度可以按照通常的方式与翼的扑动频率 ν 及翼的长度 L 相联系

$$\bar{v}=\omega L=2\pi\nu L$$

假定 $L\sim\sqrt{S}$，我们得到

$$\nu\approx\frac{1}{2\pi S}\sqrt{\frac{mg}{\rho}}\approx 1\text{ 秒}^{-1}$$

这样，根据我们的计算，这只鸟每秒扑翼一次，从量级上来看，这是一个很合理的估计。

让我们更仔细地讨论所得的结果，这很有趣。让我们假设所

有的鸟儿都有大体相同的身体形状，不论它们的大小和种类。那么我们可以把鸟的翼面积与质量通过关系式 $S \propto m^{2/3}$ 联系起来。以此代入上面得到的翼扑动频率的表达式，得

$$\nu \propto \frac{1}{m^{1/6}}$$

由此我们得出结论，扑动频率随鸟质量的降低而增高。这与常识完全吻合。当然，所有鸟儿都有同样形状的翼这个假设非常粗糙，大多数大鸟的翅翼要比小鸟大得多。但这更加支持了上述趋势。

值得指出，扑动频率的公式可用量纲法导出（除了重要的因子 2π）。显然，翼的扑动频率有赖于鸟的重量、翼的面积 S 和周围空气的密度 ρ。让我们来找出这四者之间的关系。假定 $\nu = \rho^{\alpha} S^{\beta} (mg)^{\gamma}$，其中 α，β，γ 为未知数。比较这个关系两侧的量的量纲给出 $\alpha = -\gamma = -1/2$ 和 $\beta = -1$。由此得

$$\nu \sim \frac{1}{S}\sqrt{\frac{mg}{\rho}}$$

从《在蓝色中》可以找到的问题和答案远未穷尽。好奇和善于观察的读者大概会从这幅画中找到其他有意义的东西。那么为何要把自己限制在画框内呢？在我们周围的日常世界里，有趣的问题俯拾皆是。

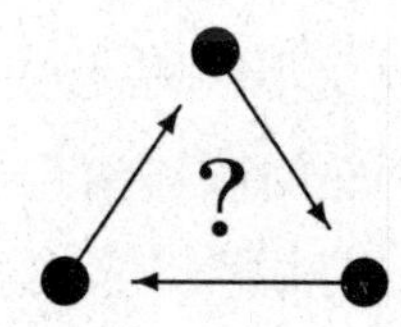

航天员说，从外层空间看来地球是蓝色的。你能不能解释这是为什么。

第5章 月光沼泽

各种不同的光源在水面上的反射，看起来常常像是从光源延伸到我们眼睛的一条长长的闪闪发光的路。请想想海面反射的落日，或者夜间沿着河码头的路灯，特别是，月亮的清辉把一条宽阔的光带佩戴在海面或湖面上。

所有这些现象的发生，都是因为水面上每一小碎浪都产生它自己的一幅光源的图像。让我们来解释为何数以千计受照射的波纹的反射会形成一片“沼泽”：从光源到观察者的一条带状的图形。

你已经知道，毕福特风级在 2～3 时形成小碎浪。风较弱时，水是平静的，水面的反射像镜子一般。更强的风带来泡沫和白浪，沼泽的轮廓变得模糊了。我们可以把波纹视为许许多多混乱地向各个方向运动的小碎浪[①]。它们表面的斜率不超过某个极限值 α，此值有赖于风力，可达 20°～30°。

现在让我们把问题简化一些，尝试确定沼泽的大小。假设水面上到处是朝各个方向的小镜子一般的小碎浪。它们的倾斜角可从 0 到 α（由于水面平静）。为了简单起见，我们假定光源和观察者两者在水面以上的同一高度 h（图 5-1）。

一块水平的小镜子只有在它对光源和观察者的距离相等时，才能将光束投射到观察者的眼睛。这意味着它必须在点 M 上。另一方面，一块以角度 α 向着观察者倾斜的镜子必须移离观察者到 N 点。相反，一块背着观察者倾斜的镜子必须移近到点 N'。

---

① 记着瑞利独立原理（即波的叠加原理）。——A. A.

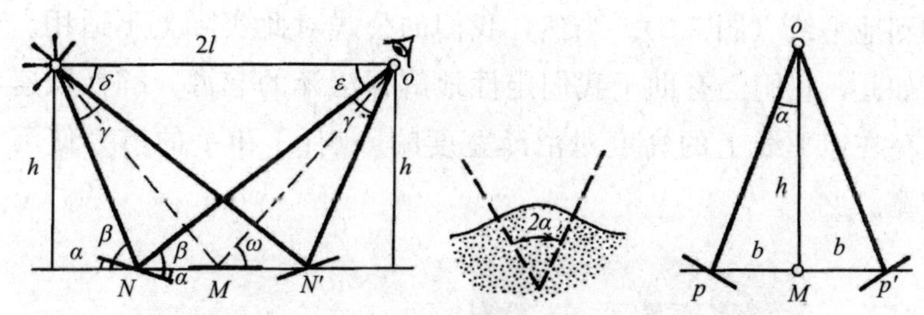

图 5-1　沼泽的长度决定于向着或背着观察者的最大斜率。沼泽的宽度决定于侧向倾斜的斜率

倾斜的镜子模仿波浪能够把光反射到观察者眼睛的极限位置。故从 N 到 N' 的距离决定了沼泽的长度。在两者之间的任何地方，我们都可以找到具有适当的斜率，故能把射线反射到观察者的波。

现在让我们考虑光线之间的角度。从图 5-1 可以看到，$\beta+\alpha=\gamma+\delta$，$\beta-\alpha=\varepsilon=\delta$ 和 $\gamma=\alpha+\beta-(\beta-\alpha)=2\alpha$。由此我们可以断言，反射区域长轴（对眼睛）的张角等于波的最大倾斜角的两倍，所以计算沼泽的长度 NN' 不是问题。

反射区域的短轴很容易用类似的方式来计算。让我们把镜子从中点 M 向 NN' 的横向移动。为了把光反射到眼睛，镜子必须绕平行于 NN' 的轴旋转（图 5-1）。考虑到镜子的最大倾斜角仍为 α，我们得到沼泽的宽度 $PP'=2h\tan\alpha$，因此短轴（对眼睛）的张角为 β[①] $=2\arctan\dfrac{h\tan\alpha}{\sqrt{l^2+h^2}}\approx\dfrac{2h\tan\alpha}{\sqrt{l^2+h^2}}$。

两轴的表观（在观察者看来）大小之比为 $\beta/2\alpha$。如果反射区域不是太大且角 α 很小，则 $\beta/2\alpha\approx\dfrac{h}{\sqrt{l^2+h^2}}=\sin\omega$，$\omega$ 是在点 M 处的入射角[②]。当 ω 减小时，反射区域变长。若是擦着水面望去，反射区域好像无限长和窄。

当我们看海上的月光沼泽时，ω 差不多总是很小，沼泽一直延

① 注意此式定义的 β 不是上文中的 β。—— 译者

② 确切地说，M 是平静水面上的反射点。——A. A.

伸到地平线（图 5-2）。当然，我们的公式对此实际上不适用。尽管如此，它们仍有助于我们定性地解释沼泽的起源，解释风速和月亮在地平线上的高度对沼泽宽度的影响：α 和 h 的增大使沼泽变宽。

图 5-2　风速（从左到右）为 12 米/秒，12 米/秒，5 米/秒，2 米/秒；太阳在地平线以上的高度为 30°，20°，13°，7°

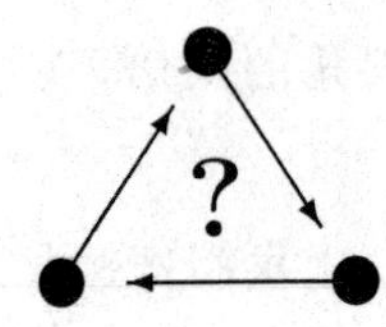

若月亮的角高度为 β，角 ω 的值是多少？

第6章　傅科摆和贝叶尔定律

……但在这机器的形状中有某种东西引起我对它的格外注意。

——爱伦·坡[①]，《坑和摆》

有幸到过圣彼得堡[②]的人一定记得圣伊萨克大教堂里那个著名的摆。没有到过那里的人大概也听说过它（图6-1）。在摆摇摆的同时，振动平面在缓慢旋转。1851年法国科学家傅科[③]首先得出这一结论。实验是在巴黎宽敞的先哲祠大厅里进行的，摆球的质量为28千克，弦长67米。自那时以来，这种摆[④]就以傅科命名。人们怎样解释它的运动呢？

从教科书上你会知道，要是牛顿[⑤]定律在地球上是正确的，摆应保持其振动平面不变。这意味着，在固定于地球的参考系中，牛顿定律必须予以“修正”。为此，我们必须引入一种特殊的力，叫做惯性力。

---

① Edgar Allen Poe（1809～1849），美国诗人，批评家和短篇小说作家。《坑和摆》（*The Pit and the Pendulum*）是他的一篇短篇小说。——译者

② 圣彼得堡，位于波罗的海芬兰湾的城市和港口，1712～1917年为俄国首都。1917年十月革命后易名为列宁格勒，现恢复原名。

③ J. B. L. Foucault（1819～1868），法国物理学家，俄国科学院的国外成员。

④ 傅科摆的一个很好的演示可见 www. answers. com。——译者

⑤ Isaac Newton（1642～1727），英国哲学家和数学家，经典力学和万有引力定律的缔造者。

图 6-1 1931 年 3 月傅科摆首次陈列于圣伊萨克大教堂，即当时的列宁格勒反宗教博物馆

6.1 旋转参考系中的惯性力

在任何相对于太阳（更准确地说，所谓稳恒星[①]）作加速运动的参考系中，必须引入惯性力。这些参考系称为非惯性参考系，

① 原文为 stationary star，译者没有查到这么一个天文学名词，暂译做“稳恒星”。从下文看，系指宇宙中遥远的、我们几乎觉察不到其运动的恒星。——译者

以便区别于对太阳和稳恒星作恒速运动的惯性参考系[①]。

严格说来，地球并不提供一个惯性参考系，因为它绕太阳作轨道运动，自己也旋转。通常我们可以忽略这些旋转引起的加速度并应用牛顿定律。但傅科摆却不属于这样的情形。振动平面的进动[②]可以用一种叫做科里奥利[③]力的惯性力的作用来解释。

下面是一个旋转参考系的例子，惯性力在其中表现得很清楚。

设想一人乘坐高尔基公园的摩天轮[④]，令轮的半径为 r，旋转角速度为 ω。假定那人冒险以相对于转轮的运动速度 v_0 从他的座位跳到他前面的座位上去（图 6-2）。

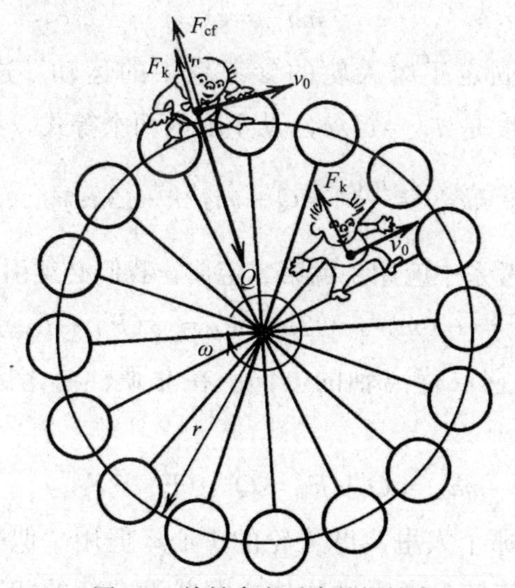

图 6-2　旋转参考系中的惯性力

⚠ 警告！这个实验完全是想象的，安全规则严格禁止这样做。

---

① 牛顿力学需要一个“绝对空间”，只有在不对绝对空间作加速运动的参考系中惯性定律才成立（即才能观察到不受净力作用的物体永远作匀速直线运动）。这样的参考系叫做惯性参考系。绝对空间是一个抽象的概念，但对于观察地球上的运动而言，对太阳和“稳恒星”无加速度的参考系提供了近似的惯性参考系。——译者

② “进动”是一个物理学名词，指一个自转的物体受外力作用导致自转轴绕另一轴旋转的现象。例如，在重力作用下旋转的陀螺在自转的同时绕垂直于地面的中心轴旋转。——译者

③ G. G. Coriolis（1792～1843），法国土木工程师。

④ 详见 M. Cruz-Smith 的小说。

首先让我们来考虑我们的英雄在一个惯性参考系中的运动。显然，这是线速度为 v 的圆周运动，v 是摩天轮的线速度 ωr 加上他的相对速度

$$v=\omega r+v_0$$

向心加速度可用一般公式确定

$$a_{cp}=\frac{v^2}{r}=\frac{v_0^2}{r}+\omega^2 r+2v_0\omega$$

依照牛顿第二定律，这个加速度是旋转的轮台、座椅、扶手等作用于人的力的水平分量产生的

$$ma_{cp}=Q$$

现在考虑固定于摩天轮的参考系中的运动。这里线速度是 v_0，向心加速度是 $a'_{cp}=v_0^2/r$。从上面的两个等式，我们可以写出

$$ma'_{cp}=\frac{mv_0^2}{r}=Q-m\omega^2 r-2mv_0\omega$$

为了在旋转参考系中应用牛顿第二定律，我们必须引入惯性力

$$F_{in}=-(m\omega^2 r+2mv_0\omega)=-(F_{cf}+F_{Cor})$$

式中负号表示它取背离轴的方向。在非惯性参考系中，运动方程为

$$ma'_{cp}=Q+F_{in}=Q-(F_{cf}+F_{Cor})$$

惯性力似乎把那个人甩离摩天轮的中心。但用“似乎”这个词可不是疏忽。在旋转参考系中物体之间并没有新的相互作用。唯一真正作用于那个人的力是座椅和扶手的同一反作用。它们的净水平分量 Q 是指向中心的。在静止参考系中，力 Q 产生向心加速度 a_{cp}。在旋转参考系中，由于运动学的原因，向心加速度变为较小的值 a'_{cp}。为了恢复方程两侧的平衡，我们必须引入惯性力。

在我们的假设下，F_{in} 由两个加数组成。第一个是离心力 $F_{cf}=m\omega^2 r$，它随旋转频率和与中心的距离而增大。第二个是科里奥利力 $F_{Cor}=2mv_0\omega$（依第一个计算它的人命名）。仅当物体相对于旋转参考系运动时才须引入这个力。它不依赖于物体的位置，只依赖

于它的速度和参考系的旋转角速度。

如果物体在旋转参考系中不是沿圆周而是作径向运动（图6-2），我们也同样必须引入科里奥利力。但与前面不同，它现在垂直于半径。科里奥利力的一个基本特点是，它永远既垂直于旋转轴也垂直于运动方向。这看来有点奇怪，但在旋转参考系中惯性力不但把物体推离中心，也使其偏离正道。

我们必须强调，科里奥利力像其他所有惯性力一样，起源于运动学，不能与任何物体相联系[①]。这里有一个明显的例子。

设想一门座于北极并朝向一条子午线的大炮（选择北极是为了简单）。令目标位于同一子午线上，炮弹可能命中目标吗？在一位静止观察者（即使用固定于太阳的惯性参考系的外部观察者）看来，答案是明显的：炮弹的轨道在初始子午面内，而目标随地球运动，故炮弹绝不会命中目标（除非炮弹飞行整数天后击中目标）。但在固定于地球的参考系中如何解释这一事实呢？什么原因引起炮弹偏离了初始垂直平面？为了恢复一致性，我们必须引入科里奥利力，它垂直于旋转轴，也垂直于物体的速度。这个力把炮弹拉离子午面，使它打不中目标。

现在让我们回到傅科摆振动平面的进动上来。这种进动是由同样的原因引起的。再次假定摆位于北极。那么对于一位静止观察者而言，振动平面是静止的，旋转的是地球。一位北极的居民看到的正相反。对于他来说，子午面看来是固定的，而摆的振动平面每24小时完成一整圈旋转。解释这一点的唯一方法是借助于科里奥利力。可惜，一般的情形不像在北极上那样明显[②]。

6.2　有趣的效应

由于地球旋转而出现的科里奥利力产生许多重要的效应。在

---

① 即使惯性力不由任何真实物体所产生，观察者仍觉得它是真实的力，像引力一样。想想在拐弯汽车里的离心力。

② 位于其他地方的傅科摆的振动平面每天转 $2\pi\sin\alpha$ 弧度，α 是摆所在处的纬度。

讨论这些效应前，让我们先确定科里奥利力的方向。我们已经说过，它永远垂直于旋转轴和运动的速度。但这留下了图 6-3 所示的两种可能性。你可能记得，在定义磁场施予运动电荷的洛伦兹[①]力时出现类似的情形。教科书上说，这个力垂直于电荷的速度和磁力线。但为了明确无误地定义它，我们需要求助于左手定则。

科里奥利力的方向可用类似的定则来确定，如图 6-3（a）所示。首先我们必须先规定轴的方向。依照惯例，朝这个方向看时我们看到的是顺时针旋转[②]。现在让我们张开左手，四指指向速度的方向，使轴贯穿手掌，这时与其余手指垂直的拇指就指示出科里奥利力的方向。

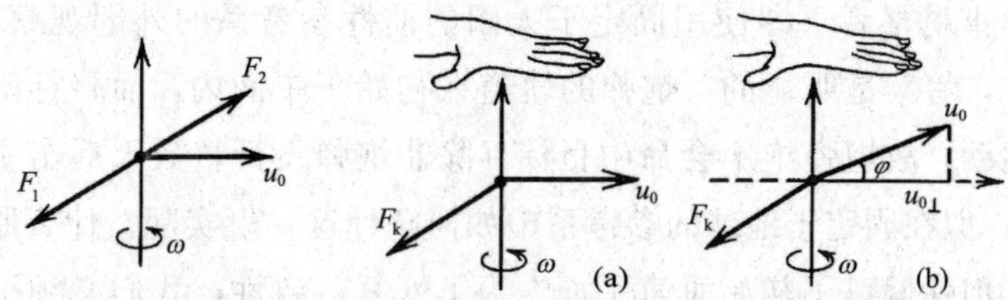

图 6-3 科里奥利力方向的两种选择；依照惯例，方向由左手定则确定

定义科里奥利力和洛伦兹力的方向中的不同选择，对应着我们在自然中遇到的两种对称，左对称和右对称[③]。为了区分对称，我们需要使用“标准”，如手、螺丝钻、瓶塞起子等。当然，自然不管你的手或螺丝钻，这些都不过是帮助确定力的方向的工具。

我们已经完成了旋转参考系中物体的速度垂直于轴的情形下科里奥利力的讨论。力的大小是 $2mv_0\omega$，方向按左手定则确定。但一般情形如何呢?

原来，如果速度 v_0 与旋转轴成任意角度（图 6-3（b）），只有 v_0 在垂直于轴的平面上的投影才是重要的。科里奥利力的值由下

① H. L. Lorentz（1853～1928），荷兰物理学家，1902 年获诺贝尔物理学奖。

② 即所谓右螺旋定则：顺时针旋转时螺钉向前。

③ “左右对称”的意思是，物理学定律对于固定参考系中的顺时针或逆时针旋转是一样的。因为左（右）旋的镜像是右（左）旋，所以这种对称称为“镜像对称”。但在微观世界中，镜像对称可以不成立，这就是著名的宇称不守恒。——译者

列公式给出

$$F_{\mathrm{Cor}}=2m\omega v_{\perp}=2m\omega v_0\cos\varphi$$

方向仍决定于同一左手定则，但手指的方向不是平行于速度，而要平行于它在垂直于轴的平面上的投影（图 6-3（b））。

现在我们知道了关于科里奥利力的一切：如何计算它的值和确定其方向。利用这一知识，我们可以解释一些有趣的效应。

众所周知，从热带吹向赤道的信风总是向西偏。这一效应解释于图 6-4。首先让我们考虑北半球，那里信风从北向南吹。把左手放在一个球的上面，手掌向下。轴进入手掌，垂直于手指。科里奥利力垂直于纸面，对着你，那是向西的。南半球的信风则从南回归线吹向赤道。但无论旋转方向或风速如何，它在赤道平面上的投影都不变，故科里奥利力的方向也不变。这样，在两种情形下风都向西偏。

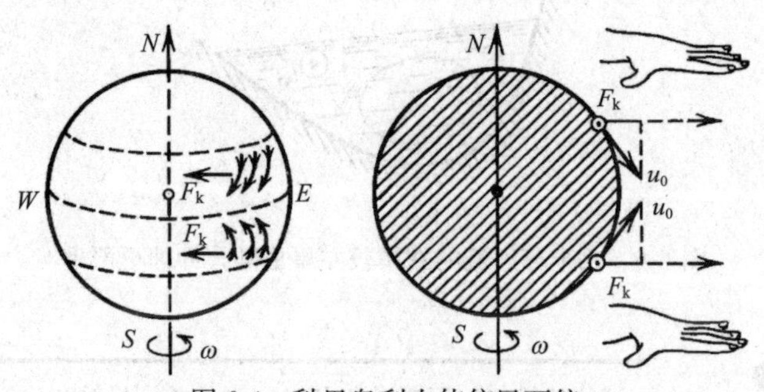

图 6-4　科里奥利力使信风西偏

图 6-5 说明贝叶尔[①]定律。北半球的河流的右岸较左岸陡，冲蚀更严重（南半球相反），其原因仍是科里奥利力，它把流水向右推。由于摩擦，河表面的流速大于河底的流速，因此科里奥利力也大些。这就引起了图 6-6 所示的环流。右岸的土壤被冲走并沉积于左岸。这和第 1 章里描述的河湾处河岸冲蚀的情形十分相似。

科里奥利力总是使下落的物体向东偏移（请你自己分析）。

① K. E. von Baer（1792～1876），爱沙尼亚动物学家，胚胎学家的先驱，俄国地理学会创始人之一。

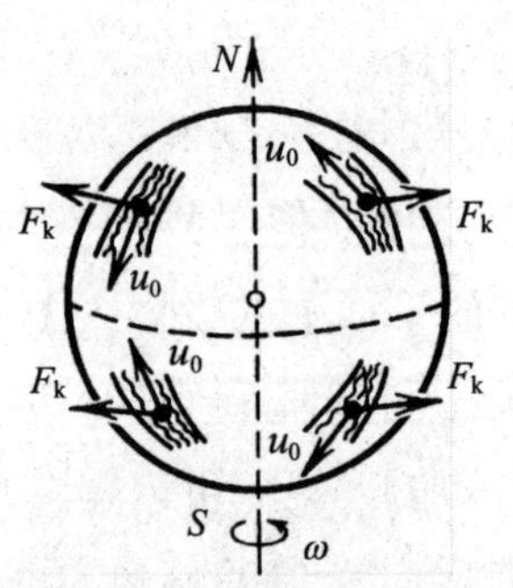

图 6-5　在北半球科里奥利力把水流赶向右岸，在南半球赶向左岸

1833 年德国物理学家拉赫（Ferdinand Reich）在弗拉伯格的矿井里做了一次精密的实验。他得到从 158 米高处下落物体的平均（106 次测量）偏移为 28.3 毫米。这是科里奥利理论最初的实验证明之一。

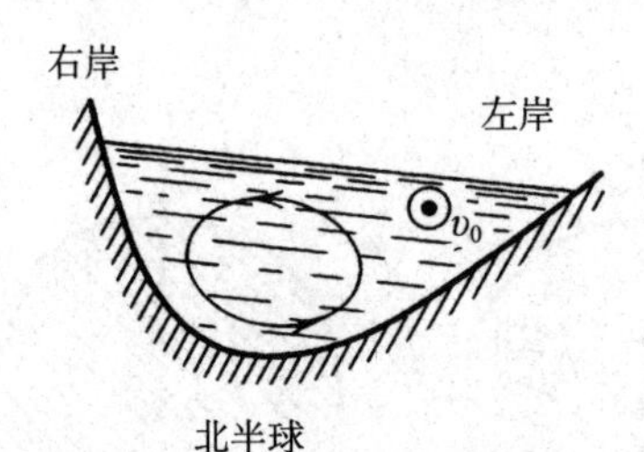

图 6-6　北半球河流的右岸较左岸更陡，冲蚀更严重

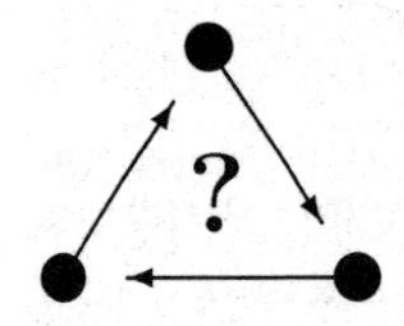

试估计伏尔加河右岸和左岸的水位差。贝叶尔定律适用于与赤道平行的河流吗？如果一条河穿过赤道，如刚果河，有什么变化？

第 7 章　月　制　动

谚语：时间和潮汐不等人。

很久以前人们就把潮汐的原因归之于月球。月球吸引地球上海洋里的水，在海洋中形成水“峰”；地球绕自己的轴旋转，而水峰的位置总在月球的一侧；当凸起的水峰前进到海岸时，潮水涨起，当它离开海岸时开始落潮。这种理论看起来很自然，但有一个矛盾：要是那样的话，潮汐该是每日一次的事件，可事实上潮汐每 12 小时发生一次。

万有引力定律发现后不久出现了牛顿的潮汐理论。这种理论提出了潮汐的第一种解释。我们将用惯性力的概念来研究这个问题。依照上一章中所述，在物体的相互作用中加进惯性力后，我们就可在旋转参考系中应用牛顿的力学定律。

地球绕它的轴、绕着太阳和绕着……月球旋转。通常人们忘了后者，但正是这一旋转才使潮汐理论成为可能。想象一轻一重的两个球，用一根带子系在一起，放在一块平滑的面上（图 7-1）。

两个栓在一起的球的旋转是互相联系着的。每一个球都循着一个一定半径的圆运动，但两者的公共中心是在系统的质心[①]上。当然，较大的球绕较小的圆，但它在运动！与此类似，根据万有

---

① 对于两个质量各为 m_1 和 m_2、位于 x 轴上点 x_1 和 x_2 处的质点构成的系统，系统质心（公共质心）为

$$x=\frac{m_1}{m_1+m_2}x_1+\frac{m_2}{m_1+m_2}x_2$$

——译者

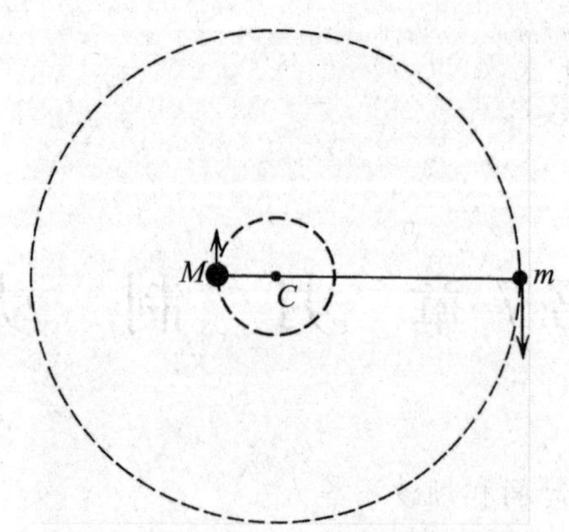

图 7-1 两个连着的球绕公共质心旋转

引力定律，地球和月球彼此吸引，并绕着它们的公共质心 C 旋转(图7-2)。由于地球的质量比月球大许多，此点位于地球内但偏离它的中心 O。行星和卫星两者绕 C 旋转的角速度显然相同。

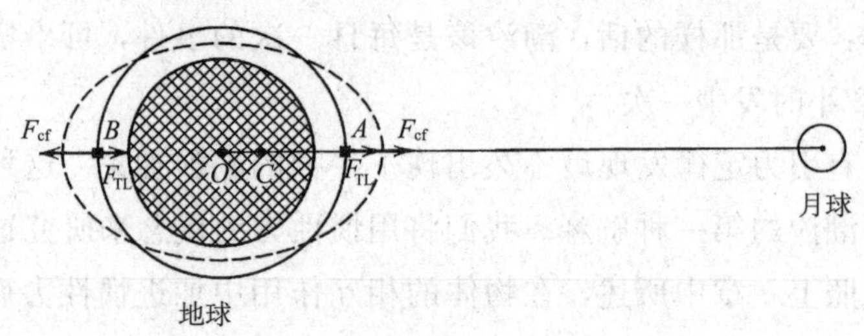

图 7-2 地球和月球绕公共惯性中心旋转

现在考虑这样一个旋转参考系，在那里地球和月球都是静止的。因为参考系是非惯性的，每一质量元都不但经受引力，还受到离心力的作用。离中心 C 越远，这个力越大。

为了简单起见，让我们假设水均匀地分布于整个地球表面。但这能是一种平衡状态吗？显然不能。向着月球的引力和离心力将使这一状态不稳定。在靠月球的一侧，这两个力的方向都背着地球中心，因而造成水峰 A（图 7-2）。远测的情形十分相似。但因远离了共同质心，离心力增大而向着月球的引力降低，于是合力的方向也背着地球，从而形成第二个水峰 B。平衡位形示于图 7-2。

当然，潮汐的这种解释是大为简化了的。它没有考虑水在地球上的不均匀分布、太阳的引力的效应及其他许多可有重要影响的因素。尽管如此，这个理论仍然回答了主要的问题。只要水峰不动（相对于旋转参考系）而地球和月球绕它们自己的轴旋转，潮汐必定一天出现两次。

现在我们要解释月制动的原理。实际上，水峰不在地球和月球的中心连线上（如在图7-2中为简单起见所示的那样），而是稍有偏移。原因是海洋因摩擦随地球一起旋转。所以水峰内的水是连续地更新的。但这一过程永远落后于驱动它的力（力引起加速度，但使粒子获得速度并到达适当的地方需要时间）。结果，水峰的顶点即潮汐的最高点并不在中心连线上。水峰的形成有一个滞后，且向地球自转的方向偏移（图7-3）。这意味着向月球的引力并不通过地球的中心，从而引起一个使地球旋转变慢的力矩：旋转的持续时间每天都在延长。杰出的英国物理学家开尔文[①]爵士首先发现了这一现象。

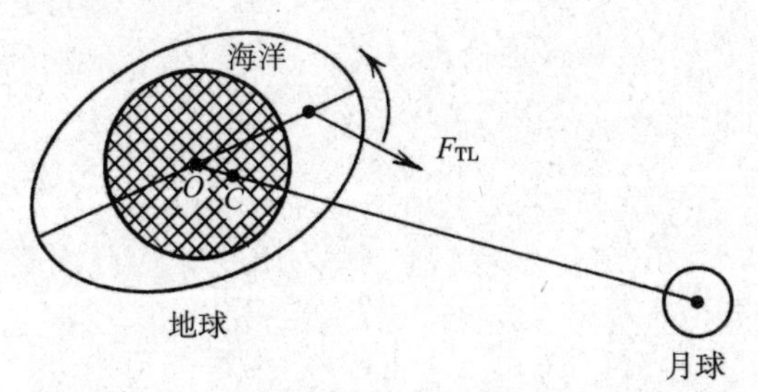

图7-3　水峰偏离地球与月球的中心连线

这种“月制动”已经毫无差错地工作了许许多多个百万年，它具有显著改变日长的能力。科学家在40亿年前生活于海洋中的珊瑚中发现了一种叫做“日轮”和“年轮”的结构。从日轮数发现，一年竟有395天！一年的长度即地球绕太阳旋转的周期从那时以来大概没有变化。那么在那个时期一天只有22小时！

现在月制动继续在使昼夜变长。这个故事的结局是什么？地

① W. Thomson（1824～1907），自1892年起为第一任开尔文男爵（Lord Kelvin），英国物理学家和数学家，伦敦皇家学会主席。

球自转的周期将等于月球轨道运动的周期，阻尼将会消失。那时地球将永远以同一面朝向月球，就像月球现在这样。昼的变长将影响气候。地球阳光侧拉长的昼意味着背面拉长的夜。夜的那一侧的冷空气将侵袭温暖的半球，风和尘暴将会爆发……但这种前景还非常遥远，人类一定能够找到防止这种灾难发生的办法。

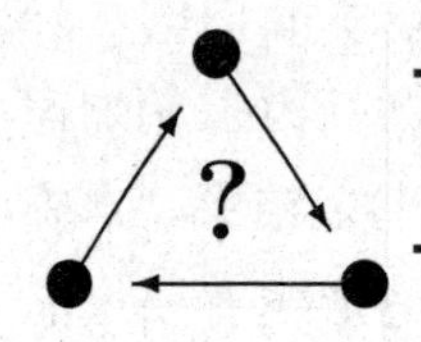

月制动对于农历月长度（月球绕地球旋转的周期）的影响是什么？

第 2 部分

星期六晚上的物理学

我们对我们的环境过于熟悉，以致对许多奇迹视而不见，更不去想它们背后的真正原因。但仔细观察，你会发现值得你思考的东西比比皆是。

“如果你向水中投掷石子，注意它们产生的圈儿，要不然你只不过是在消磨时间罢了。”伟大的库兹马·普罗特可夫①写道。

我们将试着说服你，我们周围世界中哪怕最不可思议的现象也可以用普通物理学来解释。

---

① Koz'ma Prutkov，19世纪俄罗斯伟大作家、诗人和哲学家。在任何一位俄罗斯学者的书桌上，你都可以找到他的选集，当然还有普希金和罗蒙诺索夫的著作。

第 8 章　小提琴为何歌唱

小提琴没有颜色，但它有声。

——N. Panchenko，《关于小提琴的一首诗》

当一个物体通过介质运动时，不管它是什么，总是引起使运动变慢的阻力。当一个物体在坚硬表面上滑动时，阻力是干摩擦；在液体中是液体摩擦（黏滞）；在空气中是空气动力阻力。

物体和周围介质的相互作用是一个比较复杂的过程，一般引起物体机械能的功热转换。然而相反的情形，即介质实际上供应物体能量，也是可能的。这通常会引起某种振动。比方说，一个被拉动的衣柜与地板之间的干摩擦阻碍衣柜的运动，使运动变慢；小提琴的弓和弦之间的同类摩擦则会使弦振动。我们在后面将会看到，后一种情形振动的原因是摩擦力与运动速度的关系具有下降的特性——摩擦力随运动速度的增大而减小。这种特性确定会引起振动。

让我们以一把音乐会小提琴为例来说明机械振动的产生。小提琴的声音是由运动的弓产生的，对吧？当然，产生一个特定乐音的过程相当复杂，这里不可能加以讨论。让我们来解释弓在弦上平滑地拉过时弦开始振动的原理。

弓和弦之间的摩擦是干摩擦。我们可以容易地区分两种不同的摩擦：静摩擦和滑动摩擦。第一种摩擦作用于两个相对静止的物体的接触面。第二种摩擦发生于一个物体沿另一个物体的表面滑动的时候。

我们知道，在前一种情形下（没有滑动），摩擦力与一个大小相等方向相反的外力相平衡，直到某个最大值，记为 F^0_{fr}。

滑动摩擦有赖于材料和接触表面的条件，以及物体的相对速度。我们要详细讨论的是后一种情形。滑动摩擦与速度间关系的特性随不同物体而异：随着速度的增加，滑动摩擦常常是先下降然后又开始上升。干摩擦力对速度的这种依赖关系示于图 8-1 的曲线。弓的鬃毛与弦之间摩擦力的特性也是如此。当弓和弦的相对速度 v 为零时，两者间的摩擦力小于 F^0_{fr}。然后，在曲线的下降段（$0 < v < v_0$），相对速度任何微小的增加，比方 Δv，将引起摩擦力的相应减小；反之，当速度降低时摩擦力的变化是正的。我们马上就要看到，正是因为这种初看起来不那么显眼的特点，弦的能量可因干摩擦力所做的机械功而增大。

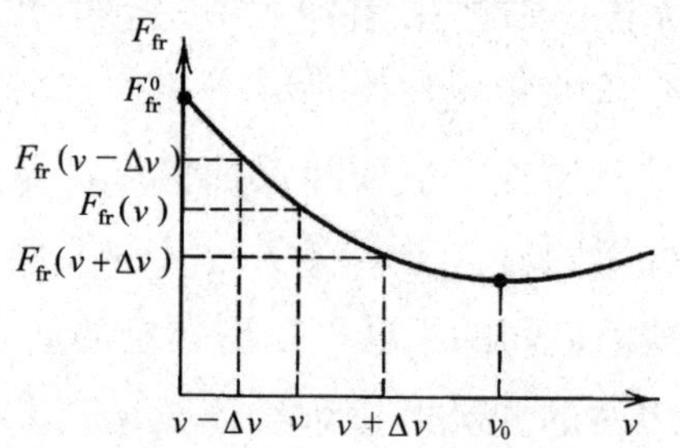

图 8-1　典型的干摩擦力与相对速度的关系

当弓开始运动时，弦跟着弓走，因而被拉伸，摩擦力被弦的张力所抵偿（图 8-2）。张力的合力正比于弦对其平衡位置的偏移 x

$$F = 2T_0\sin\alpha \approx \frac{4T_0}{l}x$$

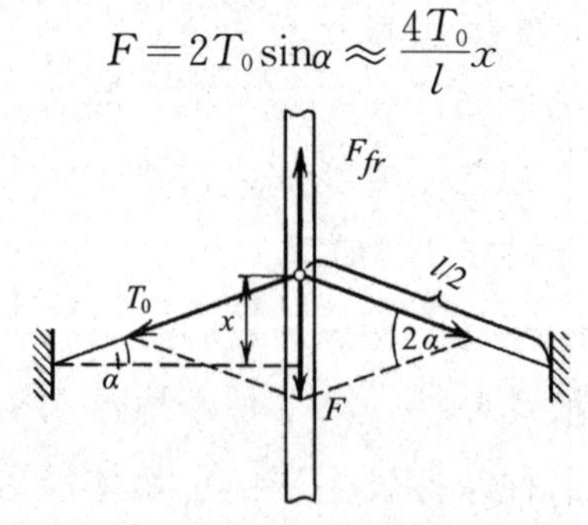

图 8-2　当弦跟随弓而无滑动时，静摩擦抵偿了两个张力的合力

式中，l 是弦的长度，T_0 是张力；对于小的拉伸，T_0 可视为常数。这样，当弦随弓而被拉伸时，F 一直在增大，直到达到最大摩擦力值 F_{fr}^0。此后，弦开始相对于弓滑动。

为了简单起见，假设在开始滑动时，摩擦力从最大静摩擦值 F_{fr}^0 突然下降，变为一个很弱的滑动摩擦力。换言之，我们可以近似地把弦的滑动当做自由运动来看待。

就在弦从“黏附”于弓到开始滑动的那一刻，它的速度等于弓的速度，因此继续在同一方向运动。但现在，没有受到抵偿的净张力开始让弦的运动减速。所以在某一时刻速度将降至零，弦停止并反过来逆弓运动。然后，在另一侧达到最大摆幅后，弦再次开始与弓在同一方向运动。在这整个过程中，弓继续以同样的恒定速度 u 运动，在某一时刻弦和弓的速度大小相等，方向也一样。这时弦和弓之间的滑动消失，摩擦力再次与弦的张力相平衡。现在，随着弦接近于其中间位置，张力下降，引起与它抗衡的摩擦力相应地下降。在弦通过平衡位置后，一切又重新开始。

弦的偏移随时间变化的图形示于图 8-3（a）。弦的周期运动的每一周期由两个不同的部分组成：在时间间隔 $0<t<t_1$ 内，弦跟随弓以恒速 u 运动，偏移 x 正比于时间（$\tan\alpha=u$）；“起飞”发生于时刻 t_1；在时间间隔 $t_1<t<t_2$ 内，x 和时间的关系具有正弦形式。在时刻 t_2 上，正弦曲线的切线与曲线开始时的直线段具有相同的斜率 α（因此弦和弓的运动速度相等），弦重又被弓捕住。

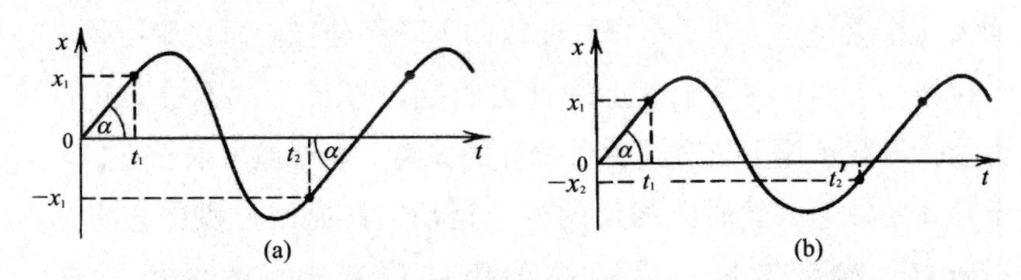

图 8-3　弦的偏移与时间的关系：（a）无滑动摩擦；（b）具有非零滑动摩擦

图 8-3（a）说明了弓和弦之间没有滑动摩擦，因而在弦自由运动时没有能量损耗这样的一种理想情形。摩擦力在整个振动周期

内（在没有滑动的时间间隔内）所做的总功等于零，因为对于负的 x，摩擦力阻碍运动故机械功为负；而对于 $x>0$ 的情况，功的大小相等而符号为正。

如果滑动摩擦不是小到可以忽略，情形如何？那时它将引起能量损耗。存在滑动摩擦时弦运动的图形示于图 8-3b。对于正的 x，曲线实际上要比对于负的 x 陡一些。因此，弦与弓的“黏合”发生于数值上比正的 x_1（弦由此开始对弓滑动）小的负偏移处（图中的 $-x_2$）：$x_2<x_1$。这就使摩擦力在弦与弓一起运动的时间间隔内做了正的机械功

$$A=\frac{k(x_1^2-x_2^2)}{2}$$

式中，$k=4T/l$，是比例常数，它把将弦拉离平衡位置的静摩擦力与弦的偏移联系起来①。

总功中这一正的部分补偿了由于滑动摩擦造成的能量损耗，使弦保持不衰减的振动。

一般说来，为了补充能量，弦完全不必“粘住”弓。只要它们的相对速度 v 保持在滑动摩擦与相对速度关系的下降区（图 8-1）内就足够了。现在让我们更仔细地看一看这种情形下弦的振动。

假定以恒定的速率 u 拉弓，弦被驱离其中央平衡位置，位移为 x_0，故净张力 $F(x_0)$ 被滑动摩擦力 F_{fr}（u）抵偿。如果偶然，弦在弓运动的方向偏移，它们的相对速率将减小，这就引起摩擦力增大［注意我们是在 F_{fr}（u）曲线的下降部分!］，而这就使弦进一步拉伸。当然，在某个点上弹性力将超过摩擦力（不要忘记，张力的矢量和正比于弦对其中央位置的偏离，而摩擦力限于 F_{fr}^0），弦于是开始减速，然后向相反的方向运动。在返回过程中它将通过平衡点，然后停止在另一侧的极限位置上，然后重复这一切……这样，振动将被放大。

① 不要忘记，在图 8-3 曲线的直线部分，摩擦力的大小等于张力的合力（图 8-2）。

重要的是要看到，上面描述的振动一旦开始，将不衰减地持续下去。事实上，当弦以速度 Δv 在弓的方向运动且 $u > \Delta v > 0$ 时，摩擦做正功。另一方面，返回时摩擦做负功。前一情形下的相对速度 $v_1 = u - \Delta v$ 小于后一情形下的相对速度 $v_2 = u + \Delta v$。但前一情形下的摩擦力 $F_{\mathrm{fr}}(u - \Delta v)$ 反倒大于后一情形下的 $F_{\mathrm{fr}}(u + \Delta v)$。这样，弦和弓一起运动时摩擦力所做的功超过弦返回时摩擦力所做的负功，故形成振动周期内的净正功，其结果是振动的振幅随每一相继振动而增大。这将一直持续下去，直到达到某一极限。如果 $v > v_0$，因而弓和弦的相对速度 v 最终离开了 $F_{\mathrm{fr}}(v)$ 曲线的下降区（图 8-1），摩擦的负功大于正功，迫使振动的振幅减小。

这样，最终将达到具有某个平衡振幅的稳定的振动，这时摩擦力做的总功正好等于零（更准确地说，一个周期内摩擦力所做正功正好补偿了由于空气阻力、非弹性变形等引起的能量损耗）。小提琴弦的这种稳定的振动将不衰减地持续下去。

一个物体沿着另一个物体的表面运动时激发声振动的现象十分常见：门枢轴中的干摩擦可引起尖叫声；还有我们的鞋，地板砖等。你只要把你的手指摁在一块足够平滑和坚硬的表面上拖着走，就可以产生尖叫声[①]。这些例子中产生的现象可能和小提琴弦振动的激发非常相似。开始时没有滑动，然后弹性变形发展到发生“起飞”和产生尖叫的振动开始出现的程度。一旦开始，它们不会突然消失，而是继续下去，没有显著的衰减。由于同一下降特性，摩擦力做正功，供给振动所需的能量。

如果摩擦与接触面相对速度的关系改变特性，尖叫便会消失。谁都知道，你只需润滑表面便可摆脱讨厌的刺耳声。这背后的物理原因很简单：对于缓慢的运动，液体摩擦力与速度成正比。所以当你用液体摩擦来代替干摩擦时，产生和维持振动所需的条件

① 第 9 章“鸣叫和沉默的酒杯”里将给出更有趣的例子。

便消失了。反过来，当希望有振动时，接触表面常常需要特殊处理，以便造成随速度增大而迅速减小的摩擦力。例如，人们在琴弦上使用松脂。

毫不奇怪，懂得摩擦定律常常有助于解决各种各样的实际和工业问题。例如，在机械加工金属工件时，刀具可能产生讨厌的振动。这种振动是由刀具和沿其表面滑行的金属工件之间的干摩擦引起的（图 8-4）。这里摩擦力与速度的关系可以具有我们熟悉的“下降”特性。我们已经知道，这种特性是产生振动的主要条件。消除这种振动（对刀具和工件都十分有害）的常用方法是在简单润滑的同时采用一种特别的刀具磨制方法，基本上就是磨成适当的角度，使之不发生滑动，从而消除振动。

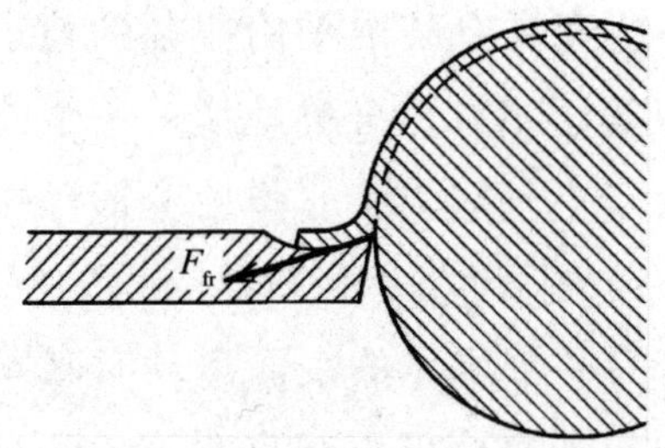

图 8-4　机械加工的刀具的振动可通过选择适当的切削角来消除

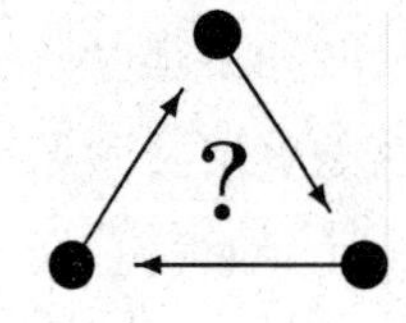

你能不能描述滑动摩擦恒定时弦的运动，甚至写出一个公式？

第 9 章　鸣叫和沉默的酒杯

这马车像是一只用闪闪发光的水晶制作的张开的贝壳，它的两个大轮子似乎也是用同样的材料做成的。转动的时候，它们产生美妙的声音：饱满但仍在增强和逐渐接近，那声音让人想起玻璃键琴，但有惊人的强度和力量。

——E. T. A. 霍夫曼[1]，《侏儒查赫斯》

人们可以让简单的玻璃酒杯唱歌，这算不上什么新鲜事。但有一种非常特别的方法这样做。有多么特别？请你自己来判断。

如果你把一根手指浸湿，然后小心地让它沿着一只玻璃杯的边缘（使它保持湿润）转，它开始发出一种比较刺耳的声音。但等到水完全和均匀地覆盖了玻璃杯的边缘后，声音变得比较动听了。通过改变手指的压力，你可以容易地改变声音的高度。音高也有赖于玻璃杯的大小和杯壁的厚度[2]。

但注意，不是每一只玻璃杯都能发出动听的声音，所以寻找一只适当的杯子是一件细致的事，需要一点儿时间。最佳“歌唱家”原来是具有旋转抛物体的形状、杯壁非常薄、有一个细长把的高脚玻璃酒杯。另一个决定谐振音调的关键参数是杯内液体的多少：一般说来，杯子越满，音调越低。当水面超过杯子的中线

---

① E. T. A. Hoffmann（1776～1822），德国浪漫幻想和恐怖作家，记者，作曲家，音乐批评家和漫画家。著名芭蕾舞剧《胡桃夹子》和《葛培里亚》皆基于他的作品。他也是奥芬巴赫著名歌剧《霍夫曼的故事》中的英雄。——译者

② 声激发的机理和弓乐器一样，见第 8 章“小提琴为何歌唱”。

时，杯壁的振动将引起液体表面的波动。在任何时刻，最大的扰动都出现在那个时刻激发声的手指的位置。

一位著名美国科学家（也是这个国家历史上最伟大的政治家之一；集政治家和科学家于一身是十分难得的，至少在那个时代——D. Z.），以其大气雷电实验著称于世的富兰克林[①]，曾利用上述现象创造了一种特别的乐器，十分接近于霍夫曼在《侏儒查赫斯》里的描述。这是一系列擦得一尘不染的玻璃酒杯，每一个都在中间钻有一个孔，等距离地装在同一根轴上。它们被放在一盒子里，盒子下面有一个踏脚板，像老式的缝纫机一样用来使轴旋转。只要用沾湿的手指碰一下，就可以把系统的音调从强音变到很弱的哨音。令人难以置信的是，那些听过这“酒杯风琴”演奏的人都说，它和谐的声音让演奏者和听众都感到无比的愉悦。1763年富兰克林把他的乐器赠送给了一个英国女人——戴维斯夫人。她在欧洲用它巡回表演数年之久，然后这件乐器消失得无影无踪。大概这个真实故事的一些片断流传到了德国作家霍夫曼耳朵里，他本人又是一位极有天赋的音乐家，就把它们用到了他的《侏儒查赫斯》里。

谈到酒杯，另一个有趣的事实也值得一提。碰香槟酒杯被视为不合礼仪之举，这虽然听起来有点不合潮流，但真的如此。事实上，由于某种纯物理学的原因，斟了香槟（或任何发泡的碳酸化合物饮料）的酒杯在轻轻碰撞时都会发出闷塞喑哑之声。这是怎么回事呢？为何斟了香槟的酒杯不鸣叫呢？

从物理学上来说，轻碰酒杯后我们听到的悦耳动听的鸣声来自高频声波。我们的酒杯是高频声（10～20千赫兹）甚至超声范围（高于20千赫兹）内的一个谐振器。当我们轻碰空的或斟有非碳酸饮料的酒杯时，这种振荡器一经触发将保持较长时间的振动。另一方面，这也立刻提示我们斟有香槟的酒杯产生的声受到压抑

---

① Benjamin Franklin（1709～1790），美国官员，作家，科学家。

的一个可能原因，那便是从打开的酒瓶里翻滚奔涌而出、令人愉悦的二氧化碳的细小泡泡，它们可以引起酒杯内短（波长）声波的强散射。大气中也有类似的现象，在那里，分子密度的涨落散射光谱短波部分的光（参阅第4章“在蓝色中”）。

即使对于人耳能够感知的最高频率（$\nu \sim 20$千赫兹），水中声的波长$\lambda_{\min}=c/\nu \sim 10$厘米（式中$c=1450$米/秒，是水中的声速）仍远大于香槟中$CO_2$气泡的大小（例如，小于1毫米），由此推断，似乎是后者引起了瑞利型声散射。但且慢，让我们更仔细地考虑这个问题。例如，上面估计的$\lambda_{\min}$究竟有什么用处呢？为了简单起见，让我们现在忘掉一只真实酒杯的复杂形状，代而考虑一只矩形的盒子，内有一维的拉伸-压缩平面声波。盒内的声压（也称声波的压强场）可以写做

$$P_e(x, t)=P_0\cos\left(\frac{2\pi x}{\lambda}-\omega t\right) \tag{9-1}$$

式中，P_0是振荡压强的振幅，ω是声的角频率，λ是相应的波长，x是沿传播轴的坐标。

即使λ的最小值也大大超过杯子的大小，$x \ll \lambda_{\min}$，故在任意给定的时刻t_0，函数$P_e(x, t)$在杯子体积范围内仅有少许变化。事实上，式（9-1）中余弦函数宗量的第一项非常小，声压的时空分布主要决定于第二项。这实际上表明，由于$x \ll \lambda$，杯内压场几乎是均匀的，但（随时间）迅速变化

$$P_e(t)=P_0\cos\omega t \tag{9-2}$$

注意压强公式（9-2）和长为l的刚性盒内常规驻波之间的差别。对于后者，驻波条件是$l=n\lambda/2$，$n=1, 2, \cdots$。杯子比起波长来太小，不能满足驻波条件。然而，一只真实酒杯的壁是有弹性的，参与杯内物的振荡。壁的振动将声传递到周围的空气中，使声可闻①。

① 空酒杯原来的水晶般的声音证明，我们通常享受的不是杯里液体的独唱，而是它与华丽酒杯的二重唱。

杯内液体的总压强 $P(t)$ 是 $P_e(t)$ 与大气压之和

$$P(t)=P_e(t)+P_{atm}$$

现在我们很快便可理解香槟酒杯中声迅速衰减的真正原因了。答案隐藏在一个事实背后：气饱和的液体是所谓的非线性声介质。这句“科学”行话的实际含义如下。人们知道，气体在液体中的溶解度有赖于压力。压力越高，单位体积液体内可溶解的气体的体积越大。在存在声振荡的情形下，杯内压场是变化的。在液体压力降低到大气压以下时，从液体析出的气体增加。气泡的释放扭曲了压强与时间之间简单的谐关系。就是在这种特别的意义上，我们称气饱和液体为非线性声介质①。气体的释放不可避免地从声振荡取走能量，使其更快地衰减。在杯子轻碰后，杯中所有的声频都被激发，但由于上述机理，高音的衰减比低音快得多。缺少了高频，纯净透亮的高音变成了可怜的喑哑的啪啪声。

然而，液体中的气泡不但阻抑声波，在一定条件下也可以产生声波。最近发现，可以用高功率激光脉冲照射水中的少许气泡来激发声振荡。这种效应是由激光束撞击气泡表面引起的。在遭受这样的“打击”后，气泡持续震颤一些时候（直到振荡衰减），在周围介质中激发声波。我们可以估计这种振荡的频率。

自然界有许多重要的现象，尽管它们看起来可能很不相同，但实际上都可用同一个方程式来描述，这就是谐振荡方程。有许多不同种类的振荡：一个在弹簧上跳动的重物，分子和晶体中原子的振动，LC 回路中在电容器两块极板之间来回流动的电荷，等等。把所有这些例子统一起来的基本物理特性，是系统被某种外部扰动驱离其平衡状态时产生的“恢复力”。恢复力总是试图让系统回到平衡状态，其大小线性地依赖于位移。液体中气泡的振动是这种振荡系统的又一例子。因此，我们可以利用从弹簧上重物推导出的那个著名的关系，来估计气泡振荡的典型频率。当然，

---

① 别忘了，非线性声畸变是高保真爱好者的噩梦。

为此我们必须先弄清楚，在这种情形下是什么起着“弹性系数”①的作用。

第一个候选者是液体的表面张力 σ：$k_1 \sim \sigma$，至少它具有所需的量纲（牛/米）。看来，应当在振荡频率的公式中用振荡涉及的液体的质量代替重物的质量。显然，这一质量的量级应与气泡排开的水的质量——泡体积乘以水的密度——相当：$m \sim \rho r_0^3$。这样，我们可以写出泡振荡自然频率的表达式如下

$$\nu_1 \sim \sqrt{\frac{k_1}{m}} \sim \frac{\sigma^{\frac{1}{2}}}{\rho^{\frac{1}{2}} r_0^{\frac{3}{2}}}$$

然而这并非唯一可能的解。我们尚未用到另一个重要参数，这就是泡里的空气压强 P_0。将它乘以气泡的半径，我们也同样得到“弹性系数”的量纲（牛/米）：$k_2 \sim P_0 r_0$。将此新系数代入振荡自然频率的关系中，我们得到泡振荡频率的一个完全不同的表达式

$$\nu_2 \sim \sqrt{\frac{k_2}{m}} \sim \frac{P_0^{\frac{1}{2}}}{\rho^{\frac{1}{2}} r_0}$$

这两个值中哪一个是正确的呢？听起来可能让你惊讶，实际上两者都对。它们对应于两种不同的气泡振荡。第一种表示泡在先受（如激光脉冲）挤压的情形下发生的振荡。在这种情形下，泡的形状和表面积不断变化而体积不变。在此过程中“恢复力”决定于表面张力②。相反，第二种振荡发生于泡在各个方向受到均匀挤压而后释放的情形。在这种情形下，它由于压力而产生径向震荡。我们的第二个频率 ν_2 对应于这一类情形。

---

① 弹簧的弹性系数 k 表示恢复力 F 与对平衡位置的偏移 x 之间的比例关系。

$$F = -kx$$

② 注意，在气泡体积保持不变的条件下，有许多不同种类的振荡，从普通的间隔挤压和从各个方向挤压气泡到更奇特的变换，比方说，使气泡变为像面包圈那样的形状。这些振荡的频率在定量上富有变化，但就数量级而论全都等于

$$\nu_1 \sim \frac{\sigma^{\frac{1}{2}}}{\rho^{\frac{1}{2}} r_0^{\frac{2}{3}}}$$

显然，激光束撞击泡的效应是不对称的。故这类激发后泡产生的声波多半属于第一类。此外，如果泡大小是已知的，我们可以从泡产生的声的频率确定振荡的类型。在我们讨论的实验中，测得这一频率为 3×10^4 赫兹 。可惜，水中微小气泡大小的测量难以达到足够的精度。将 $\nu_0=3\times10^4$ 赫兹，$\sigma=0.07$ 牛／米，$P_0=10^5$ 帕[1]，$\rho=10^3$ 千克／米^3 代入相应的公式，我们得到两种振荡下产生声的气泡的特征尺度

$$r_1\sim\frac{\sigma^{\frac{1}{2}}}{\rho^{\frac{1}{2}}\nu_0^{\frac{2}{3}}}=0.05\text{ 毫米}$$

$$r_2\sim\frac{P_0^{\frac{1}{2}}}{\rho^{\frac{1}{2}}\nu_0}=0.3\text{ 毫米}$$

原来，泡的大小相差不多。显然，这个差别不足以确定实验中产生的振荡属于哪一种。但泡半径的估计完全符合我们的日常观察。这是一个证据，支持了我们这种主要基于量纲分析的推理。

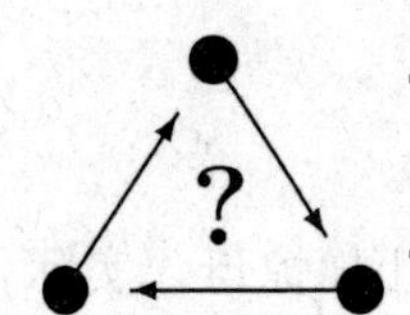

在香槟酒杯中高音泛音比主调衰减得要快得多，你对此作何解释？

① 在国际单位制中，压强的单位为帕（斯卡），符号为 Pa。

1 帕＝牛/米^2＝1（米・千克）/（米^2・秒^2）＝1 米$^{-1}$・千克・秒$^{-2}$。1 标准大气压（1atm）＝1.103×10^5 帕≈10^5 帕。——译者

第10章 泡 和 滴

在我们周围的自然界和技术世界里，表面张力以千变万化的形式到处存在。它把水聚拢成水滴，使我们能够吹出闪耀着虹的瑰丽色彩的肥皂泡，用一支普通的钢笔书写文字。表面张力在人体生理学中起着重要的作用。它也被应用于空间技术。但液体的表面张力究竟为何表现得像一张弹性膜那样呢？

紧挨液体表面的薄层中的分子可说是“居住在”一种十分特殊的环境中。它们只在一侧有邻居——和它们一样的分子，而“靠里的”居民则完全被它们的孪生兄弟所包围，它们的形状相同，行为也一样。

由于近邻分子间的吸引，每一分子的势能是负的。但其绝对值在一阶近似上可视为正比于最近邻的数目。那么很清楚，因为每一个表面分子都具有较少的近邻，它们必定具有比液体内的分子高的势能。表层分子势能升高的另一个原因是液体内分子的浓度在靠近表面处降低。

当然，液体的分子是在持续不断的热运动中，一些分子离开表面潜入里面，另一些到表面来取代它们的位置。尽管如此，我们总是可以考虑表层的平均逾量势能。

从上面的推理可知，为了把一个分子从液体内部拉到表面，外力必须做正功。这功由表面张力σ定量地表示：表面张力σ等于单位表面积内分子的附加势能（相对于这些分子在内部时所具有的势能）。

我们知道，在一个系统的所有可能状态中，最稳定的是具有最小势能的状态。特别是，液体总是试图取得给定条件下对应于最小表面能量的形状。这就是表面张力的起源，它实际上总是使液体的表面收缩。

10.1 肥 皂 泡

借用伟大的英国物理学家开尔文[①]爵士的话来说，你可以吹一个肥皂泡，注视它，研究它一辈子，但仍能从它提出更多的物理学课题来。例如，(肥) 皂膜是观察各种表面张力效应的极佳的研究对象。

在这种情形下，引力没有显著的影响，因为皂膜非常薄，它的质量可以忽略不计。所以这里的主角是表面张力。如上面指出的，表面张力总是试图使膜的面积尽可能地小（当然是在给定条件下)。

但为什么是皂膜呢？为什么我们不能研究蒸馏水膜呢？尤其是考虑到这样一个事实：蒸馏水的表面张力是肥皂水溶液（肥皂水的一个更好听的名称）的好几倍。

问题的答案原来并不在于表面张力系数之值，而在于皂膜自身的结构。确实，所有的肥皂都富含所谓的表面活性剂[②]（表面活化剂)，或长长的有机分子，它的两端具有完全相反的对水的亲和力：一端（叫做“头”）极易依附于水，另一端（叫做“尾”）完全与水不沾。这造成了皂膜的复杂结构，其中的皂溶液被紧密且高度有方向的表面活性剂层组成的“篱笆”护卫（图 10-1)。

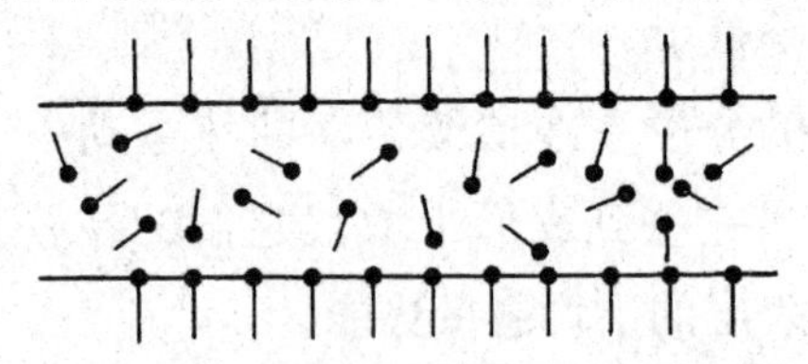

图 10-1 表面活性有机分子保证了皂膜的稳定性

---

① 见 43 页脚注①。

② 表面活性剂主要用于降低表面张力和改进洗涤剂的湿性能，同时它们也有助于稳定膜和延长肥皂泡的寿命。——A. A.

让我们回到肥皂泡上来。大多数人不但领略过这种大自然造化的非凡之美，而且自己吹过肥皂泡。它们的形状滚圆，在碰到障碍物破裂前可以在空中飞翔很长的时间。泡内的压强显然大于大气压。这种逾量压的产生是由于泡（的皂）膜试图使表面积最小化，从而挤压了内部空气的缘故。而且，泡的半径越小，内部压力越高。现在我们想要确定压强差 ΔP_{sph}。

让我们考虑一个所谓的想象实验[①]。假定泡膜的表面张力略微降低，结果它的半径增大某一值 $\delta R \ll R$（图 10-2），从而引起外表面积的增大

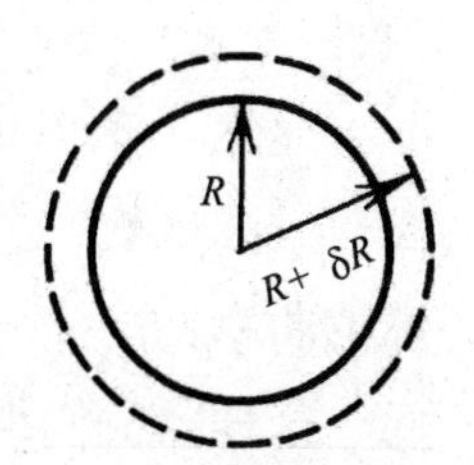

图 10-2　皂泡的无穷小膨胀

$$\delta S=4\pi(R+\delta R)^2-4\pi R^2\approx 8\pi R\delta R$$

式中，$S=4\pi R^2$ 等于球的表面积。于是表面能量的增量为

$$\delta E=\sigma(2\delta S)=16\pi\sigma R\delta R \tag{10-1}$$

对于微小的 δR，表面张力系数 σ 可视为常数。

注意出现于式（10-1）中那额外的因子“2”，在表面能量原来的定义中没有它。这是因为我们现在把泡的内、外两个表面都考虑在内，当泡的半径增大 δR 时，它的内、外表面的面积都增大 $8\pi R\delta R$。

表面能量的这一增量是泡内被压缩的空气所做的机械功产生的。当泡的体积增大微小的量 δV 时，泡内压力几乎不变，此机械功可以写做

$$\delta A_{\mathrm{air}}=\Delta P_{\mathrm{sph}}\delta V=\delta E$$

另一方面，体积的变化等于薄壁球壳的体积（图 10-2）

$$\delta V=\frac{4\pi}{3}(R+\delta R)^3-\frac{4\pi}{3}R^3\approx 4\pi R^2\delta R$$

① 所谓想象实验（thought experiment），确实，就是在想象中进行的实验，这种实验只要在原理上可行就足够了，实际上是否可以实施并不重要。理论物理学中有许多著名的想象实验，特别是，爱因斯坦就是利用这种方法的大师。——译者

由此得

$$\delta E = 4\pi R^2 \Delta P_{sph} \delta R$$

将这一表达式与上面得到的式（10-1）相比较，我们得到球形肥皂泡内与表面张力平衡的逾量压

$$\Delta P_{sph} = \frac{4\sigma}{R} = \frac{2\sigma'}{R} = 2\sigma'\rho \qquad (10\text{-}2)$$

（我们令 $\sigma' = 2\sigma$，即液体表面张力系数的两倍）。

显然，在单曲面的情形下（如球形泡的表面），逾量压为 $\Delta P_{sph} = 2\sigma/R$。这个关系称为拉普拉斯[①]公式。半径的倒数通称为球的曲率：$\rho = 1/R$。

这样，我们得到一个重要的结论，即逾量压与球的曲率成正比。但球并不是肥皂泡可以具有的唯一形状。例如，把肥皂泡放在两个线圈[②]之间，很容易把它拉成一个圆柱体，它的顶和底上“戴”有球形的“帽子”（图 10-3）。

图 10-3　利用铁丝框可以得到一个圆柱形肥皂泡

对于这样一种“非正规”的泡，逾量压该如何计算呢？我们

① Pierre-Simon Laplace（1749～1827），伟大的法国数学家；法国数学家璀璨群星、法国大革命的同时代人——拉格朗日、卡诺、勒让德、蒙热等——之一。拉普拉斯以其对概率论和天体力学的贡献著称于世。当这位学者在其短命的“内务部长”任上可悲地失败时，拿破仑说他“把无穷小的精神带到事务的处理中来”。拉普拉斯也以拿破仑的这句名言驰名。

② 在碰肥皂泡前你必须把线圈浸入皂液内。——A. A.

知道，圆柱面的曲率[①]沿不同的方向而异：沿其生成线（对圆柱体为直线）曲率为零，但沿垂直于轴的切面，曲率等于 $1/R$，R 是圆柱的半径。那么在前面推出的公式里该代入哪一个 ρ 值呢？原来，对于一个任意的面，两侧的压强差是由面的平均曲率确定的。让我们来确定圆柱体的平均曲率是什么。

首先，在圆柱体表面上的 A 点作一垂线[②]，然后作过此法线的一系列平面。由这些平面产生的圆柱体的切面（叫做法切面）可为圆、椭圆，甚至退化为两条平行直线（图 10-4）。当然，它们的曲率在这个给定点上是不同的：圆最大，纵切面最小(等于零)。平均曲率定义为此点上最大和最小法切面曲率值之和的一半

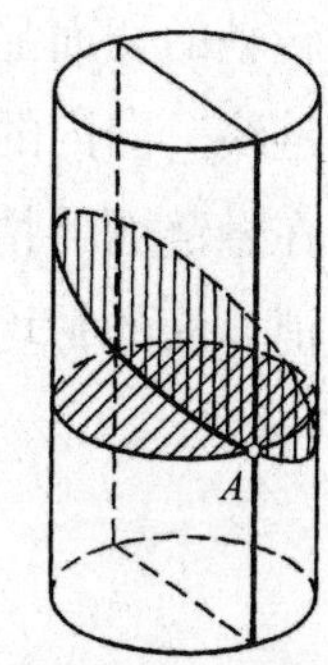

图 10-4　圆柱体各法切面的曲率不同

$$\bar{\rho}=\frac{\rho_{\max}+\rho_{\min}}{2}$$

这个定义不只适用于圆柱体。原理上，给定点上的平均曲率都可这样来计算。

对于圆柱体的侧面，最大曲率在任何点上都是 $\rho_{\max}=1/R$，R 是圆柱体的半径；最小曲率值 $\rho_{\min}=0$。故圆柱体的平均曲率 $\bar{\rho}=(1/2)R$，圆柱形泡内的逾量压为

$$\Delta P_{\mathrm{cyl}}=\frac{\sigma'}{R}$$

由此可见，圆柱泡内的逾量压等于半径为其两倍的球形泡内的逾量压。这就使得圆柱形泡的球形帽的半径等于圆柱体自身半径的两倍。所以帽只是球的一部分而不是整个半球。

要是我们完全消除泡内的逾量压，比如将它的帽扎破，结果如何？第一个浮上脑际的想法是，因为没有了逾量压，表面将没

---

① 一条平面（二维）曲线的曲率是什么？对于圆周，它与球的定义一样：$\rho=1/R$，R 是半径。对于任何另外的曲线，它的每一小段可视为一个具有一定半径的圆的一段弧。这个半径的倒数就称为平面曲线在该点处的曲率。

② 就是说，垂直于 A 处切平面的直线。——D. Z.

有任何的曲率。但令人惊异的是，圆柱体的壁向内弯曲，形成一个悬链面。这种形状可通过将所谓的悬链线[①][②]绕其 X 轴旋转生成。这是怎么回事呢?

让我们更仔细地考虑这个面（图 10-5）。由图容易看出，它的最窄处，即腰部，也称为鞍，既是凹的，也是凸的。它垂直于旋转轴的切面显然是圆周，而另一方面，过轴的切面依定义给出悬链线。向内的曲率应提高泡内的压力，但相反的曲率将降低它。在悬链面的情形下，两个曲率大小相等但方向相反，因此互相抵消。面的平均曲率为零，故这样一个泡内没有逾量压。

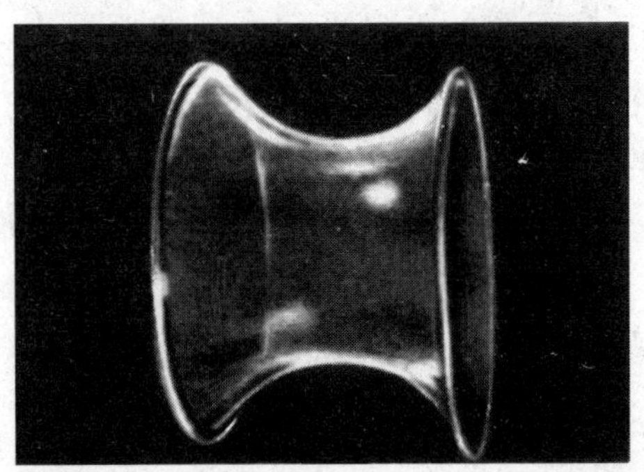

图 10-5　皂膜自身形成悬链面的形状。这个面具有零平均曲率

但悬链面不是平均曲率为零的唯一曲面。有一系列其他的面，它们似乎在所有方向都“很”弯曲，但具有等于零的平均曲率，因而没有逾量压。只要把一个铁丝框浸在肥皂水里就足以产生这些面。当你把铁丝框从肥皂水里提起来时，你马上就会看到各种零曲率面，形状依赖于铁丝框的形状。但悬链面是唯一具有零曲率的旋转曲面[③]（当然除了平面以外）。以一条给定的闭合曲线为边界的零曲率面

---

① 悬链线是悬挂于两端点的一条理想可弯曲均匀链形成的曲线。其形状由下列方程给出

$$y=\frac{a}{2}(e^{\frac{x}{a}}+e^{-\frac{x}{a}}).$$

② 悬链线由著名的瑞士数学家雅可比·伯努利（1645～1705）和约翰·伯努利（1667～1748）兄弟中的弟弟约翰导出。据说，由于弟弟的炫耀和哥哥的嫉妒，这一对争强好胜的数学家兄弟为这一发现爆发了一场激烈的争吵。——译者

③ 可以通过旋转一条曲线产生的面。

可借助于微分几何（一个特殊的数学分支）的方法得到。有一条严格的数学定理说：零曲率面在所有具有相同边界的面中具有最小面积。这一陈述听来十分自然，现在对于我们来说也很明显。

许许多多结合在一起的皂泡形成泡沫。尽管看上去杂乱无章，泡沫中皂膜的结合毫无疑问遵守一定的规则：膜以相等的角彼此相交（图 10-6）。例如，看一看被公共壁所分割的两个邻接的泡（图 10-7）。两泡内的逾量压（相对于大气压）是不同的。依照拉普拉斯公式（10-2）

$$\Delta P_1 = \frac{2\sigma'}{R_1}, \qquad \Delta P_2 = \frac{2\sigma'}{R_2}$$

故公共壁必须弯曲，以便补偿两泡内的压力差。它的曲率半径

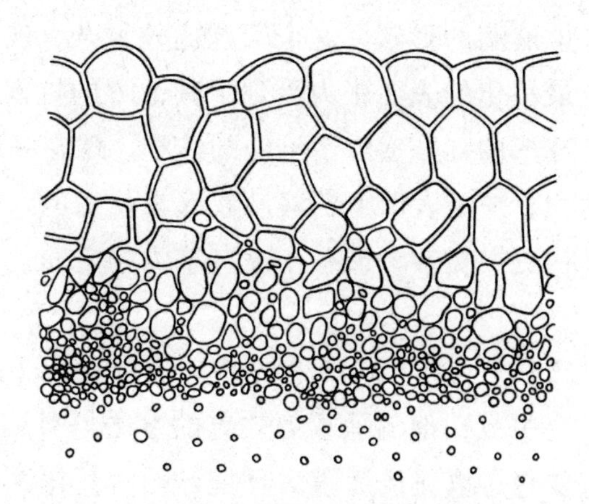

图 10-6　肥皂泡沫的切面表明邻接的膜形成相等的角

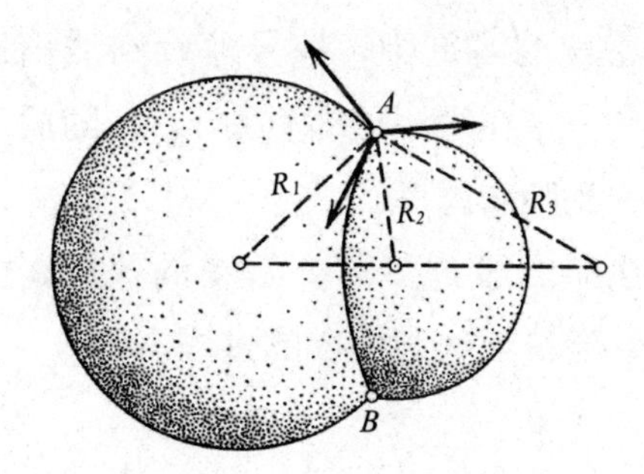

图 10-7　邻接皂泡的切线间的角是 120°

因而决定于下式

$$\frac{2\sigma'}{R_3}=\frac{2\sigma'}{R_2}-\frac{2\sigma'}{R_1}$$

由此得

$$R_3=\frac{R_1R_2}{R_1-R_2}$$

图 10-7 画出过这两个泡中心的切面。点 A 和 B 是图平面与两泡相交的圆周的两个交点。在这个圆周的任意点上都有三个膜交在一起。如果它们的表面张力相等，只有当交面之间的角相等时各个张力才能平衡，故它们都等于 120°。

10.2 液　滴

让我们考虑液滴的形状。这个问题比较复杂。现在，总是倾向于使表面积最小化的表面张力受到了其他力的抗衡。例如，液滴几乎从不是球形的，虽然对于给定的体积，球在一切形状中具有最小的表面积。平坦表面上的液滴看起来是扁的。在自由下落时，它们的形状更加复杂。只有在没有重力的空间，它们才具有理想的球形。

比利时科学家帕兰托[①]在 19 世纪中叶首先想出了一种在液体表面张力的研究中成功地消除重力效应的方法。当然，那时的研究者甚至没有梦想过真正的无重力环境，帕兰托建议用阿基米德浮力来补偿重力。他的传记告诉我们，他把他的受试液体（油）浸没在具有同样密度的溶剂中，惊异地看到油滴形成了球形。他应用他的黄金律——“在适当的时候惊异”，随后对这种特别的现象做了很长时间的实验和思考。

他用他的方法研究了许多需要解释的效应。例如，他十分仔细地观察了在试管端口上液滴形成的过程。

---

① Joseph Antoine Ferdinand Plateau（1801～1883），比利时物理学家，研究生理光学、分子物理学、表面张力，首先提出闪光仪的概念。

在通常情形下，无论液滴的形成是多么缓慢，它与试管口的分离却非常快，致使人眼无法看清事件的细节。为此，帕兰托不得不把他使用的试管口放在一种液体里，其密度只略小于液滴本身的密度。这样做基本上消除了重力效应，因而能够形成很大的液滴，而且可以看清它们脱离试管口的过程。

在图 10-8 中，我们可以看到液滴形成和分离的过程（当然，这些照片是用现代高速摄影技术拍摄的）。现在我们来解释观察到的序列。在缓慢的生长阶段，液滴在每一特定时刻都处于平衡状态。对于一个给定的体积，液滴的形状决定于它的表面积与势能之和为最小的条件，势能当然是重力的结果。表面张力力图使液滴呈球形，而重力却要使其质心尽可能低。两者的交互作用造成了在垂直方向拉伸的形状（图 10-8 中第一张照片）。

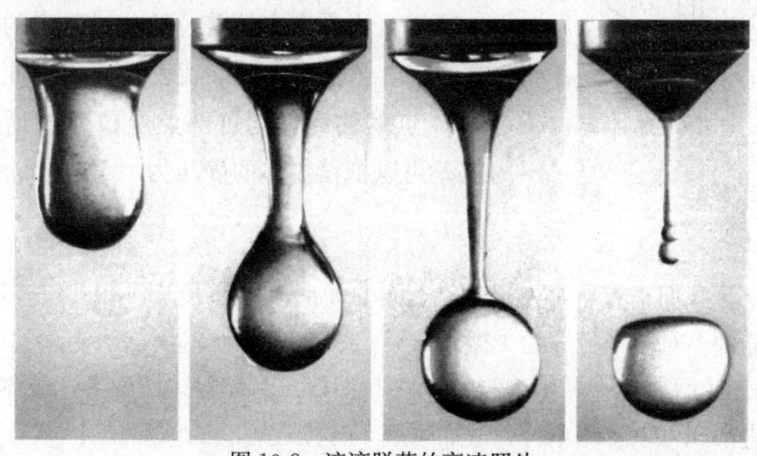

图 10-8　液滴脱落的高速照片

随着液滴的继续生长，重力变得更加重要。现在大部分质量聚积于液滴的下部，液滴开始形成独特的颈（图 10-8 中第二张照片）。沿着颈的切线垂直向上的表面张力在一段时间里可与液滴的重量相平衡。但时间不长，在某个时刻，液滴体积的微小增加就足以使重力克服表面张力，于是平衡破坏，液滴颈迅速变细（图 10-8 中第三张照片），最终液滴脱落（图 10-8 中第四张）。在这最后的阶段，一个附随的小滴在颈上形成并跟随“母”滴下落。这次生的小滴（叫做帕兰托珠）恒存在，但因它极其迅速地脱离试管，我们几乎从不觉察。

我们不打算详细讨论帕兰托珠的形成，因为这是一种非常复杂的物理现象。我们将解释原生滴在自由下落时观察到的形状。自由下落的高速照片表明，次生小滴几乎是球形的，而原生大滴看上去是扁的，有点像一个小圆面包。让我们来估计液滴在开始丧失其球形时的半径。

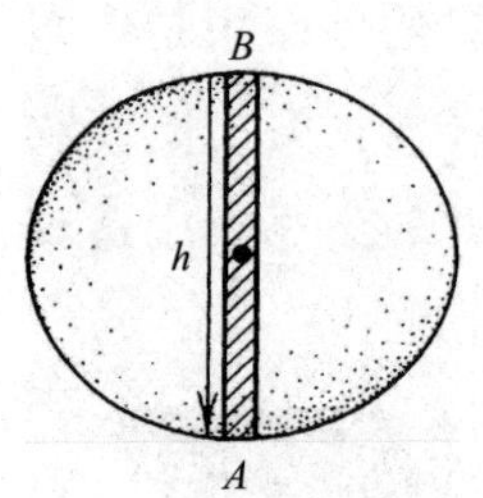

图 10-9　由于流体静压力，点 A 和 B 的曲率不同

当一个液滴作匀速（恒定的速率）运动时，作用于其狭窄的中心圆柱 AB（图 10-9）上的重力必定被表面张力所平衡。这自然要求液滴在 A 和 B 上的曲率半径不同。事实上，表面张力产生由拉普拉斯公式确定的逾量压：$\Delta P_L = \sigma'/R$，如果滴表面 A 点的曲率大于 B 点的曲率，则这两点上拉普拉斯压力之差可以抵偿流体的静压力

$$\rho g h = \frac{\sigma'}{R_A} - \frac{\sigma'}{R_B}$$

让我们来看看，为了满足上面的关系，R_A 和 R_B 实际上该有多大的差别。对于半径约为 1 微米（10^{-6} 米）的微小水滴，$\rho g h \approx 2 \times 10^{-2}$ 帕，而 $\Delta P_L = \sigma'/R \approx 1.6 \times 10^5$ 帕！所以比起拉普拉斯压力，流体静压力小到可以忽略不计，故而水滴十分接近理想的球形。

但对于一个半径为 4 毫米①的水滴来说，事情就完全不同了。那时静压 $\rho g h \approx 40$ 帕，而 $\Delta P_L = 78$ 帕。这些量具有同样的量级，所以水滴对球形的偏离就很明显了。假设 $R_B = R_A + \delta R$，$R_B + R_A = h = 4$ 毫米，我们得到

$$\delta R \sim h \left[\sqrt{\left(\frac{\Delta P_L}{\rho g h}\right)^2 + 1} - \frac{\Delta P_L}{\rho g h}\right] \approx 1 \text{毫米}$$

① 似应为 2 毫米。——译者

可见 A 点和 B 点的曲率半径之差的量级与水滴本身的大小一样。

上面的计算告诉我们，什么样的滴会显著偏离球形。然而，预测的不对称与实验观察到的却正相反（事实上，图 10-10 中真实水滴的底部是扁平的）。这是怎么回事呢？原来事情是这样的：我们本来以为空气压力在液滴以上和以下是一样的。对于缓慢运动的液滴这无疑是对的，但当液滴的速率足够高时，周围的空气没有足够的时间平滑地流通，于是在液滴的前方出现一个压力区域，同时在液滴后形成一个压力较低的区域（那里形成真正的湍流涡旋）。前后压力差实际上可以超过流体静压，拉普拉斯压力现在必须补偿这一压力差。在这种情形下，$\frac{\sigma'}{R_A}-\frac{\sigma'}{R_B}$ 之值变为负的，这意味着 R_A 现在大于 R_B。这正是我们在实验照片中看到的。

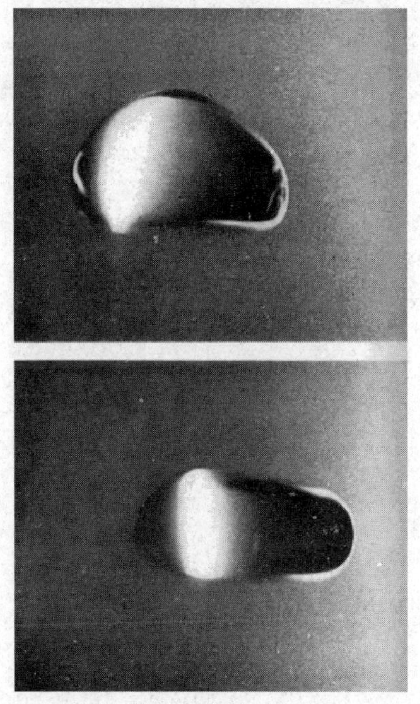

图 10-10　下落水滴的底部由于空气阻力变为扁平

最后，让我们简单地讨论“巨人”的问题。你曾见过液滴中的巨人吗？很少。在正常条件下它们不能存活。原因是：半径很大的液滴是不稳定的，几乎在瞬刻之间就分裂为许多小滴。在厌水表面上保证液滴寿命的是表面张力，而当流体静压大于拉普拉斯压力时，液滴便分裂为较小的滴，散布于表面上。我们可以用下面的关系来估计液滴保持稳定的最大半径：$\rho gh \gg \frac{\sigma'}{R_A}$，式中 $h \sim R$。由此得

$$R_{\max} \sim \sqrt{\frac{\sigma'}{\rho g}}$$

例如，对于水，$R_{\max} \approx 0.3$ 厘米（当然，这只是最大水滴的量级估计）。我们在树叶或其他厌水表面上从来看不到巨大的水滴，原因就在于此。

第 11 章 魔灯之谜

……“Simmeterial”自发地出现。它们的诞生像是喷发。突然之间，海洋开始闪烁，仿佛数十平方公里的海面都被玻璃所覆盖。过了一会儿，这玻璃罩开始鼓起，迅速向上形成一个巨大的泡，里面升起了整个苍穹、太阳、云彩、地平线……的扭曲和折射的图像。

——斯坦尼斯拉夫·勒姆，*Solaris*①

彩图 4 中的一系列照片，既不是在 Solaries 上拍的，也不是在木星大气中遨游的空间飞船上拍的。它们也不是从一艘深海潜艇的窗口拍摄的海底火山喷发的照片。它们只不过是一盏正在工作中的魔灯（也叫熔岩灯）的照片。你用不着费多大劲就能从一家“自己动手”的玩具店或大百货公司找到这种玩意儿②。可这看似简单的东西隐藏着许多美丽和微妙的物理现象。

魔灯的设计并不很复杂。它的构成如下：一个具有透明壁的圆柱体，在它的玻璃底的下面装着一只普通的电灯泡，玻璃底上覆盖着多色滤光镜，一个金属线圈安置在底部周边，这一切如图 11-1 所示。圆柱体内 1/6 充有一种腊一样的物质（以下称物质 A），其余的体积中充满透明的液体（以下称液体 B）。稍后我们将详细研究灯内发生的物理过程，到那时我们再讨论这些物质的性质及

---

① *Solaris* 是波兰当代科幻作家 Stanislaw Lem 的著作，Solaris 是书中一个神秘的行星。——译者

② 但这要你花费大约 50 美元。在早已过去的苏联，同样的玩意儿花 1/10 的钱就够了。这是一个例子，说明科学研究的费用可能大大依赖于你在哪里进行。——D. Z.

如何选择它们。

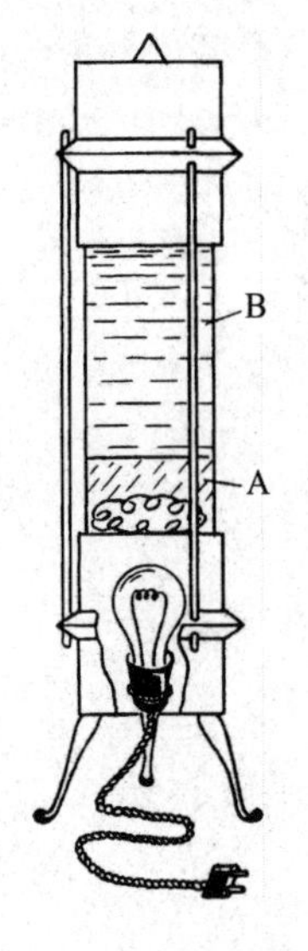

图 11-1 魔灯的构造

最好是在黑暗中观察魔灯，那时它是唯一的光源。好，让我们打开它，等着瞧。我们将会看到，灯中发生的事件可以分为好几个阶段。我们将称第一阶段为“休眠和蓄势待发阶段”。

A 是非晶质，故不具有严格有序的内部结构[①]。随着温度的升高，它变得越来越柔软和可延展，并逐渐转变为液体。这里应当回忆一下晶体和非晶质的主要区别。对于前者，固态—液态转变（用普通的话来说就是熔化）发生于一定的温度，并且要求一定的能量（熔化热）用于破坏物质的晶体结构。相反，非晶质的固态和液态没有严格的分界。当温度升高时，非晶质就软化并变成液体状。

打开后，灯泡从下面通过滤色镜用一种红绿色的光焰照射圆柱体。灯泡不但是光源，也是加热器，因而在底面上靠近灯泡的地方形成一个“热点”（温度升高的区域）。在热点区域内的物质 A 变软，但上层的物质 A 和液体 B 都没有足够的时间升温，仍比较冷。随着 A 的更大部分软化，顶上的固体壳变得越来越薄。同时，由于热膨胀，A 下部已经变为液体的部分体积膨胀，使壳下面的压力增大。这就像诞生了一座微型火山。宁静的“休眠和蓄势待发阶段”结束，进入了新的“火山活动阶段”（彩图 4-1）。

物质 A 和 B 是这样选择的：从裂口中冲出的热的 A 的密度略低于仍然比较冷的 B 的密度，故 A 一部分一部分地相继离开裂口，到达表面[②]。它们在向上途中开始冷却，当到达表面时重新成为固

① 在第 20 章中我们将讨论晶体和非晶体的差别。

② 这与一个著名的实验相似，在这个实验中，沉在一个高高的盛满水的圆柱形玻璃瓶底上的一滴苯胺，当温度达到 70℃ 时立刻开始升向表面，那时苯胺的密度变得低于水。

体，具有各种各样奇特的形状。但这些碎块的密度回到了起始值(大于 B 的密度值)，所以它们开始缓慢下沉。但其中一些，通常是那些比较小的，继续在表面附近漂浮很长的时间。这种倔强行为的原因当然是我们的老相识——表面张力。A 和 B 的选择还保证 B 液体不浸湿 A 固体。因此作用于 A 碎块的表面张力向上，试图把它们推出液体。水面行走的昆虫之所以能在水面上自由地待着（和大胆地跑），或抹了油的金属针不下沉，也是同样的缘故。

同时，在圆柱体下部 A 壳的下面，压力已经缓解，裂口的边缘也已经熔化，A 新熔化的部分继续从裂口中徐徐流出。但现在它们不分离为泡，而是随意地形成一条向上延伸的细流。这股细流的外表面接触到冷的 B，迅速冷却而凝固，形成树干状物。如果你仔细观察这树干，你一定会感到惊异，因为它原来是一条中空、薄壁的管子，里面充满液体 B。对此的解释是，当熔化的 A 离开裂口向上流时，到了某处它没有足够的材料继续生长。那时树干内的压力下降，因此在裂口边缘与树干结合处的什么地方造成裂缝，于是，冷的液体 B 开始涌进裂缝。与此同时，A 管的顶端继续向上，液体 B 充入管内，使 A 冷却从而形成管的内壁，最后管完全凝固。

在这种“火山植物藤”向表面行进时，在灯的底部，熔化还在继续，下一个液态 A 的“热”球离开了裂口。它向上走，但现在它在已经形成的管子中向上，当它到达“隧道”的顶端时仍热到足以让管子扩展一段，故火山植物一段段地继续生长(彩图 4-2)。很快，在靠近第一枝的地方，另有一枝从以前“火山活动”的碎渣中“破土而出”，或许随后又有一枝。这些神秘的水下植物像丛林中勃发的嫩枝一样，在从表面纷纷下落的岩石中扭转和互相缠绕。这种景致要持续一会儿。我们可以称这一阶段为“岩石森林阶段”。

如果在这个时候关掉灯，固化的丛林将“永远”存在下去，魔灯不能回到它原来截然分离的两相状态[①]。其实，在上面描述的富于变化的情景后，我们还没有看到魔灯工作的全过程。所以我们让它开着，继续观察。

这样，液体B继续升温，沉在底上的“卵石”再次开始熔化，那瑰丽的水下植物纠缠的藤在枯萎。一个有趣的事实是，在液化岩石形成的液滴中，看不到压扁的形状，它们全都是完好的球形。在通常条件下，厌水表面上的水滴受其自身重量的影响而偏离理想的球形。在魔灯中，除了表面张力和重力，作用于水滴的还有阿基米德浮力。因为A和B的密度接近，浮力几乎平衡了重力。于是液滴处于接近于无重力的环境中，还有什么东西阻止它们具有注定的形状——球形呢？（我们在第10章中讨论过这个问题。）

对于单个的液滴，在没有重力的情形下，理想的球形是能量上最有利的。对于两个或多个互相接触的液滴，根据同样的逻辑，合并为一个更为有利，因为一个大滴的表面积小于总质量相等的几个小滴的表面积之和（请读者自己检验这一点）。但在魔灯中，我们看到那些几乎是球形的A滴持续地一起存在，实际上并不合并。如果你想到水银或水滴在不会变湿的表面上是多么快地甚至瞬刻之间合并的现象，这特别让人诧异。是什么决定了，比方说，两个滴的合并呢？

很有趣，这个问题在很长时间内吸引了研究者和工程师的注意。这不但是由于科学好奇心，也是因为它在某些实用领域内的极端重要性。比如，在粉末冶金学中，原始金属被研成颗粒，一起加压和烘烤以产生具有所希望性质的新合金。1944年，聪明的俄罗斯物理学家弗伦科尔[②]在其先驱性工作中提出了这种合并过程

---

① 除非你再把它打开。——A. A.

② Ya. I. Frenkel（1894～1952），固态物理学、液态物理学、核物理学等方面的专家。值得指出，弗伦科尔1936年独立于玻尔提出了所谓的滴核模型。就此而论，滴合并直接联系着核综合问题。——A. A.

的一个简单而十分有用的模型，它成为现代冶金技术中这一重要分支的理论基础之一。现在我们就要用他的工作的基本思想来估计魔灯内两个液滴合并所需的时间。

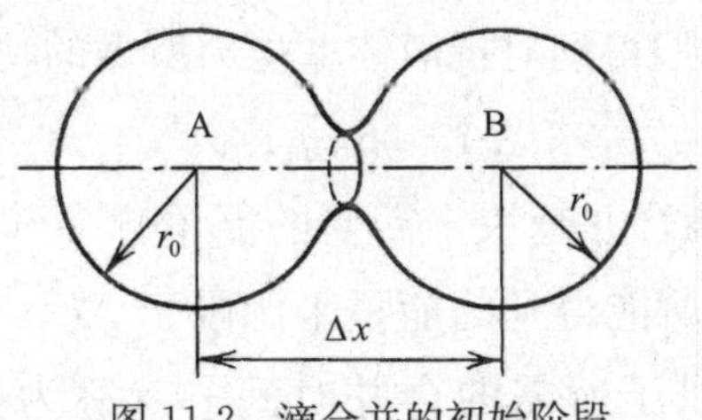

图 11-2　滴合并的初始阶段

让我们考虑两个完全一样的液滴，它们靠近到开始彼此接触了。在它们的接触点上形成了“连接峡”（图 11-2)，它在两个液滴的合并过程中继续生长。我们将通过能量（因为这是最简单快捷的方法）来估计合并时间。对于这个两个液滴的系统来说，可供合并过程利用的总能量 ΔE_s 等于其初态和终态的表面能量之差，即半径为 r_0 的两个分离的液滴的表面能量之和与一个半径为 r 的较大的“并合”液滴的表面能量之差

$$\Delta E_s = 8\pi\sigma r_0^2 - 4\pi\sigma r^2$$

因为合并后液滴的总体积不变，我们从 $(4\pi/3)r^3 = 2\times(4\pi/3)r_0^3$ 得 $r = r_0\sqrt[3]{2}$，由此得

$$\Delta E_s = 4\pi\sigma(2 - 2^{\frac{2}{3}})r_0^2 \tag{11-1}$$

依照弗伦科尔的研究，这一能量消耗于合并期间对抗在液滴物质和周围介质重新分布过程中出现的液体摩擦力所做的功。我们可以估计这功的量级。为了找到液体摩擦力，我们需要应用著名的斯托克斯[①]公式：一个半径为 R 的圆球以速度 $\boldsymbol{v}$ 在黏滞系数为 η 的液体内运动时摩擦力为 $\boldsymbol{F} = -6\pi\eta R\boldsymbol{v}$。我们进一步假定，A 液

① George Gabriel Stokes (1819～1903)，著名英国物理学家和数学家，以冠于他名字的定理和公式最为著称。

滴的黏滞性远大于周围液体 B 的黏滞性，这使我们能够在斯托克斯公式[①]里只用到一个黏滞系数 η_A。同时，我们可用 r_0 代替 R。然后，注意到同一个量也表示两个液滴合并时相互位移的大小，即 $\Delta x \sim r_0$，最后我们得到对抗液体摩擦力所做的功

$$\Delta A \sim 6\pi\eta_A r_0^2 v$$

从上式可见，液滴合并越快，需要的能量越多（因为液体摩擦力随速率增大）。但所能得到的能量来源限于 ΔE_s [式（11-1）]。故这两个关系式提供了所需的合并时间 τ_F（称为弗伦科尔并合时间）。设 $v \sim r_0/\tau_F$ 是过程的速率，我们有

$$\Delta A \sim \frac{6\pi\eta_A r_0^3}{\tau_F} \sim 4\pi\sigma(2-2^{\frac{2}{3}})r_0^2$$

最后得

$$\tau_F \sim \frac{\eta_A r_0}{\sigma}$$

例如，对于 $r_0 \sim 1$ 厘米的水滴，$\sigma \sim 0.1$ 牛/米和 $\eta \sim 10^{-3}$ 千克/(米·秒)，这一时间十分短暂，为 10^{-4} 秒。但对于黏滞性大得多的甘油 [20℃ 时 $\sigma_{gl} \sim 0.01$ 牛/米，$\eta_{gl} \sim 1$ 千克/(米·秒)]，这一时间 ~1 秒。由此可见，对于不同的液体，τ_F 随表面张力和黏滞性的不同可在很大的范围内变化。

值得强调指出，即使对同一种液体，由于黏滞性对温度很强的依赖关系，弗伦科尔并合时间可以有相当大的变化。例如对于甘油，当温度从 20℃升高到 30℃时，黏滞系数降低 2.5 倍。另一方面，在这个温度范围内表面张力基本上与温度变化无关，σ_{gl} 的变化不超过百分之几。所以我们可以放心地假定，弗伦科尔并合时间对温度的依赖完全决定于黏滞性对温度的依赖。

---

① 斯托克斯公式是对黏滞液体内运动的球体推导的。但很显然，在两个液滴合并的情形下，液体的摩擦力只能依赖于黏滞性、液滴的大小和过程的速度。因此，从量纲来考虑，斯托克斯公式是这三个物理量唯一具有力的量纲的组合（我们不管精确的比例系数，因为我们只估计量级）。

现在让我们再来看仍然平静地躺在灯底上的 A 球（在弗伦科尔并合时间内它们都将如此）。只要液体 B 保持较冷，A 的黏滞性仍较低[①]，它将阻止球很快合并。两个互相接触的腊球在室温下不会合并也是因为同样的原理。如果你将它们加热，腊的黏滞性骤然降低，球迅速合并。另一个在合并过程中起重要作用的因素是潜在伙伴的表面状态，如果它们粗糙或受到污染，起始连接峡就难以形成。

A 液滴的合并对魔灯工作的继续极为关键。这解释了为什么要有一种特别的方法来促使 A 重新分布——从大量小滴合并为一整块均匀的熔化物质。这种方法就是在灯底上沿周边缠绕金属线圈。现在线圈热了，当液滴靠近它或接触它时，它们接受了热量，降低了它们的黏滞性，从而大大加强了它们合并而回归原来整体液化 A 的愿望。很快，在所有的液滴最后都融合为一体后，灯柱底上留下的是统一的液相 A。但因它仍被继续加热，液态的 A 不可能保持不动，熔岩灯生命的一个新阶段开始了，我们称其为“隆块阶段”。

隆块在 A 的表层形成，开始了其向着 B 的表面的缓慢之旅（这当然是由于浮力），在此过程中渐渐地越来越具有球形（彩图 4-3）。到达 B 的上层（由于低的热传导，那里的 B 仍是冷的）后，它们冷却了些，但仍保持液态，开始慢慢下沉，降落在 A 的微微隆起的表面上。因为比较大的黏滞性，它们很难立刻潜入 A 介质。故它们在 A 上面来回弹跳了一阵，飘到周边靠近那“外科手术”金属线圈的地方，后者“打开了”它们的表面，于是就在它们生命开始的地方结束了它们的生命周期。

圆柱体基座上的灯泡继续对系统加热，产生新的隆块。随着温度继续升高，它们的“出生率”也增高。当隆块从 A 的表面起

① 似应为“A 的黏滞性仍较高”。——译者

飞时，在它们后面留下一些较小的液滴[①]，它们好像窘迫地冻结在空间里，不知道该跟着它们的父母向上去到未知的地方，还是更安全地回归原来的介质。十几个这种孤儿般的液体球在柱体内漂浮，有些最后勇敢地继续向上，另一些羞怯地降下去（彩图 4-4）：一个碰撞和灾难的新阶段开始了。而这实际上是魔灯活动的最长和最令人印象深刻的一个阶段。

这些球互相碰撞，各自散开。它们在碰撞中并不合并。你或许会想，这些碰撞的液滴如若合并起来，在能量上是有利的（与前面几段中所讲的理由相同）。，它们再次遇到了时间问题。设碰撞的持续时间为 t，如果 τ_F 远大于 t，这些滴就没有足够的时间相互合并，碰撞后就弹开。让我们给出一个碰撞时间的估计。灯内大部分碰撞都是"擦身而过"（图 11-3），在这种碰撞中，柔软的液体球略微变形，彼此滑过。这种碰撞的典型时间应该是 $t \sim r_0/v$。在 B 内流动的球的速度 v 仅为每秒数厘米，球的半径事实上也不过是数厘米的量级。所以 $t \sim 1$ 秒，这个时间对于它们的合并来说太短了，它们别无选择，只有继续一个个孤傲地在灯柱体内漫游。漫游到靠近底上时，它们穿过 B 的大部，互相碰撞，但仍不合并。

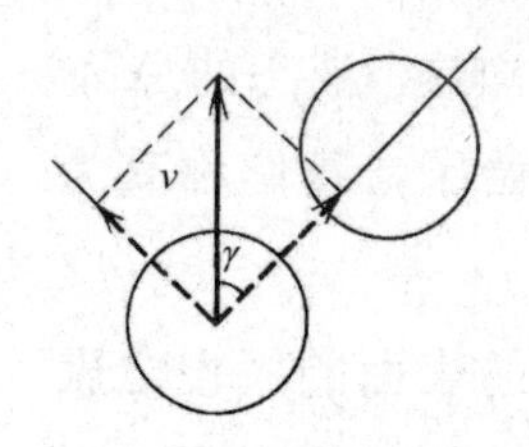

图 11-3　灯内大部分碰撞都是软接触的"擦身而过"

这个"碰撞和灾难阶段"可以持续数小时之久。说明书通常建议在灯工作 5～7 小时后把它关掉。但在某些条件下，当周围空气的温度足够高时（例如，你碰巧在酷热的奥斯丁或塔克森闷热的夏夜观赏魔灯），上面描述的碰撞阶段还不是最后的阶段。最后，当温度沿圆柱的高度达到了稳定的分布（整个液体 B 也已变热）时，A 和 B 的密度变得实际上相等，A 整个儿集合成一个庞大的球。起初这庞然大物悬在柱的下部，不时与柱壁碰撞。然后，

① 顺便指出，这与第 10 章中的帕兰托球是一样的。

因为与“冷壁”的接触，它冷却了些，也变得更紧密些，结果沉到底上。但在与底接触后，它获得了额外的热量，密度又降低，于是回到了它先前的位置，在那个位置上待到再度冷却，然后过程周而复始。这个阶段在灯的说明书中没有提到，我们可称之为“超级球阶段”（彩图 4-5）。

最后，在观察了魔灯工作的各个阶段、对它们背后的机理有所了解之后，让我们从一般的观点来看待这些现象。我们想到的第一个问题是，球的出生、活着和死亡的相继和常常重复的事件到底是因何产生的呢？从上面的讨论可见，这些过程背后的驱动力是灯的底端和顶端之间的温度差（用热力学的语言来说，即热源与热壑）。如果我们假设热流仅因 B 液体的热传导而在系统内传播，B 的温度将沿高度逐渐变化，也就不会发生什么特别有趣的事了。另一方面，球（还有普通的对流）的产生是不稳定性的结果，这种不稳定性往往在沿边界的温度变化引起热流的系统中形成。这类系统的行为和性质是协同学（synergetics）的研究对象，后者是物理学的一个比较新但迅猛发展的分支。

第12章　水麦克风：贝尔的一项发明

今日谁都知道麦克风，对吧？我们在电视里看到各式各样的麦克风：那些别在主持人翻领上的漂亮的像别针一样的玩意儿；带手把的球那样的老式麦克风，记者拿这种麦克风伸到人们嘴边，热切地期盼着一个故事；无线电访谈员常常向他们的来宾暗示麦克风在哪里，要他们对着麦克风说话；还有拍电影的，不管他们要的音效是多么的复杂和奇特，最后都要用适当的麦克风把它们录下来；你很容易从家用电子产品商店里买到一只适当的麦克风，把它用到你的盒带或CD录音机、计算机或电话上。如今大多数高中物理课本上对麦克风的构造都有所描述。但我们可以肯定，我们尊敬的读者中只有很少数人听说过所谓的水麦克风。不要惊奇，我们能够用一条简单的水流来有效地放大不同的声音。采用这种声放大原理的器件是美国工程师贝尔[①]发明的，他以发明了另一件我们的日常生活不可须臾离开的东西——电话——而青史留名。

首先，让我们来看所谓的“水流”放大器。

假如水盆底上有一个小圆孔，我们可以看到，向下的水流由两个性质不同的部分组成。上面的那部分是透明和稳定的，看起来仿佛是玻璃；但随着离出口距离的变大，水流变细，最后达到最小截面，然后进入比较朦胧和抖动的第二部分。初看之下，它似乎仍是连续的，没有间断，就像第一部分一样。但是，如果你

---

① Alexander G. Bell (1847～1922)，苏格兰出生的美国发明家；1876年第一次用电气设备向公众演示了语音传输。

把手指快速掠过水流的这一部分，有时手指可能没有被打湿。法国物理学家萨伐尔①在仔细研究液流的性质后得出结论，在其最狭窄的点上液流的连续性断裂，成为一系列分离的液滴。在发现上述现象一个多世纪后的今天，人们很容易用闪光灯拍摄淅淅沥沥的水流的照片，或者在闪频光照下观察它来证明这一事实（图 12-1）。但在萨伐尔的时代，研究者必须在黑暗中用电火花发出的光来观察水流。

图 12-1 是水流下半部分的照片。它由相继的、大小交替的水滴组成。照片清楚地显示，较大的滴实际上是在振荡中，其形状逐渐从水平方向拉伸的扁的椭球（图中滴 1 和 2）变为球（滴 3），变为在垂直方向挤压和拉伸的椭球（滴 4，5，6），然后又回到球形（滴 7）。每一水滴都在自由落体中迅速振荡②，不同的瞬刻在我们眼中产生不同的图像。这使我们看到水流的下半部分模糊不清，当水滴椭球在水平方向拉伸时变宽，相反，在垂直方向拉伸时变窄。

图 12-1　水流分开后的大小交替的水滴序列

萨伐尔的另一项有趣的发现是，声对水流上半部分有强烈的效应：如果在水流附近激发一定高度（频率）的声波，水流的透明区域立刻变为不透明。萨伐尔作了如下解释。水流最后断裂而成的水滴实际上在下落之初（在水流出口处）就开始形成了。开始时它们只表现为水流轮廓上的一些圆

① F. Savart（1791～1841），法国物理学家，研究声学、电磁学和光学。

② 振荡的频率可以类似于液体中的气泡那样来估计（第 9 章“鸣叫和沉默的酒杯”）

$$v \sim \sigma^{1/2}\rho^{-1/2}r^{-3/2}$$

令 $\sigma=0.07$ 牛/米^3，$r=3\times10^{-3}$米，我们得 $v\approx50$ 赫兹。值得指出，典型的电影摄影机的拍摄速率是每秒 24 幅。这足以让人觉得电影是连续的了。

形的缺口，在下落过程中缺口变得越来越明显，直到达到某一点时完全分离。这些缺口彼此靠得很近，它们只发出很轻微的声音。因此，与这种“自然”频率调和的乐音可使连续的水流较早断裂为分离的水滴，使透明的水流变得朦胧。

英国物理学家特恩德尔[①]在他的实验室里重复了萨伐尔的实验。他设法产生一条长约 90 英尺的透明和不间断的水流。然后，利用从管风琴一根管子发出的具有适当音调和音量的声音，使水流断裂为滴，形成朦胧和不稳定的淅淅沥沥的水流。在一篇论文中，他描述了他对落到水盆里的水流的观察。他观察到，水流下落到水盆时发出声响的情形如下：以中等压力下落的水流，如果在其透明和不透明转换点以上通过水面，水流寂静无声地进入水中；如果在转换点以下通过水面，淙淙声开始出现，且可看到大量泡沫的形成。在前一情形下，不但没有严重的水花飞溅，而且水盆里水流终点处周围的水会向上堆聚，在那里水实际上逆转了方向。

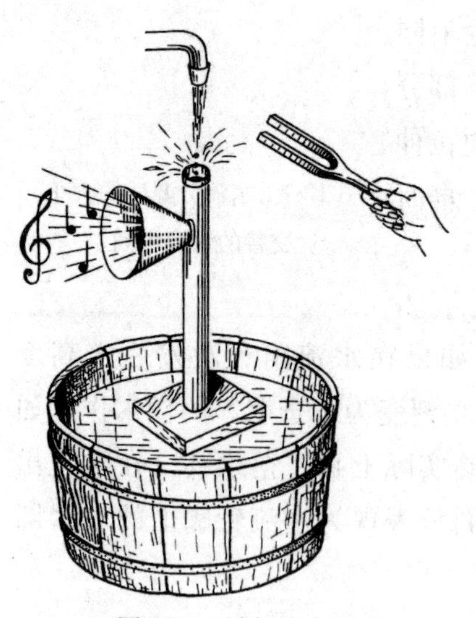

图 12-2　贝尔的水麦克风

贝尔在他的水麦克风（图 12-2）的设计中利用了水流的这些特点。它由一根带有一旁枝的金属管组成，旁枝的周边焊有一只喇叭；金属管的底端装在一块大底座上，顶端覆盖着一块用带子扎在管子上的橡皮膜。我们从特恩德尔的实验得知，水流的下部（分离的水滴）在到达水盆里的水面时发出嗒嗒声；另一方面，水流连续的上部进入水中时是不出声

① J. Tyndall（1820～1893），英国物理学家，精于光学、声学和磁学。

的。我们可以用一块横断水流的硬纸板来演示同样的效果。当我们把纸板慢慢向上拉起时，水滴打出的嗒嗒声逐渐变轻，在通过了“转换点”后，声音消失。

贝尔水麦克风中的橡皮膜起着与上例中的纸板完全相同的作用。但由于“谐振器”（金属管）和带喇叭的旁枝的存在，水滴的轻微的声响因放大和回声而大为加强。这样，微小的水滴叩击橡皮膜会产生像榔头敲击铁毡那样的当当声。

我们可以容易地用这器件来演示萨伐尔和特恩德尔所描述的事实，即水滴对不同乐音的灵敏度。如果你拿一只振动着的音叉去碰一只从中流出一股细流的水龙头，水流立刻断裂为水滴，“开始”其震耳欲聋的合唱。原本很弱的声音以消耗下落水流的能量为代价而被放大，这实际上就是水麦克风的原理。如果我们用手表代替音叉，它可以产生让整个房间的听众都能听到的滴答声。19 世纪末有一位知名的科普人士声称，他曾把一只喇叭连接在一根水从中流过的玻璃管上，以此来传送他讲话的声音。据说他那器具中的水流开始“说话”，但声音却十分嘈杂，根本听不清，看客们都纷纷离去①。读到这些，作者觉得贝尔的主要发明——听筒里有一只电麦克风的电话——没有这样的缺点可真是幸运啊！

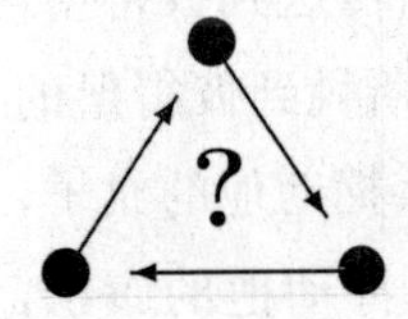

回到第 10 章“泡和滴”，想想看，为什么水流的下半部周期地振荡？那些小滴也振荡吗？

① 见 56 页脚注①。

第 13 章　波如何传输信息

> 怪事啊，怪事啊；
> 我听见海说话了，告诉我那件事；
> 风把它唱给我听，还有雷。
> 那深沉可怕的风琴管，
> 道出普罗斯波罗的名字：它陪衬了我的罪孽。
>
> ——莎士比亚，《暴风雨》

如今我们对电视、无线电、手机和因特网已经习以为常，对我们能够那么容易地获得世界上任何一个角落的信息丝毫都不感惊奇。但从前，甚至不是很久以前，情形并非如此。

作为俄罗斯作者，我们最好就用俄罗斯历史上的例子。为了把伊丽莎白女王 1741 年在莫斯科加冕典礼的消息传送到彼得堡，一条由手持信号旗的士兵构成的人链展布在从莫斯科到彼得堡的大路上。当王冠戴到新女王的头上时，第一个士兵挥动他的旗子，在看到与他相邻的士兵发出信号后，第二个士兵挥动他的旗子，如此等等。这样，加冕的消息传到了俄罗斯的北方首都，那里鸣炮向民众宣告这一期盼中的消息。

现在让我们问自己一个合理的问题：沿这条链条“移动”的究竟是什么呢？虽然每一个士兵都待在原地不动，在一定的时刻他改变了状态：举起了旗子。沿链运动的就是这种状态的变化。物理学家说：波沿着链在跑（或传播）。

依照传播时何种物理性质在变化，波可分为许多种。对于声波来说，是它们赖以传播的物质的密度在变化。而对于电磁波（光、无线电、电视等）来说，是电场和磁场的强度在振荡。还有温度波，化学反应中的浓度波，地震波，等等。用诗的语言来说，波渗透在现代科学的整座大厦之中。

波的最简单的形式是单色波[①]。对于单色波，每一点的状态都依照恒定频率的谐规律（正弦律或余弦律）变化。单色声波就是我们所称的音调。我们可以用一把音叉来激发这种波。单色光波通常用激光来产生。只需一根手杖，在水里周期地上下挪动，就可以产生出非常接近于单色的水波。在我们那条通向彼得堡的士兵链上也可产生类似的波。

想象每一名士兵不是简单地举起他的旗子，而是连续和周期性地左右挥动它，下一名士兵以一定的滞后或相移（相位差）照他前面那名士兵一样挥舞旗子，于是波就开始沿链传播。我们可以肯定，我们亲爱的读者一定在体育场里见过狂热（或厌烦）的观众制造的所谓“波”。

单色振荡看起来很舒服，但它们能够传送信息吗？显然不能。周期振荡不能告诉我们任何新东西，故不传送信息。但只要举一下手，勤劳的士兵们就把重要的消息传到了彼得堡（距莫斯科 600 千米以上）。这两种波的差别在哪里呢？如果我们拍摄这两种情形的快照，我们将看到，在第一种情形下所有的士兵都在运动，而在第二种情形下只有其中一名士兵在运动。换句话说，在传送信号时，波（不管是哪一种）在空间上是局域的。我们可以想象两个、三个甚至更多个相邻的士兵同时举手。在这种情形下，运载

① 在往下读时读者或许需要回忆一下单色波的概念。一个沿 x 方向在空间传播的单色波可表示为

$$a(t)=A\sin\left(\omega t-\frac{2\pi}{\lambda}x\right)$$

式中，A 是振幅，$\omega=2\pi f$ 是角频率，λ 是波长即空间周期。波长等于一个周期 T 的时间内波传播的距离，故 $\lambda=cT=c/f$，或传播速率 $c=f\lambda=\omega\lambda/2\pi$。——译者

信号的长度增大了。如果我们能够产生不同长度的信号，我们不但能够发送单个事件的消息（如加冕已经完成），原理上还可以发送任何信息。比方说著名的莫尔斯码（那是很久以后的 1854 年才成为专利的）[①]。

当然，除了一队士兵，还有其他传送信息的信号：声、光、电流等。十分重要的是，任何信号都可表示为不同频率的单色波之和。保证这种可能性的是所谓的叠加原理：在介质每一点上重叠（干涉）的振荡可以简单地加起来。因此，依照相移的不同，振荡可以互相加强（例如，两个一样的波若无相移，将形成一个振幅加倍的振荡，见图 13-1（a）），或互相削弱（两个一样但相位相反的波将完全互相抵消，见图 13-1（b））。此外，我们可以适当地选择（调节）叠加的各个单色波的频率和振幅，使它们在某一区域内互相加强，在这区域以外互相抵消。

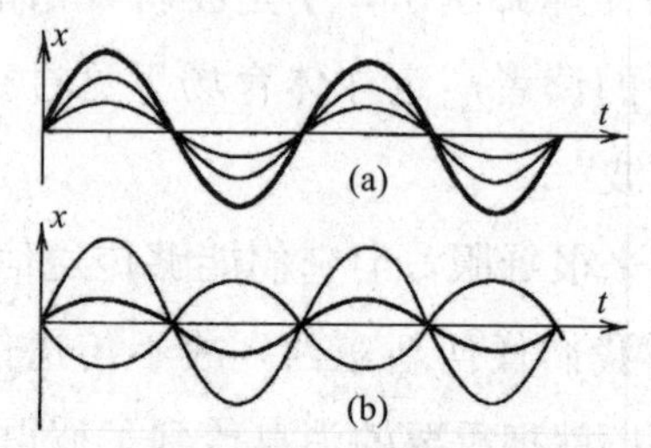

图 13-1　单色波可依相移的不同加强或减弱

N（一个很大的数）个具有相等的振幅 A_0、频率在 ω_0（称为基频）周围一个小范围 $2\Delta\omega$ 内的波相加的结果示于图 13-2。这仿佛是一张波的快照，显示出一个波动的量 A 在一个固定时刻在空间不同点上的变化，中间的最大值为 NA_0，还有许多较小的峰，但它们迅速减小。这样，波除了在中间的最大值附近被显著放大，叠加的波基本上都互相抵消了。

---

① 令人惊异的是，海军的旗语系统（一红一黄两面旗的不同位置表示不同的字母和数字）出现得晚得多（1880 年）。——A. A.

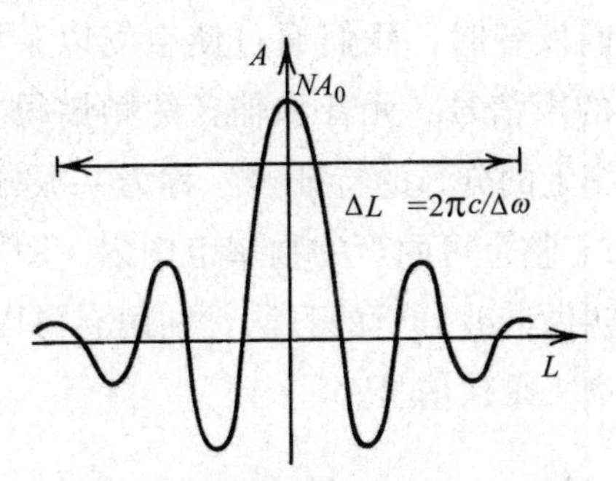

图 13-2　大量单色波相加而形成短脉冲

注意，这个中央峰并不是静止不动的，它以波的传播速率运动。若波的每一单色分量以同一速率 c 运动（如真空中的电磁波），中央峰也以同样的速率 c 运动，同时保持其恒定的宽度 $\Delta L=2\pi c/\Delta\omega$。因而传播信号的时间长度等于 $\Delta t=2\pi/\Delta\omega$。

我们由此可以写出一个简单但十分基本的关系

$$\Delta\omega\cdot\Delta t\sim 2\pi$$

这就是说，信号长度与它的分量的频率范围的宽度互成反比。定性地说，这样一种关系似乎十分自然：一段持续时间很长（Δt 很大）的正弦波几乎就是单色波，$\Delta\omega$ 很小。但若需要一个短信号，那就必须组合许多不同频率的波。我们相信，谁都知道附近有雷击时在收音机的所有频段上都会听到虚假信号和噪声。

这样，每一信号都可由一组单色波组成，或者说，每一信号都可分解为单色波。构成一个信号的单色波的振幅与频率的关系称为信号谱[①]。例如，图 13-2 中，短脉冲的信号谱是高为 A_0、宽为 $2\Delta\omega$ 的矩形谱（图 13-3）。当然，这是一个很普通的谱；像信号本身一样，信号谱可具有各种各样、有时十分奇特的形状。

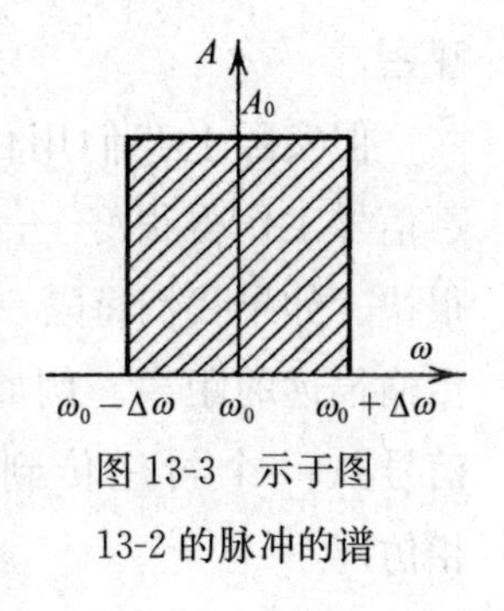

图 13-3　示于图 13-2 的脉冲的谱

① 物理学家有时用谱来表示构成信号的单色波的频率，但我们坚持这个把波的振幅考虑在内的更具体的定义。

例如，当我们发音时，我们通过使空气以某种方式振动，发出具有特定频谱的声信号。元音和辅音的频谱很不相同。元音有两个位于一定频率上的分开的特征峰（称为共振峰）。辅音的谱则更“模糊”，分布于整个可闻声的频率范围内。图 13-4 表示字母 S 的声谱。有一套叫做谐波分析的方法，利用它可以找到信号的谱，也可以用信号的谱来重建信号。

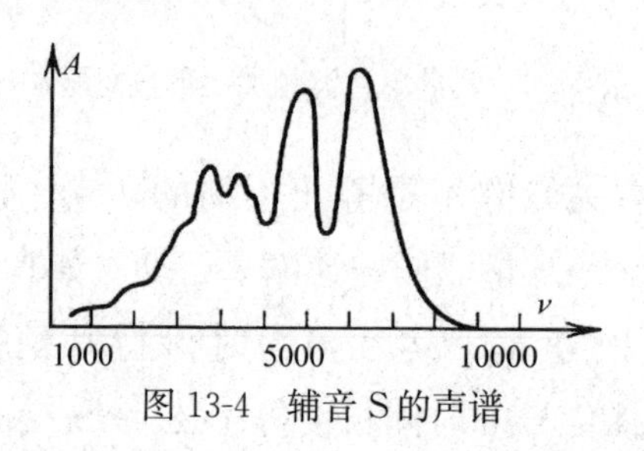

图 13-4　辅音 S 的声谱

尽管听起来有点难以置信，但实际上固体也能够“呼唤”。热运动使晶体内的原子振荡，由此产生在晶体内传播的弹性波，这些振荡也是声波，但它们的谱的峰值位于非常高的频率范围——在约 5K 的绝对温度下为$10^{12}\sim10^{13}$赫兹，在可闻声频率范围内的振荡的振幅则可以忽略。所以为了听到固体在“说些什么”，我们必须利用特殊的设备。通过“听”这种“谈话”（实际上是研究信号的声谱），研究者已经发现了隐藏于固态下的许多非常重要的秘密。

但实际上我们用什么样的信号来传送信息呢？对于短距离，声信号工作得很好——至少在人类历史上。但其缺点是声波耗散很快。如果我们每隔一定的距离将信号放大（重新发送），它仍可传输很远的距离。例如，直到最近，非洲还在使用击鼓的方法把信号从一个村庄传到另一个村庄（与当年俄罗斯士兵的做法相仿）。

但在现代世界里，大多数信号是以电磁波的形式传送的，这可以覆盖大得多的范围。例如，我们可以用电磁波来运载声信号。为此，这个电磁波（称为载波）的频率保持为常数，而其振幅随要传送的声信号的振荡而变化（即用声信号调制载波，见图 13-5）。这样就产生了一个包含所需信息的信号。在接收端，信号被“解码”——抽取调制声信号的包络。因此，这种发送-接收方法叫做幅度调制或 AM（调幅）。这种方法在无线电和电视广播中使用[①]。

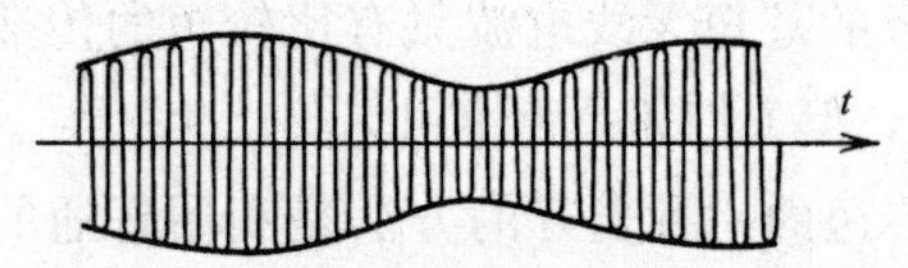

图 13-5　调幅载波的振幅与低频信号一致

这里又产生了一个新问题：利用波，每单位时间实际上可以传送多少信息呢？要回答这个问题，让我们看下面的情形。我们知道，任何一个数都可用二进制表示为一个 0 和 1 的序列。类似地，任何信息都可以编码为一个具有一定持续时间的脉冲和间隔的序列。这种信号可用调幅波来传送（图 13-6）。我们希望的信号传送速率越高，这些信号必须越短。可是为了可靠地传送信息，信号长度不应短于正弦载波的周期。可见载波频率是限制信号传输速率的决定性因素。我们若要提高信息传输速率，就必须提高载波频率。

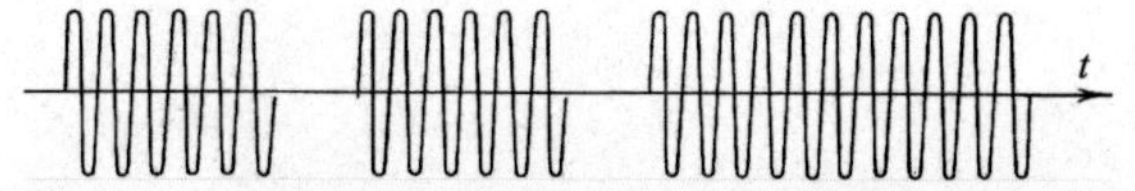

图 13-6　传输数字信号最简单的方法是把载波截分为段

例如，为了广播音乐节目，使用频率为数百千赫（1 千赫兹＝10^3 赫兹）的电磁波就足够了。人耳能够听到频率高到大约 20 千赫兹的声波，因此在这种情形下，组成信号的频率至少比载波小

① 当然，在调制后，电磁波不再是单色的了。例如，在频率为 ω_0 的载波受简单的振幅调制的情形下，振幅为 $A(t)=A_0(1+\alpha\sin\Omega t)$（图 13-5）

$$x(t)=A(t)\sin\omega_0 t=A_0\sin\omega_0 t+\frac{\alpha A_0}{2}[\cos(\omega_0-\Omega)t-\cos(\omega_0+\Omega)t]$$

你可以看到，即使在最简单的调制下，谱也由三个不同的频率组成：$(\omega_0-\Omega)$，ω_0，$\omega_0+\Omega$。

一个量级。但要传送电视节目，这个频率范围就远远不够了。电视屏幕上的图像每秒钟产生 25 幅，每一幅均由数万个分离的点（像素）组成，故调制频率约为10^7 赫兹，相应的载波频率应为数十或数百兆赫（1 兆赫兹=10^6 赫兹）。这就是在电视技术中要采用甚高频（VHF）和超高频（UHF）频段①的缘故。同样的原因，虽然波长为米级的甚短无线电波只有比较短的传播距离（基本上在视距范围内），但人们还是要使用它②。

快速信息传送的一种更好的方法是利用普通的光，其频率在10^{15}赫兹左右，可将传输速率提升数十倍。尽管这种想法很古老（实际上贝尔③早在 1880 年就第一个应用光信号来传送消息），但其技术可行性最近才得到证实，这依托了高质量单色光源即激光、能够以极小的传播损耗传送光的光导纤维，以及光信号高效编码-解码的高超的现代电子技术的发展。

现在我们可以完全肯定地说，铜线时代正在消逝，取而代之的是基于光纤技术的超高速信息传输网络。

---

① 甚高频和超高频分别指 30～300 兆赫兹和 300～3000 兆赫兹的频段。有时两者合并为超短波频段。相应的波长由一般公式 $\lambda=c/\nu$ 给出，式中 $c=3\times10^8$ 米/秒是真空中电磁波的速率。这给出超短波的波长范围，为 10 厘米到 10 米。实际上在这一频段内人们使用频率调制而非振幅调制。——A. A.

② 有趣的是，20 世纪 20 年代的第一台电视机（使用机械场扫描）工作于中波（MW）频段。由于我们讨论过的问题，图像质量非常差，几乎不可辨识。这推动了研究者和工程师改用超短波和发展电子扫描技术。但中波电视自有其优点：因为较长的传播距离（与超短波相比），莫斯科播出的节目可不经卫星或中继站直接传到柏林。

③ 你在第 12 章里已经认识他。

第 14 章　为何电线嗡嗡叫

知道塔科玛窄桥吗？塔柯玛窄桥建于 1940 年。
数月的上下和左右摇摆之后终于坍塌，夺走了
一条名叫托比的可怜的狗的性命。

——《H 先生的物理学》

很久以前，古希腊人注意到绷着的弦在风中往往发出动听的声音，仿佛是在唱歌。大概那时人们就知道爱奥玲竖琴。爱奥玲是希腊神话中风神的名字。这种琴是一个绷着几条弦的框架（或开着的盒子），放置在有风吹过的地方。这种乐器即使只有一根弦也能产生一个不同音调的声谱。一根风中的电报电缆也发生同样性质的现象，虽然音调变化少得多。

长久以来，这种现象难倒了过去的科学才俊，直到 17 世纪末牛顿爵士把他的新分析方法应用到如今叫做流体动力学的问题上来。

根据牛顿首先陈述的定律，一个在流体或气体中运动的物体，受到的阻力与速度 v 的平方成正比

$$F=K\rho v^2 S$$

式中，S 是物体垂直于运动方向的截面积，ρ 是流体（或气体）密度，K 是比例系数。

后来发现，这个公式并不处处适用。当物体速度比介质分子的热（运动）速度低时，上面的关系开始失灵。我们在第 11 章中已经讨论过，对于运动比较缓慢的物体，阻力变得正比于速率

(斯托克斯定律)。这种情形发生于，例如微小的水滴在雨云中运动，残余的麦片向杯低沉落，或魔灯内物质 A 的小球不停地漫游(见第 11 章)。但在这个喷气机速度的现代世界里，牛顿阻力定律的适用范围要大得多。

仅仅基于这些阻力关系，我们就能够对电力线嗡嗡叫或爱奥玲竖琴歌唱的现象作出令人满意的解释吗？不，事情完全不是那样简单。确实，如果阻力保持不变（或随风速增大)，弦只会被风拉伸，不会有振荡。

那么解释这种现象的诀窍在哪里呢？事实上，要理解这种情形下弦振动的性质，只知道几个一般的概念而不涉及流动机理是不够的。我们需要更深入和详细地讨论流体如何在一个静止物体的周围流动。(当然，这要比考虑一个物体在静止流体中的运动简单些，但不影响结果。)

流速较慢的情形示于图 14-1。液体的流线平滑地在一个圆柱体的周围和后面通过（图中示出切面)。这种流叫做层流，那时阻力来自液体的内摩擦（黏滞性)，并且确实正比于液体的速度（我们的参考系还是固定于物体)。在层流中，任意点上的速度和摩擦力都与时间无关（流动是稳定的)；这种比较无趣的情形与我们的爱奥玲问题没有关系。

现在让我们看图 14-2。现在流速增大了，出现了新的旋转特性，你可以叫它漩涡或涡旋。摩擦不再是决定性的因素。现在它较少依赖于微观尺度上的动量变化，更多地依赖于可与物体大小相比较的尺度上的动量变化。阻力变得正比于速度的二次幂——v^2。

最后看图 14-3，现在流速进一步增大了，涡旋排列成井然有序的链。弦振动之谜的答案就在这里！这些具有整齐结构的涡旋的尾流不断地从弦的表面挣脱，由此激发弦的振动，好像手指拨弦一样。

20 世纪初人们第一次发现了物体后的这种涡尾结构，并对此进

图 14-1　长圆柱形线周围缓慢层流的流线

图 14-2　较高流速下线后出现漩涡

图 14-3　高流速下尾流中形成周期性涡尾

行了实验研究。在匈牙利科学家卡门[①]的著作中可以找到它们的理论解释。如今这些周期性涡旋尾迹叫做卡门尾迹（或卡门涡街）。

随着速度继续增大，涡旋没有足够的时间在液体中大范围扩散。“旋转”区域变小，漩涡开始互相混合，流变成紊乱、不规则的湍流。但最近的研究表明，在极高的速度下形成另一种周期性，不过这远远超出了本章的范围，对于好奇的读者，我们所能做的是向他们推荐格雷克十分有趣的书，题为“混沌”[②]。

值得指出的是，虽然卡门尾迹现象看来不过是又一个自然奇迹，学术上很有趣，但没有多少实际意义，事实上正好相反。比方说，电力传输线在恒定的风速下由于周期性地产生和释放的涡旋而摇晃。这不可避免地在固紧于支持塔的导线内产生很强的应力，如果忽视了，可能（而且不幸已经）造成导线断裂（往往非常危险）。对于工业烟囱也一样。

1940年发生于塔科玛（华盛顿州）的新建汽车桥的坍塌事故大概是这类工程灾难中最著名的例子。这条长约半英里的两车道窄桥（图14-4）才落成数月，就开始剧烈摇晃，终致坍塌。幸好没有引起死伤（除了引文中提到的那条传奇的狗）。

图14-4　湍流涡旋激发的不断增强的振荡导致塔科玛窄桥坍塌

① Theodore von Karman（1881～1963），在流体动力学领域作出重大贡献，被称为超音速飞行之父。出生于匈牙利，第二次世界大战期间为美国政府工作，后为北约航空研究和发展顾问团工作。

② James Gleick，Chaos：Making a New Science，The Enhanced Edition，Open Road，Integrated Media，New York，2008.——译者

联邦工程局的一个特别委员会调查了这次事故，卡门是其中一员。委员会的结论说，塔科玛窄桥的坍塌是由于“湍流风的随机作用引起的强迫振荡”。不久以后建成了一条新桥，这一回它有一个形状完全不同的迎风面，从而消除了不可控振动的根源。

第15章　沙滩上的脚印

你和我一起走，脚印留在沙滩上，让我知道我往哪里去。

——西蒙·考威尔[①]等，《沙上的脚印》

当你在沙滩上走时，你曾想过你压缩了脚下的沙子吗？从表面上看，脚踩在沙子上把沙子压在一起。可是实际上，事情可能正好相反。证据是：在潮湿沙子上留下的脚印能保持干燥好一会儿。以在流体力学上的工作著称的英国科学家雷诺兹[②]于1885年在不列颠协会会议上的讲话中指出，当脚踩在落潮后仍然潮湿的沙子上时，周围区域马上变干了……依照他的说法，脚的压力弄松了周围的沙子，而且压力越大，被吸收的水分越多。这使得沙子变干，直到足够多的水从下面渗上来。

但为何压力扩大了沙粒间的空间，致使水不再充盈它们呢？对于19世纪的科学家来说，这可不是一个容易的问题。答案与物质的原子结构有着直接联系。这就是本章的主题。

15.1　球的紧密充填

能用同样半径的刚体球来填满整个空间吗？当然不能，它们

① Simon Cowell（1959～　），英国人，被认为是现代流行音乐的先驱。——译者

② O. Reynolds（1842～1912），英国物理学家和工程师，湍流理论、黏滞流理论和润滑理论专家。

之间总有空隙[1]。球所占空间的份额叫做充填密度。球靠得越近，其间留下的空间越小，充填密度越高。但何时充填密度达到最大呢？这个问题的答案将给出沙滩上脚印之谜的一条线索。

让我们从一种较为简单的情形开始：在平面上充填相等的圆。圆的紧密充填可以通过下面的方法来实现：先用相等的正多边形（不留空隙地）铺砌平面，然后让每一个圆内接于一个正多边形。这些正多边形只有三种可能的选择：等边三角形、正方形和正六边形[2]。圆内接于正方形和正六边形的充填示于图 15-1。容易看出第二种模式（图 15-1（b））较为经济。精确的计算（你可以自己来做）证明，在这种情形下圆覆盖的面积占 90.7%，而对于正方形（图 15-1（a）），覆盖面积仅占约 78%。六边形充填是最紧密的平面（或如现代物理学家喜欢说的，二维）充填。或许是这个缘故，使得蜜蜂利用它作蜂窝。

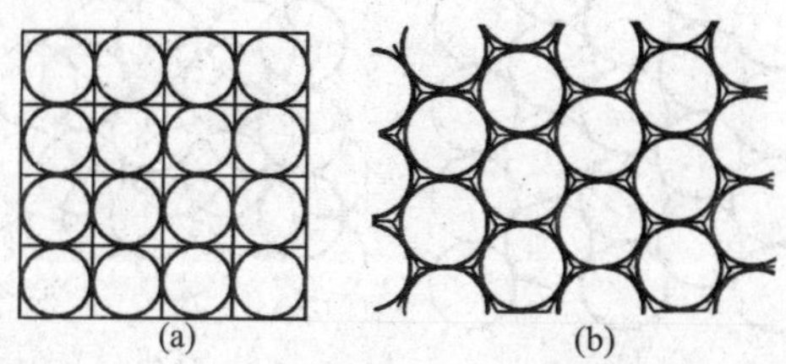

图 15-1　圆的平面充填：用相等的正多边形小室铺砌平面，每个圆内接于一小室

球的空间紧密充填可以通过如下方法实现。首先在平坦表面上依照上面描述的次序摆好一层球。我们叫它 X 层。然后在它顶上放置类似的六边形充填的第二层。我们可以让上层的每一只球正好位于下层的一只球上，好像我们在填充看不见的蜂窝的一个个小室那样。但这种 XX 充填留下太多的空间。球所占空间仅为全部空间的 52%。

为了提高密度，我们该把上层的球放在下层三个互相接触的

---

① 理论上可以用球充满空间，只要它们的半径 r_1，r_2，…构成一个无穷级数且 $\lim_{n\to\infty} r_n=0$，但这对固态物理学没有什么意义。——A. A.

② 只有这三种形状可以不留空隙地铺满整个平面。——译者

球形成的穴中（这可以叫做XY充填），但不可能一次填满所有的穴——两个相邻的穴必有一个空着（图15-2）。

因此在放第三层时我们面临一个选择。我们可以把球放在底上X层的穴中未被Y层占领的那些穴（其中之一在图15-2（b）中用*A*表示）的上方，从而形成一新的Z层；我们也可以把它们放在底上X层的球的正上方（图15-2（b）中的*B*点）。如果接下去的各层依照这些方法周期重复，我们就得到有规则的空间模式：XYZXYZ…或XYXY…。这两种空间充填模式示于图15-3。在两种情形下，球所占空间均约74%。

在这种充填中，每一球与另外12个球相接触，接触点是一个14面体[1]的顶点。这些多面体的面是交替的正方形和等边三角形。例如，第一种选择（图15-3（b））产生图15-4的“立方八面体”[2]。

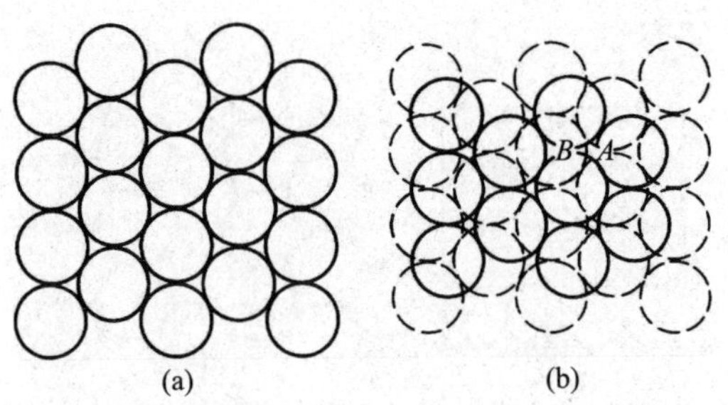

图15-2　球的空间紧密充填（虚线表示下层）

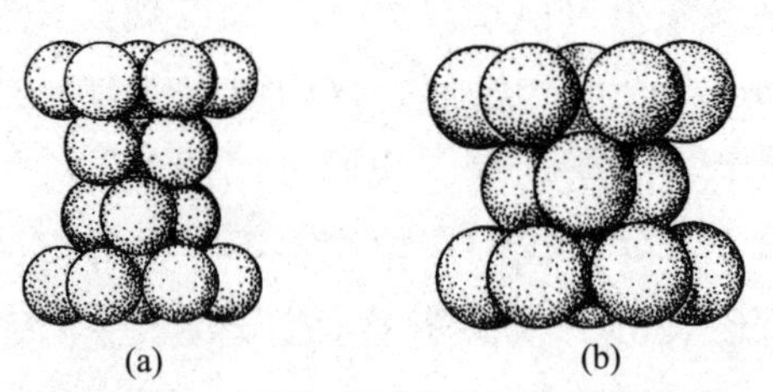

图15-3　三维情形下球的两种紧密充填

① 该词的希腊词现已不常用。——A. A.

② 立方八面体属于所谓阿基米德立体。该类包含13种凸多面体，它们具有全等的顶点，表面由两种不同的正多边形组成。立方八面体这个名称属于开普勒。图15-3（a）的充填不对应于任何阿基米德立体，因为它产生两种不同类型的顶点。——A. A.

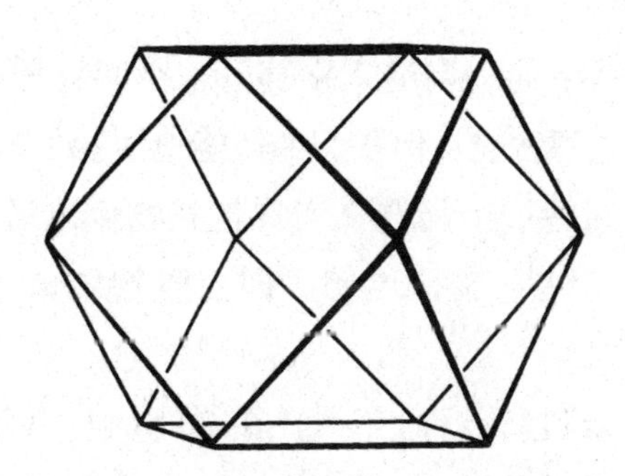

图 15-4　开普勒的立方八面体

迄今我们只讨论了如何排列球以构成周期性的空间蜂窝[①]，但离开了这一条件，可否构成一种紧密充填呢？图 15-5 给出了一个例子。平面上的球构成同心正五边形的边。同一五边形中最靠近的球互相接触，但同一层的各个五边形是分离的。相挨两层的五边形的边交替地分别包含偶数和奇数个球。这种充填的密度是 72%，不比图 15-3 的六边形充填小多少。有一种充填球的方法，球心不形成晶格点阵[②]，充填密度达到 74%，但是否存在更紧密的充填仍是一个问题。

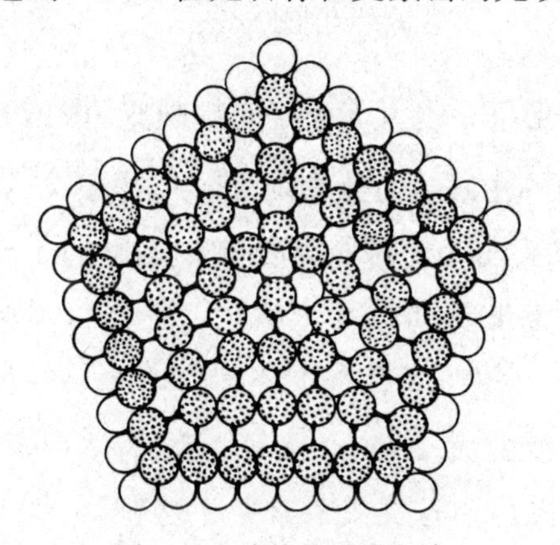

图 15-5　球的五边形充填

让我们回到沙滩上脚印的问题上来。现在我们知道，有一些球的空间排列在球间只留下很少的空间。如果我们干扰这种分布，比

① 用另一种方式来说，球的中心形成一个周期点阵。——A. A.

② “晶格点阵”指三维空间中周期重复的点阵列，见 15.2 节。——译者

方说，把一层球从下面一层的穴中移开，空间将增大。当然，没人会用特殊的方式排列沙粒，但我们如何能迫使沙子紧密充填呢？

常识就可以回答这个问题。当你把谷物倒入罐头时你怎么办？你轻轻摇动罐头，使它装得更实。即使谷物结成了团，拍拍罐头也有助于装进去。

英国科学家斯科特（G. Scott）在20世纪50年代对此作了科学探索。他把轴承滚珠装进不同半径的球形烧瓶内。如果装时不摇动，滚珠随机地找到它们的位置，充填密度与球数目的经验关系具有下面的形式

$$\rho_1=0.6-\frac{0.37}{\sqrt[3]{N}}$$

式中，N是球的数目。你可以看到，如果球的数目很大（在实验中达数千），密度趋于常数且相当于占60%的空间。但装时摇动容器有助于提高密度

$$\rho_2=0.64-\frac{0.33}{\sqrt[3]{N}}$$

但即使在这种情形下，也大大小于有规则充填的74%。

这个结果值得注意。为什么附加项反比于$\sqrt[3]{N}$？靠近瓶壁的球比起里面的球来说处于特殊的位置，这影响了充填密度，影响的程度正比于容器的表面积（$\sim R^2$）与体积（$\sim R^3$）之比，故反比于系统的大小（R）。这里系统体积指的是球包括其间空间所占的全部体积。系统的大小是$R\sim\sqrt[3]{N}$，因为体积正比于球的数目。在必须考虑表面效应时这类关系常见于物理学。

你看到，精确的实验与常识一致，并证明摇动颗粒物有助于提高充填密度。但原因是什么呢？我们知道，稳定的平衡位置永远对应于最小势能。一个球可以永远稳定地待在一个坑里，但会立刻从坡上滚落。这里发生的情形类似。摇动瓶子使球滚入自由空间，故充填密度增大，系统的总体积变小。结果是容器内球的高度下降，系统的质心降低，势能因而减小。

现在我们可以足够清楚地说明潮湿的沙子是怎么回事了。潮水不停地拍打使沙粒形成紧密充填。当你的脚踩在沙子上时，你干扰了颗粒的排列，扩大了颗粒间的空隙[①]。于是上层沙子的水分向下渗透去填充空隙，故沙子看上去是在变干。抬起脚，紧密充填恢复，从缩小的空隙排挤出的水充入留下的脚印。但往往在很强的挤压后紧密充填难以恢复。那时只有等到下面的水升上来灌满了扩大的空隙后脚印才变湿[②]。

有趣的是，印度托钵僧对颗粒物质的这种特性了然于心。他们有一个有趣的戏法：将一把长而细的剑一次次插入一只装了米的窄颈瓶中，到了一定的时候，可以拿着剑把将瓶子提起来。

显然，把剑随机地插入米中和摇动一样“优化”了米粒的充填。我们可以把这想象为某种压缩波在疏松介质中的传播。开始时米粒紧密地充填于剑刃周围，但在瓶体内和靠近瓶壁处是随机排列的。压缩波的“波前”（显然是比较平滑的）将紧密的中心部分与疏松的周围分开。“波前”随剑的每一次插入向周围推进，当它最后达到容器壁时，整个体积的米粒都进入了紧密充填。换言之，进一步压缩的可能性已经穷尽。物质的性质遂大为改变：它成为“不可压缩”的了。就是在这个时候，剑被固住在那里，因为谷物对剑刃的压力造成的摩擦足够大。

⚠小心！要是你决定让你的同伴惊讶，请勿使用玻璃瓶或瓷瓶。结果难以预料。

15.2　长程和短程秩序

当然，组成一切物体的原子不是刚性球，但简单的几何论断有助于我们理解物质的结构。

---

① 注意，依照雷诺兹，这指的是脚印周围的沙子，而脚下的沙子仍是紧密充填的。——A. A.

② 译者个人觉得，“沙滩上的脚印”指的是脚印本身还是脚印周围或是两者都包括在内，文中说得似乎不够明确，英译者似乎强调那是脚印周围。读者如有机会在海滩上散步，请亲自试验和作出判断。——译者

第一个使用几何方法的是德国科学家开普勒[1]，他在 1611 年提出了雪花的六角形与球的紧密充填有关的概念。罗蒙诺索夫[2]在 1760 年首先描绘了球的最紧密立体充填，并用以解释结晶多面体的形状。法国修道院长休伊[3]于 1783 年指出，所有晶体皆可由大量重复的部分构成（图 15-6）。他解释了晶体的有规则的形状，指出他们是由小“砖块”建造的。最后，1824 年德国科学家西伯尔（A. L. Seeber）提出了由像原子般相互作用的小球有规则地排列而成的晶体模型，球的紧密充填对应于最小势能。

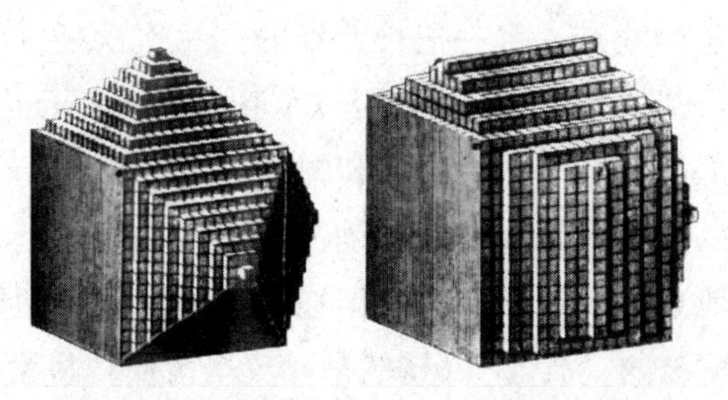

图 15-6　休伊出版于 19 世纪初的图册中的图

晶体结构是一门特别的科学——结晶学——的研究对象。如今，原子在晶体内的周期排列是确凿无疑的事实，我们可以用电子显微镜来观察它们。原子世界中确实存在紧密充填的倾向。大约有 35 个化学元素是结晶化的，它们的原子像图 15-3 中的球那样排列。原子的中心（或准确地说，原子核）在空间形成由周期重复的单元构成的所谓晶体点阵。可由一个原子的周期性位移构造的基本点阵叫做布兰维斯晶格（名称源自法国海军军官布兰维

① Johann Kepler（1571～1630），德国天文学家，天体力学开创者。著名的行星运动开普勒定律为牛顿万有引力定律的发现奠定了基础。开普勒对多面体的兴趣缘于世界是由数学和谐所制约的概念。依照开普勒，太阳系中行星轨道半径之比可与正均匀多面体的性质相联系。

② M. V. Lomonosov（1711～1765），俄国历史上第一位具有世界重要性的科学家，在自然科学（包括物理学、化学、材料科学）及文学、诗歌和绘画上都获得成功。莫斯科大学的开创者。

③ R. J. Haüy（1743～1822），法国晶体学家和矿物学家。

斯[1]，他是发展空间晶格理论的第一人）。

布兰维斯晶格不多——只有 14 种，原因是大多数对称元素不能以周期晶格的形式存在。例如，一个正五边形可绕通过其中心的轴旋转，每转一圈，五次与原五边形重合。人们说，它具有五重对称轴，但布兰维斯晶格不能具有五重轴。要是存在这样的晶格，它的节点将是正五边形的顶点，它们将无空隙地覆盖整个平面。但我们知道，不存在平面的五边形铺砌（图 15-7）！

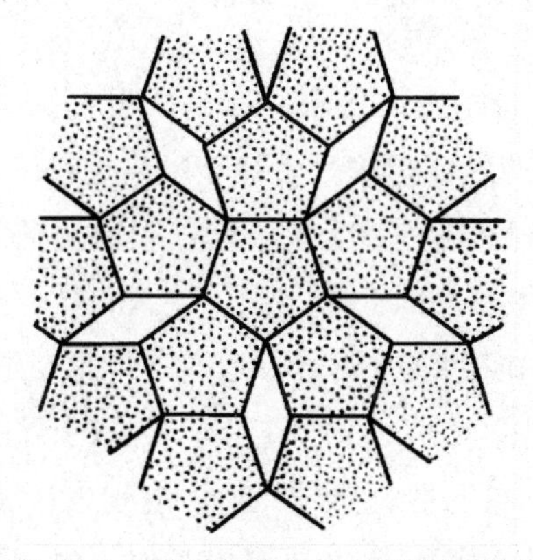

图 15-7　不可能用正五边形铺砌平面

所以，所有晶格可由重复的单元构成。这一性质称为平移对称。我们还可以说，晶体中存在一种长程秩序。这大概是晶体区别于其他物体的主要性质。

但存在一类重要的物质，它们没有长程秩序，这就是非晶质。液体是非晶质的例子。固体物质也可以是非晶的。图 15-8 显示出玻璃和石英的结构。两者具有相同的化学成分，但石英是结晶物质，区别于非晶的玻璃。缺乏长程秩序并不意味着玻璃中的原子是混乱排列的。从图可见，即使在玻璃中仍然保留了某种最近邻秩序，这叫做短程秩序。

最近非晶材料有了重要的技术应用。例如，非晶金属合金（金

① A. Bravais（1811～1863），法国晶体学家。

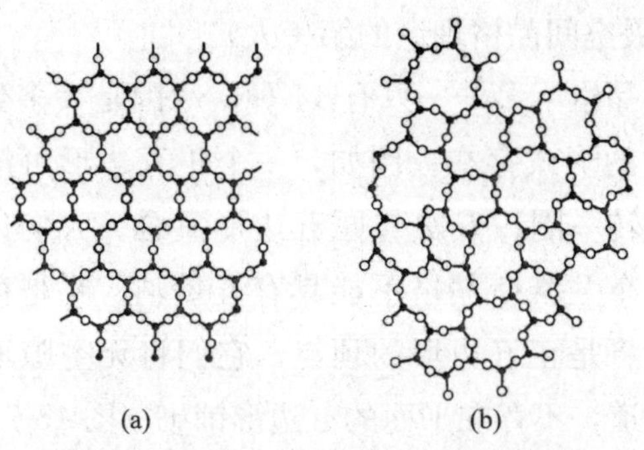

图 15-8　石英（a）和玻璃（b）的结构

属玻璃）具有独特的性能。它们具有高硬度和高抗腐蚀性，并显示出电特性和磁特性的最佳折中。金属玻璃是通过液态金属的极快冷却得到的，冷却速度须达每秒数千度。这可以通过把微细的金属滴喷洒在高速旋转的低温盘的表面上来实现。金属滴被挤压在盘上，形成数微米厚的膜，瞬间去热使原子来不及在冷却中形成适当的排列[①]。

1959 年英国科学家伯纳尔[②]进行了有趣的研究，揭示了非晶固体的结构。大小相同的胶土球被随意地放在一起，压做一大块。把它们分开后得到的多面体主要具有五边形的面。用小铅球重复这个实验。若球是有规则和紧密地码放的，加压把它们重塑为正菱形十二面体[③]；但若小球是随意倒入的，它们变为不规则的十四面体、这些面中有四边形、五边形和六边形，但主要是五边形。

在现代技术中，常常需要紧密装填某种装置的元件。例如，图 15-9显示出一种超导电缆的截面，它由包裹在铜皮内的大量超导线制成。线原来是圆柱形的，但经碾轧后变成六角形菱柱。线充填得越紧密越精确，六角形越正。这是电缆高质量的证据。如果充填

① 在熔化旋转法中，熔化的金属喷射到高速旋转的低温铜鼓的表面上，固体膜像连续的丝带般被甩脱，速率可超过每分钟一公里。

② J. Bernal（1901～1971），英国物理学家，X 射线衍射分析专家，研究金属、蛋白质、病毒等的结构。

③ 菱形十二面体是具有 12 个菱形面和 14 个顶点的多面体，可通过均匀挤压图 15-3（a）所示的六边形充填得到。构造它的一种几何方法是作一个球与其所有近邻的公共切平面。在图 15-3（a）所示的紧密充填中，它起着单元小室的作用，就如平面铺砌中的六边形那样（图 15-1（b））：每一球内接于一个菱形十二面体，而后者充满整个空间。——A. A.

密度受到干扰，截面中将出现五边形。

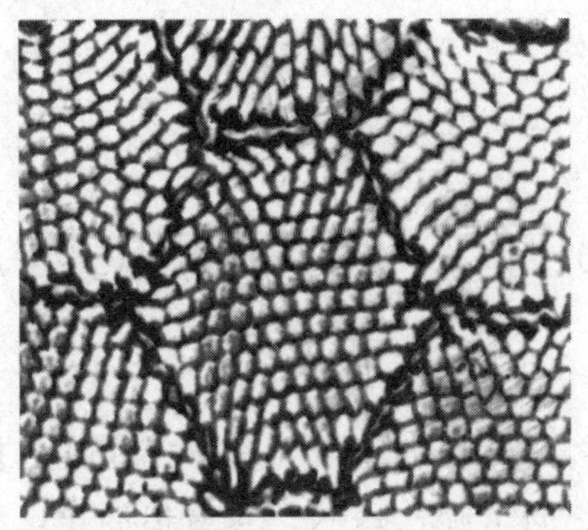

图 15-9　高质量超导电缆的截面；碾轧后圆柱形线变为六边形

五重对称在自然界很普遍。图 15-10 是一张病毒群落的照片。它与图 15-5 中球的五边形充填何其相似！古生物学家甚至拿化石中五重轴的存在作为病毒的生物学（不同于地质学）起源的证据。瞧，脚印把我们从荒芜的沙滩带到了多么远的地方！

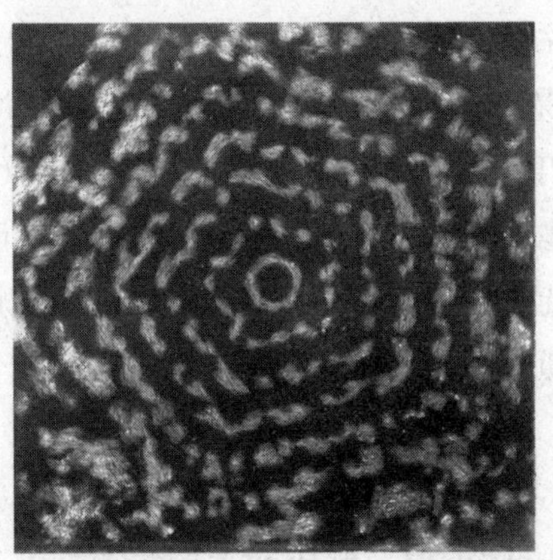

图 15-10　电子显微镜照片揭示出病毒群落的五重对称性

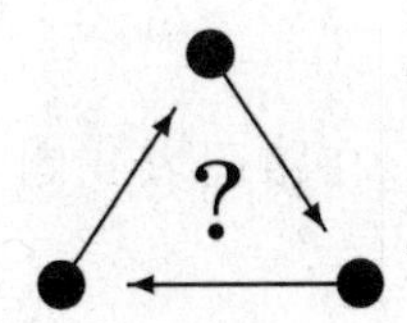

印度托钵僧使用长颈金属瓶这一点对他们的戏法重要吗？瓶颈和瓶体的体积之比应该是多少？

第 16 章　如何防止雪堆积

公路或铁路经过谷地的路段常常被雪覆盖，即使那里最近没有降雪。这是怎么回事呢？当然，答案很简单：雪是被风吹过来的，但经过了大量调查才弄清楚这个过程的详细机理。

1936 年英国地质学家伯格诺特[①]在风洞中研究了沙子随风的迁移。他发现，除非风速大于某个临界值 v_1，否则沙子不动。如果气流速度大于 v_1 但小于另一个值 v_2，大片沙子仍可待着不动，但一个偶然从上面下落的沙粒会引起几个沙粒反弹。这些粒子被风逮住，下落时从沙地撞出更多的沙粒来，结果沙子被风携带着跳跃般的运动。如果风速超过了 v_2，风就吹起大片沙云，随风飘移。沙云的密度随高度降低。我们可从图 16-1 中看到沙粒的轨道。

现在我们可以解释风为何将雪填入坑内了。请看图 16-2 的流线图。显然，在越过空坑时气流变宽，故速度下降。这扰乱了沉降和上升的粒子间的平衡：降落的粒子比被吹走的多，所以坑渐渐被填满了。

当风携带的雪遇到障碍（如一棵树）时，发生类似的过程。入射气流遇到树干后折返，形成向上的气流。这气流在树的迎风侧挖出一个深坑。同时在坑的前面和树的后面风速较小，雪渐渐堆积起来。

人们利用这种现象来防止低洼路段被雪封住：在路迎风一侧

---

① R. A. Bagnold（1896～1990），英国地质学家，沉降迁移和伊俄勒斯（风效应）过程专家。

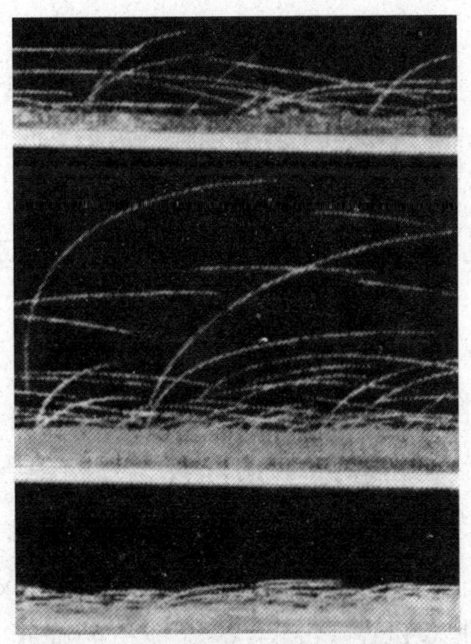

图 16-1　不同强度气流中沙粒的轨道

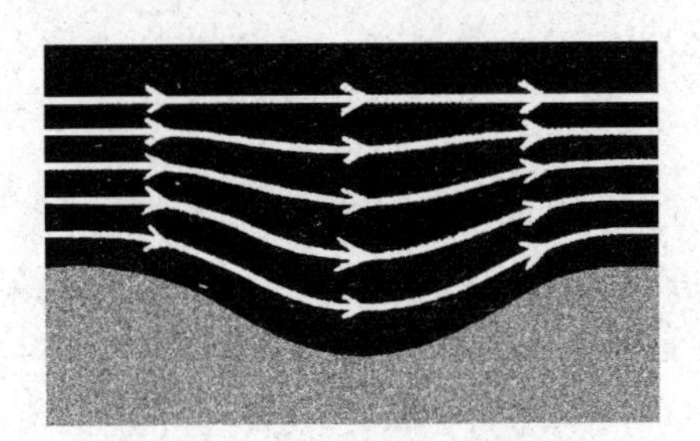

图 16-2　风吹过空坑时流线变稀

的一定距离处立一道用木桩组成的防护篱。这样就在篱笆后面建立起了一个风很小的稳定的防护区，雪全都沉降在那里。

同一机理也解释了沙丘的运动。当足够强的风对着沙丘吹时，扬起迎风侧的沙子。在沙丘的背面，气流减速，沙子下落。结果，随着时间的推移，沙丘一寸寸地随风移动，沙丘就在不断“游移”。

第 17 章　列车上的体验

不久前，本书作者乘快车从威尼斯回到拿坡里（也译那不勒斯）去。这趟车很快（速度约为 150 千米/时），一路之上，车窗外的风景简直就像文艺复兴时期大师的名画。和画上完全一样，乡村地区崎岖多山，我们有时驰过一道桥，有时钻入隧道。

在博洛那和佛罗伦萨之间一条特别长的隧道里，我们突然感到耳朵里隐隐作痛，就像飞机乘客在起飞和降落时感觉的那样。显然所有的乘客都有同样的感觉，他们摇摇头，仿佛想要摆脱这不舒服的感觉。

当列车终于冲出狭窄的隧道时，不舒服感消失了。但是，有一位乘客不习惯铁路上的这种小意外，对这种现象的原因颇感兴趣。因为这显然与压力突变有关，大家开始热烈地讨论起可能的物理原因来。

初看起来，我们觉得列车与隧道壁之间空隙中的气压比起正常大气压来增大了，但随着讨论的继续，这种假设变得越来越说不准了。对于这类事，数学是最好的裁判，所以我们试着定量地解决这个问题。很快我们便得到如下的解释。

让我们假设一列截面积为 S_t 的列车以速度 v_t 在一条长隧道里行驶，后者的截面积为 S_0。首先让我们换到固定于列车的惯性坐标系。我们假设气流是稳定的层流并忽略其黏滞性。在这种情形下，我们不必考虑隧道壁相对于列车的运动——因为没有黏滞，它就不影响气流。我们还假设列车足够长，所以可以忽略靠近车头和车尾处的终端效应，并且假设隧道里的气压是常数，沿整个列车不变。

你瞧，通过这样一步步消除掉不重要的细节，我们从真实的列车运动过渡到一个可用数学分析的简化的物理模型。

我们有一条长长的且有空气从中吹过的管道（隧道的模型）和一个同轴固定在内的具有流线型终端的圆柱体（列车的模型），如图 17-1 所示。离列车很远处（在截面 A-A 上），空气压强等于大气压 p_0。在此截面上气流的速度与列车对地面的速度 $\boldsymbol{v}_t$ 大小相等而方向相反。让我们考察某个经过列车的截面 B-B（我们可以令 B-B 离列车的两端足够远，故以上的假设成立）。用 p 和 v 表示这个截面上的气流的压强和速度。它们可通过伯努利[①]方程与 p_0 和 v_t 相联系

$$p+\frac{\rho v^2}{2}=p_0+\frac{\rho v_t^2}{2} \tag{17-1}$$

式中，ρ 是空气密度。式（17-1）包含两个未知数 p 和 v，故为了确定 p，我们还需要一个关系。气流守恒条件提供了这个关系。依照这个条件，单位时间通过管道任意截面的空气质量是常数且等于

$$\rho v_t S_0=\rho vt\ (S_0-S_t) \tag{17-2}$$

这个方程式表达了空气质量在流过管道时既不能产生也不能消失这样一个事实，通常称为气流连续性条件。

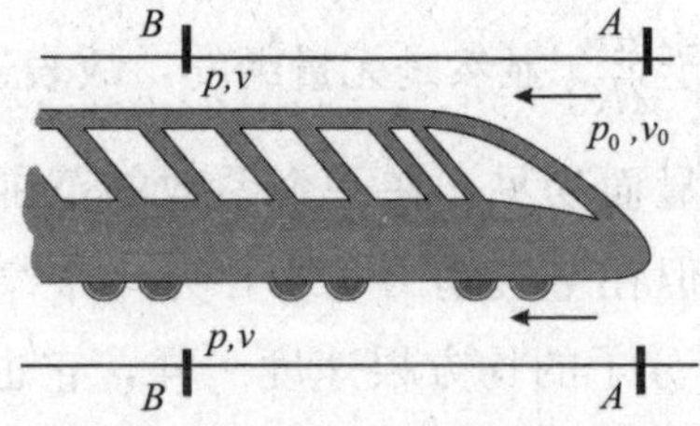

图 17-1　隧道中高速列车周围的气流与风洞中的情形十分相似

① Daniel Bernoulli（1700～1782），瑞士物理学家和数学家，出生于荷兰（瑞士数学家 Johann Bernoulli 之子），流体力学的奠基者。

你大概已经注意到，我们令式（17-1）和式（17-2）中的空气密度为常数。要使这一假设成立，需要两个条件。第一个是我们所求的压强突变 Δp 必须比压强本身小得多，即 $\Delta p \ll p$。如果空气温度沿管道不变，则有下面的式（17-4），其密度正比于压强：$\rho \propto p$。对小的 Δp，我们可以略去密度变化 $\Delta\rho=\rho\dfrac{\Delta p}{p}\ll p$。下面我们将看到事实果然如此。第二个条件关系到隧道不同截面上的流速。要使密度在整个管道中是均匀的，必须要让空气有足够的时间进入平衡。这意味着流速必须远小于分子混沌热运动的均方根速度。恰恰就是这个速度，决定了在宏观尺度上建立恒定平衡气体密度所需的特征时间。

利用式（17-2）从式（17-1）中消去 v，我们得

$$p=p_0-\frac{\rho v_t^2}{2}\left(\frac{S_0^2}{(S_0-S_t)^2}-1\right) \tag{17-3}$$

空气密度 ρ 可用克拉贝龙-门捷列夫方程通过 p 表示为

$$\rho=\frac{m}{V}=\frac{p_0\mu}{RT} \tag{17-4}$$

式中，$\mu=29$，是空气的分子量，T 是绝对温度，R 是每摩尔[①]气体常数。将其代入（17-3）后，我们得

$$p=p_0\left[1-\frac{\mu v_t^2}{2RT}\left(\frac{S_0^2}{(S_0-S_t)^2}-1\right)\right] \tag{17-5}$$

右方的组合因子$\dfrac{\mu v_t^2}{2RT}$显然是无量纲的，故表达式 $\sqrt{RT/\mu}$ 必定具有速度的量纲。显而易见，在一个系数的范围内它是分子热运动的均方根速度。但在空气动力学中，另一个气体物理特征即声速 v_s 更加重要。与分子的均方根速度一样，它也决定于温度和分子质量的上述组合，但 v_s 的数值还包含所谓的绝热指数 γ。后者表

① 摩尔，符号为mol，衡量物质微观粒子多少的物理量。每摩尔物质包含6.022 136 7×10^{23}个粒子，如电子、中子、质子、原子、分子、离子等或这些粒子的特定组合，使用摩尔时应予指明。6.022 136 7×10^{23}这个数等于0.012千克碳-12所含原子数，这个数称为阿伏伽德罗常数。此处摩尔所含粒子为分子。——译者

示气体的特性，量级为 1（对空气 $\gamma=1.41$）

$$v_s=\sqrt{\gamma\frac{RT}{\mu}} \tag{17-6}$$

在正常条件下，$v_s=1200$ 千米/时。利用式（17-6），我们可以把式（17-5）写做下面便于讨论的形式

$$p=p_0\left[1-\frac{\gamma v_t^2}{2v_s^2}\left(\frac{S_0^2}{(S_0-S_t)^2}-1\right)\right] \tag{17-7}$$

现在是停下来想一想的时候了。我们计算了隧道内沿列车车皮的压强，但我们的耳朵痛并不是因为压强本身，而是因为它相对于列车在开阔地行驶时压强 p' 的变化①。开阔地相当于具有无穷大截面（$S_0\to\infty$）的隧道，所以我们容易从式（17-7）得到

$$p'=p_0$$

即使不计算，这个结果也很明显。

有趣的是，我们看到相对压强差是负的

$$\frac{\Delta p}{p_0}=\frac{p-p_0}{p_0}=-\frac{\gamma}{2}\left(\frac{v_t}{v_s}\right)^2\left(\frac{S_0^2}{(S_0-S_t)^2}-1\right) \tag{17-8}$$

由上式可见，当列车进入隧道时，它周围的压力降低，这或许和我们起初预料的相反。现在让我们来估计这种效应的大小。前面已经讲过 $v_t=150$ 千米/时和 $v_s=1200$ 千米/时。对于狭窄的火车隧道，比值 S_t/S_0 约为 1/4（因为我们的隧道里有来回两条铁路）。故我们得到，

$$\frac{\Delta p}{p_0}=-\frac{1.41}{2}\left(\frac{1}{8}\right)^2\left[\left(\frac{4}{3}\right)^2-1\right]\approx 1\%$$

这个值看来很小，但若考虑到 $p_0=10^5$ 牛/米^2 并取我们的耳鼓面积 $\sigma=1$ 厘米^2，我们耳鼓上承受的额外力为 $\Delta F=\Delta p_0\cdot\sigma\sim 0.1$ 牛，这就相当大了。

---

① 这里应当指出两种情形。第一，在生物物理学中有所谓韦伯-费赫纳尔（Weber-Fechner）定律。依照该定律，环境中的任何变化仅当参数的相对变化超过某个阈值时才可被感觉器官所检测。第二，在一条长隧道中，我们的器官适应了新条件，不舒适感随即消失，但出了隧道它又回来。

这样，我们的耳朵痛似乎得到了解释，我们可以就此罢手了，但最后一个方程式仍有什么东西让我们困惑。从式（17-8）得到，即使普通的火车以正常速度行驶，$\frac{v_t}{v_s} \ll 1$①，如果隧道足够窄的话，Δp 之值可以达到甚至超过正常值 p_0。显然，在我们假设的范围内，我们得到了一个荒谬的结果：狭窄隧道壁与列车间的压强变为负的！

等一等！我们一定忽略了什么东西，使我们的公式不能成立。让我们仔细看看我们的发现。若 $\Delta p \sim p$，则

$$\frac{v_t}{v_s}\left(\frac{S_0}{S_0-S_t}\right) \sim 1$$

故

$$v_t S_0 \sim v_s \ (S_0-S_t)$$

将最后的方程式与连续性方程（17-2）相比较，我们开始懂了。原来，若 Δp 变到 p_0 的量级，狭窄隧道的壁与列车间空隙内的空气流动速度将会达到声速的量级。那时我们不能再讲层流，前述平滑流将变为湍流。

因此，正确使用式（17-8）的条件不只是 $v_t \ll v_s$，而是更严格的

$$v_t \ll v_s \ \left(\frac{S_0-S_t}{S_0}\right)$$

显然，真实的列车和隧道都满足这一条件。尽管如此，我们对式（17-8）应用限制的考查却并非空洞的数学练习。物理学家必须了解他们得到的结果的适用范围。此外，还有一个认真对待它的实际理由。在最近数十年中，人们常常讨论全新的运输形式，包括高速列车。有一个项目利用了由强大的超导磁铁产生的磁垫。20 世纪 90 年代初，日本的原型 maglev（磁悬浮的英语缩写）列车

① 空气动力学中无处不在的速度比 $M=v/v_s$ 用奥地利物理学家马赫（Ernest Mach，1838～1916）之名称为马赫数。

可载 20 名乘客以最高 516 千米/时（几乎是声速的一半!）的速度在一条 7 千米的试验轨道上行驶。列车利用强磁场悬浮在金属轨道之上，行驶阻力完全决定于空气动力效应。

信不信由你，发展这种运输方法的下一步想法是把列车包裹在密封的管道里，通过抽出空气来降低空气动力因素！瞧，这个问题与我们讨论的那个问题有多么接近。可是在这里，物理学家和工程师遇到了更为复杂的情形：$v_t \sim v_s$ 和 $S_0 - S_t \ll S_0$。所以气流不是层流，而且空气温度沿列车显著变化。

现代科学并没有为这种情形下出现的问题准备好现成的答案。但即使我们的简单的估计也使我们能够在原理上懂得何时会出现新的现象以及新现象何时变得重要。

顺便告诉你乘火车时可能冒出来的一些物理问题。

（1）为什么行驶中的火车发出的噪声在进入隧道时大为增强？

（2）在北半球一条铁路的两条铁轨中的哪一条磨损较快？在南半球呢？

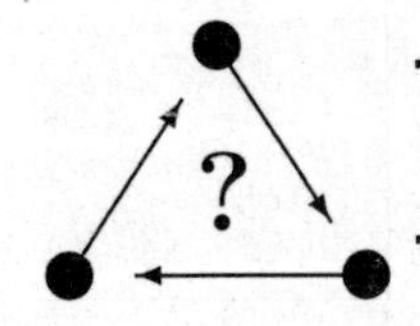

为什么在互相靠近的平行轨道上行驶的快车在相遇时减速？

第 3 部分

厨房里的物理学

在本书的这一部分，我们将解释物理学定律如何支配着不同的菜肴和饮料的制作，从每日的茶和咖啡到美味的葡萄酒和香槟，无不如此。

第18章 关 于 蛋

因为话就是这些：

所有真正的信徒都应在方便的那一头来

打破他们的蛋。

至于哪一头方便，依我的卑微之见，要留给每个人的良心，或者至少这是检察总长决定权范围以内的事。

——斯威夫特[1]，《格列佛游记》

从字面上说，拉丁词 *ab ovo*[2] 意思是“从蛋开始”。这是一个比喻，说的是“万事开头难”。古人用它来强调一件事的开端的重要性。这似乎在不知不觉中以对蛋有利的方式解决了“先有鸡还是先有蛋”这个著名的佯谬。但是，我们将把这永恒的争论放在一边[3]，转而考查有关这看来平常无奇的东西——鸡蛋——的各种物理现象。

我们大家在学校里都读过《格列佛游记》。两个伟大的王国布勒弗斯卡和里利普特正在进行一场最顽固的战争，这场战争始于里利普特国王颁布的一道法令，该法令命令他所有的下属都从较小的那头打破蛋，否则便处以重罚。格列佛相信（他同意伟大的

---

① Jonathan Swift（1667～1745），爱尔兰讽刺作家，散文家，诗人。《格列佛游记》（*Gulliver's Travels*）是其传世名作，也是世界级的经典儿童文学作品，有不止一种中译本（例如，刘祥等译，浙江少年儿童出版社，2004）。——译者

② 本章标题的原文中使用了这个词。——译者

③ 对那些对佯谬感兴趣的读者，我们推荐 Nicholas Falletta 极佳的佯谬集 *The Paradoxicon*。

里利普特先知鲁斯特洛格的意见），从哪一头打破蛋完全是个人的事。作者尊重他们的意见，但出于好奇，觉得弄清楚蛋壳的哪一头比较容易打破很有趣。复活节餐桌上常常爆发激烈的“老煮蛋”战斗，我们这个问题的答案将给你一个赢得这种战斗的明确策略。

什么是正确的策略：攻击对手还是让他先出手？要哪个鸡蛋，大的还是小的？打击大头还是小头？这是这种战斗的主要策略问题。一般的观点是攻击方获得优势，但若两个鸡蛋都以匀速运动，哪个运动哪个静止是没有区别的。我们无须打破蛋就可以知道这一点。想想伽利略的相对性原理，并且从攻击者是静止的那个运动参考系来看问题。在这个参考系中，他自动地从侵略者变成了被侵略者。

现在，让我们来看两个蛋的碰撞。假设两枚蛋完全一样，即它们的大小、形状和壳的强度（破裂应力 σ_b）都一样。它们沿着公共轴碰撞，在碰撞点上一个是小头，另一个是大头（图 18-1）。

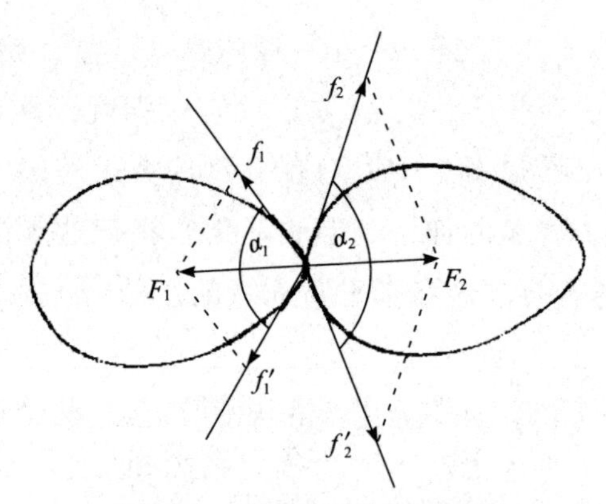

图 18-1　两个蛋沿公共轴碰撞

根据牛顿第三定律，作用于相撞两蛋上的力 F_1 和 F_2 大小相等，方向相反。我们可用沿两碰撞表面切线方向的分力 f_1、f_1' 和 f_2、f_2' 分别表示 F_1 和 F_2[①]。应力 f 值依赖于两切线间的角：$f=$

① 注意，由于壳的弹性，相撞的蛋接触于一个微小但有限的点。

$\frac{F}{2\cos\alpha/2}$。因此，角 α 越大，碰撞时作用于壳上的“打击”力越大，而 α 由表面的曲率半径确定。图 18-1 清楚地表明，用蛋的小头去攻击对方的蛋的大头果然是有利的。这一策略的另一优点是大头内的空气包进一步弱化了大头（为什么?）。

上面的分析启示了一个实用战术：即使有经验的对手让他的蛋的小头向前，你也可以发起攻击，但不是直击蛋尖，而是稍稍偏一些。这样可以提高你的胜算：那里的曲率较小，因而变形产生的应力较大[①]。

在玩具和纪念品商店里可以找到一种有趣的玩具，叫做“倒竖陀螺”。它的形状像一个截断的球，平面那一侧伸出一根圆柱形把。用拇指和食指捏住把扭转它，使它旋转得足够快，它便表演特别的把戏：过了一会儿它颠倒过来，继续在把端上旋转。显然，它的势能由于这种 180°的翻转增大了！很久以前汤姆森[②]解释了这种怪异的行为，自那以后这种玩具往往被叫做汤姆森旋转陀螺。

一只普通的老煮蛋也能像汤姆森陀螺一样表现。让一只蛋在一块平坦的、未经磨光的坚硬表面（如一块平滑的油布）上尽可能快地旋转。转了若干圈后，它会站在蛋尖上绕垂直轴旋转！只有因摩擦而显著减速后，蛋才开始晃动，最后侧卧。注意，要变这戏法，你需要一只真正的老煮蛋。嫩煮蛋不行，原因是液态的黄和白之间及白和壳之间的黏滞摩擦会减缓旋转，使蛋失去角动量。这种差别提供了判定蛋煮得老或嫩的一种容易的方法。旋转时，嫩煮蛋转几圈就会停下，而老煮蛋旋转的时间长得多。

---

① 从物理学上说，桌上的蛋和深海潜艇的金属壳以同样的方式崩塌。另一方面，从数学上说，受压壳中的应力分布类似于肥皂泡壁内的张力。这个比拟使我们可以把临界压力 p_c 与壳的曲率半径联系起来。我们可以直接利用拉普拉斯公式（见第 10 章）

$$p_c=\frac{2\sigma_b}{R}$$

式中，临界应力 σ_b 表示壳的强度。因此，打破一只蛋所需的压力反比于受敲击那一头的半径。——A. A.

② 见 43 页脚注①。

现在，在对煮鸡蛋作了广泛的讨论后，让我们比较仔细地考查蛋在加热过程中发生的情形。例如，为了防止蛋裂缝或爆裂（像在微波炉里那样）该怎么办；为了不把蛋煮老，何时该停止加热；为什么有经验的厨师在煮蛋时总在水中加些盐。这些问题的答案即使在大部头的烹饪手册中也未必能找得到。

要言之，煮蛋的过程及其他加热食物的方法（如油炸、烘烤等）基本上都是使蛋白质变性的过程。在高温下，这些复杂的有机分子分裂为片段，并改变它们的形状和空间结构。变性可由许多因素，包括化学物质、酶等引起。

原来，蛋黄和蛋白的蛋白质不同，故它们在不同的温度上开始变性。这个细节初看之下可能不重要，但正是这一点使我们能够煮出嫩蛋来。蛋白中的蛋白质的变性始于 60℃，而蛋黄变性要到 63～65℃才开始。不过没有必要精确地确定这些温度，因为蛋白质并不突然而是渐渐地变性。此外，变性温度也有赖于蛋内盐含量和蛋的保存时间等因素。

从物理学上说，蛋一进入热水，就产生从壳到中心的热流。最一般形式的热转移问题早已在数理物理学的范围之内。为了确定用多长时间来煮一只特定的蛋，我们只需知道蛋白和蛋黄的热传导率及蛋的几何尺寸就够了。

英国物理学家巴汉姆（Peter Barhan）对一只椭球形蛋作了计算。在其《烹饪科学》（*The Science of Cooking*）一书中他给出了一个公式，该式把煮蛋时间 t（分）与水的沸点 T_b、蛋的短径 d（厘米）及初始温度 T_0 和你想要的蛋黄最终温度 T_f 联系起来

$$t=0.15d^2\log 2\frac{T_b-T_0}{T_b-T_f}$$

这里的“log”是自然对数。

在标准条件下（通常这意味着在海平面的标准大气压下），水的沸点 $T_b=100℃$（表 20-1）。因此，依照巴汉姆公式，对一个刚从冰箱里取出（$T_0=5℃$）的 $d=4$ 厘米的典型的蛋（图 18-2），煮

嫩蛋（$T_f=63$℃）需时 $t_1=3$ 分 56 秒。对较大（$d=6$ 厘米）的蛋，需要约两倍的时间：$t_2=$ 8 分 50 秒[①]。

图 18-2　测量蛋的短径

注意，这个公式也表明，在高度较高的地区有增加烹饪时间的必要，因为水的沸点随高度显著降低（表 20-1）。因此，书中一般建议，比起在海平面烹饪，在高山烹饪时的时间应适当延长。比方说，高度为 5000 米时水在88℃沸腾，故煮一枚嫩鸡蛋需时 4 分 32 秒，而不是海平面上的 3 分 56 秒。

现在让我们讨论为何煮蛋时要在水里加盐。新鲜鸡蛋的密度大于淡水的密度。故在不加盐的水里鸡蛋沉在锅底。沸水的湍流来回推动鸡蛋，使其与锅底和锅壁碰撞，可能让蛋壳裂开[②]。要是这样，蛋白将从裂缝流出，凝固为悬挂在壳上的碎片。那顿饭算是毁了！但若细心的厨师在水里加了不过半匙盐，通常就可避免这场“灾祸”。盐刺激蛋白的蛋白质变性，凝固的蛋白像麻丝一般补上了裂缝。

最后蛋煮好了。用勺把它从水中捞出来，在它还湿的时候试着碰碰它。当然它很热，但还是可以把它握在手里。然而随着蛋

① 当然，烹饪不是精确科学，时间可能与这些估计有别。

② 更大的危险性来自蛋内的空气包。在大头扎一小孔放掉空气，可防止破裂。——A. A.

壳干起来，这越来越困难了。很快蛋完全干了，可同时也烫得握不住了，为什么？

回答了这个问题后，试着剥掉蛋壳。你将发现壳粘在蛋上，弄不好连着一块块蛋白剥下来。你应当把刚煮好的蛋放进冷水里来避免这种现象。蛋壳和蛋白具有不同的热膨胀系数，蛋白会更快地收缩从而与壳分离。

我们已经见证了力学、流体力学和分子物理学的定律如何在一只普通鸡蛋的行为中表现出来，但它能帮助我们观察电现象吗？想想一只在微波炉里加热的鸡蛋为什么会爆炸。这是因为蛋受到电磁场的突然加热。还有一种不那么危险[①]的电现象可以在我们这位“主角”的帮助下来观察。蛋壳是电介质。让我们学学法拉第，他曾在演示静电时利用过这种性质。

拿一只新鲜鸡蛋，在蛋的两头各打一个小孔，一个比另一个稍小些。然后用一只长针刺破蛋黄并在里面搅动，直到蛋液易于流动。你现在从较小的那个孔吹气，里面的液体会流出来，剩下一只几乎完好无损的空蛋壳。把它洗净晾干。现在准备好了！

拿一个带电物体（比如一把你刚梳过你干燥头发的梳子，或者一根与干燥的羊毛摩擦而带电的胶木棍）靠近它。静电力将吸引空蛋壳，蛋壳跟着梳子，就像一条忠实的狗跟着它的主人。

这个游戏结束后，你可以把空蛋壳变成一部小喷气引擎。用一块泡泡糖封上较大的孔（一位真正的实验家能够变废为宝，什么东西都派得上用场），然后在蛋壳内注入一半体积的水[②]。把这个容器放在轮子可自由转动的小车上，如图18-3所示。再在蛋壳下放一块固体酒精并点燃它。很快水就沸腾了，蒸汽从较小的孔逸出。依照喷气推进原理，这将引起小车向相反的方向跑。

我们已经讨论过如何鉴别老煮蛋和生蛋，但可以不打破蛋就

---

① 英语中危险一词为hazardous，据说英语中只有另外三个词的结尾是“dous”。它们都是常用的。试找出它们！——D. Z.

② 改变顺序，如必要。

鉴别它新鲜还是坏了吗？当然。把它放在一杯水里（图 18-4）就成了。

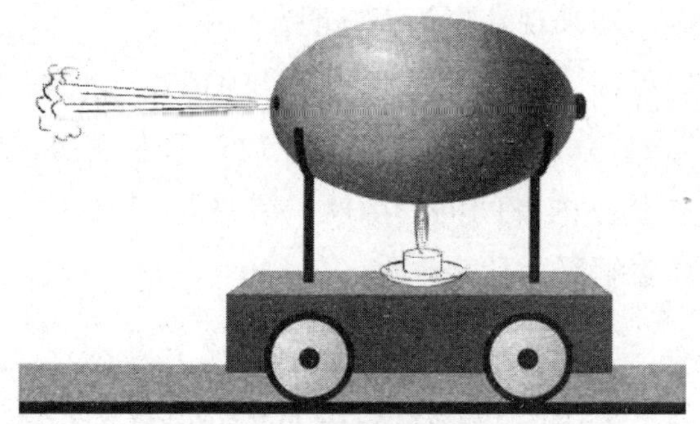

图 18-3　蛋推进的喷气小车

图 18-4　蛋越陈越浮

一枚几天前才下的新鲜鸡蛋马上沉到杯底。一枚一星期前下的蛋垂直待在水下，不一会儿便升到水面。一枚坏了的蛋（如三星期或更长）将浮到水面，甚至还突出水面。原来，随着蛋变"陈"，它的白和黄开始变质和干掉。结果产生气体（氢的硫化物），有些气体与少些水蒸气一起通过壳上的细孔排出，其余的留在里面。这些过程使蛋的质量减小，而它的体积保持不变，于是蛋变成浮体了。

这种方法很麻烦——每次你买鸡蛋都要提一桶水到店里去。一个比较简单的方法是对着明亮的光源观察鸡蛋。如果光透过蛋，那它多半是新鲜的。否则一定坏了。就是那氢硫化物使得坏了的蛋不透明。很久以前杂货铺里甚至有检测鸡蛋的专用器具，叫做蛋镜。那种器具上面是一块开有蛋形洞的木板，用来放受试的蛋，下面有一盏灯，用来观察蛋是否透明。

最后，你可以玩一玩下面这个漂亮的把戏。把两只蛋座（egg holder）并排放在一起，在其中一只里放一只老煮蛋。现在尽你所能使劲向蛋和蛋座内壁间的缝隙吹，蛋将跳到另一只座里。在成功几次后，试着解释为什么！

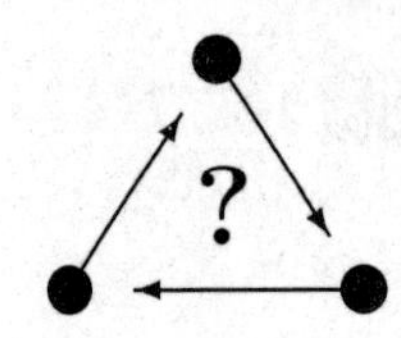

为什么我们的蛋壳喷气引擎上的泡泡糖封不融化？

第19章 通心粉，意大利面条和物理学

如果娜西塞斯变做了花，

我要变成通心粉。

——斯格鲁特恩迪奥①

谁都知道许多关于意大利面条的事，许多人还在家里做过意大利面。可你曾想过在煮面的锅里发生的物理过程——其结果是产生符合意大利标准的“正确”烹煮的“面条”——吗？你有没有问过自己，当面条漂在沸水中时它们内部发生了什么？为什么我们应当遵守包装上指示的烹煮时间？为何对不同种类的面条烹煮时间要不同呢？烹煮时间如何依赖于面条的形状（不同直径的经典意大利面条）？烹煮时间与地点有关吗？你是在海边还是在高原上煮面？为何一根生面条折弯过来时几乎总不断成两段，而是断做三或四段？为何在煮意大利面时面条从不打结？如果你已经有了调味酱，如何选择面条种类以便做出热气腾腾和可口的食物来？

下面我们将讨论一些关于意大利面条烹煮过程的物理知识，并回答那些感兴趣的听众在等着面条开锅时可能产生的问题，他们正等着一顿丰盛的晚餐呢！

19.1 意大利面的历史及其制作一瞥

与流行的说法相反，面条并非马可波罗在中国旅行后（1295

① Fellippo Sgruttendio，18世纪拿坡里诗人。

年）带到西方的。事实上，它的历史在地中海沿岸老早就开始了。它始于史前人放弃了游牧生活开始定居并种植谷物以获取食物的时候。旧约里《创世纪》和《立王纪》篇提到了第一块在灼热的石头顶上烘烤的扁平面饼。公元前第一个千年，希腊人已经制作薄层面饼，他们叫它“laganon”。这个词以“laganum”的形式进入古罗马，很可能是现代词“宽面条”（lasagna）的词源。

伊特拉斯坎[①]人也贮存薄层面条。随着罗马帝国的壮大，面食开始在整个西欧流行。应部落迁徙时期运送食物之需，面条成了谷物制品的一种重要保存方法。在西西里，面条是阿拉伯人在10世纪征服这个岛屿时传入的。西西里叫做“trie”的面条或许可以视为意大利面的始祖。它做成细条，名字来自阿拉伯词“itryah”（扁平面饼切割成条）。巴勒莫的居民在第二个千年初开始制作面条。根据一份经热那亚公证人检验的详细遗嘱，我们可以断言，1280年时利古里亚[②]已经食用通心粉。从意大利文学史可知，面条吸引了许多作家如Jacopone da Todi[③]、Cecco Angiolieri[④]、Felippo Sgruttendio的注意。最后，在Boccaccio[⑤]的*Decameron*中，通心粉成了精美饕餮食物的象征。

意大利第一个制面者同业公会成立于16世纪，它有自己的章程，受到政界和公众的承认。当时通心粉被认为是富人的食物，特别是在不种植硬质小麦的省份（如拿坡里）。机械压制的发明降低了生产成本和产品价格。结果到了17世纪，面条变成了所有社会阶级消费的日常食物，普及到地中海盆地的所有国家。拿坡里成为通心粉的一个主要制造和出口中心。在拿坡里，每个街角都

---

① 大体相当于今塔斯卡尼的古意大利地区。——译者

② Liguria，意大利西北沿海地区，旅游胜地，以其美丽海滩、风景如画的小镇和美味佳肴著称，首府即热那亚（Genova）。——译者

③ Jacoponi da Todi（1236～1306），意大利宗教诗人和神秘主义者。——译者

④ Cecco Angiolieri（1260～1311），意大利诗人。——译者

⑤ Giovanni Boccaccio（1313～1375），意大利诗人。*Decameron*（《格勒霍特王子》）是他最重要的作品，对欧洲文学有重要影响。——译者

卖罗勒西红柿酱拌面或擦丝奶酪盖浇面。在意大利北部，面条在19 世纪末变得普遍，这主要归功于巴雷拉（Pietro Barilla），他在帕尔马开了一家小工厂，后来成为意大利主要的食物企业。

生产意大利面的现代方法基本上都是挤（从孔中挤出）和拉。挤压最初是为制造具有特定截面的长金属部件发明和使用的（图19-1）。挤压加工利用材料的流动性，通过加压将材料推过一个刚性硬模，在冷或热的条件下都可以使用。拉是一个类似于压的过程，唯一的差别是，在拉的情形下，材料被挤压通过位于容器出口处的硬模，因此变成一个拉伸而非压缩的过程。这种方法在金属加工业中用来制造圆柱、线和管材。它可以制造直径小至 0.025 毫米的金属线。可用挤压加工的材料有聚合物、陶瓷和食物。用于生产意大利面条的硬模示于图 19-2。

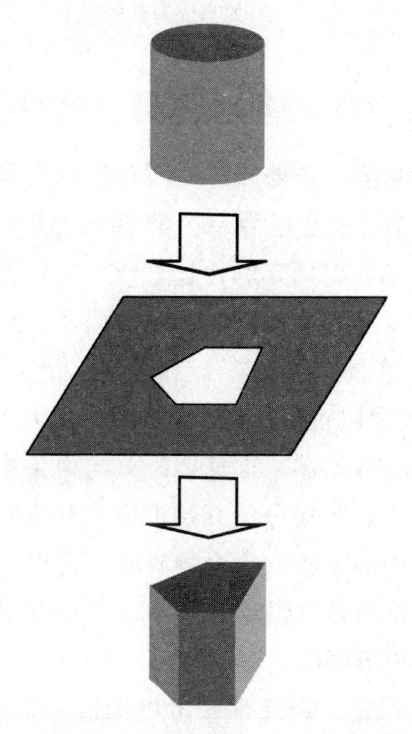

图 19-1　挤压加工利用流动性，并通过加压将材料推过一个刚性硬模

图 19-2　意大利面硬模

19.2　煮意大利面条的科学方法

在讲这个问题前，先要知道煮面条过程中发生些什么。在面粉中，淀粉分子聚合成直径为 10～30 微米的颗粒，它们又被不同种类的蛋白质包围。在面条制作过程中，两种蛋白质（麸朊和谷朊）与水结合，连接成连续的网，叫做面筋。它强韧，对水分子的渗透性很低。这种网覆盖了淀粉颗粒。烹煮时间与淀粉分子（在面条干燥过程中被面筋包围）吸收水的能力直接相关。面条一进入沸水锅，水就开始渗入面筋网络并向面条中心扩散。在大约 T_g＝70℃的温度上，淀粉分子开始形成一种阻碍吸收水的凝胶状化合物。当面条中的凝胶状化合物吸收了足以令其变软的最少量的水时，面条被认为是“耐嚼的”。因此，为了煮好面条，必须向原来干燥的面条内部供应热水。

依照上面的讨论，物理学家可以构造一个煮面过程的模型。设将一直径为 d、扩散系数为 D 的均匀圆柱体（面条）放进沸水锅里（在海平面上 $T_b=100℃$）。什么时候水通过扩散过程达到面条的中心呢？[①]

扩散过程由一个复杂的偏微分方程描述

$$\frac{\partial n(r,t)}{\partial t}=-D\frac{\partial^2 n(r,t)}{\partial r^2} \tag{19-1}$$

式中，$n(r,t)$ 是点 $r(x,y,z)$ 在时刻 t 的水浓度。设外部温度固定为 T_b，这意味着圆柱体的表面温度在任意时刻都是 T_b。令 τ_0 是圆柱体中心轴上的水浓度达到值 n_0 的时刻。

理论上，式（19-1）可以精确求解，但我们假定读者可能不熟悉偏微分方程理论，所以我们将用量纲分析来获得 τ_0 的必要公式。比较方程式（19-1）左右两方的量纲得

$$\frac{[n]}{[t]}=[D]\frac{[n]}{[r]^2} \tag{19-2}$$

或

$$[t]=[D]^{-1}[r]^2 \tag{19-3}$$

在我们讨论的问题中，唯一具有长度量纲的物理量是圆柱体的直径 d。扩散系数 D 的量纲是米^2/秒，同时在式（19-3）的右方我们没有时间量纲的其他来源。因此，扩散系数应以 $[D]^{-1}$ 的形式进入我们所求的 τ_0 表示式。这样，直径 d 应以 d^2 的形式出现在 τ_0 的表达式中

$$\tau_0=ad^2 \tag{19-4}$$

系数 a 具有扩散系数倒数的量纲。它主要决定于 D 值，但也有赖于无量纲的温度比 T_b/T_g[②]。淀粉的凝胶化温度 T_g 是常数，沸点温度 T_b 则有赖于烹煮地点相对于海平面的高度。这样，系数 $a=a(H)$ 依赖于高度 H，因而烹煮时间 $\tau_{sp}=\tau_{sp}(H)$ 也依赖于高度。包装上建议的烹煮时间对应的是海平面高度，$T_b=100℃$。在高海拔地区，水的沸点较低，煮的时间应该延长。在珠穆朗玛峰

---

① 这里我们略去了冷的面条放进水时水温的降低。热传导过程比扩散快且由同类的方程式描述。

② 前一脚注指出，我们忽略了圆柱体的热传导过程，只考虑热水的扩散。因此面条的初始温度（室温）没有影响。

的极端情形下（高度 8848 米[①]），$T_b=73$℃，这非常接近 T_g，面条根本煮不熟。

我们已经找到了 τ_0 的公式。但是为了满足不同国家吃面条者的爱好，留给他们选择“耐嚼”和“熟透”的自由，我们在烹煮时间 τ_{sp}的最后公式中加入一个常数 b，即

$$\tau_{sp}=ad^2+b \tag{19-5}$$

式（19-5）的第一项决定热水扩散到面条芯子的时间，第二项告诉我们那里的淀粉分子形成凝胶状化合物的程度。对于爱好“耐嚼”面条的意大利人来说，整根面条的淀粉凝胶过程尚未完成，面条芯子仍然比较硬。对于他们来说，系数 b 是负的。有些国家的人相信面条该煮熟，所以他们煮面条的时间要显著大于包装上建议的数值[②]。

现在让我们去超市购买各种圆柱形面条：capellini，spaghettini，spaghetti，vermicelli，bucatini。表 19-1 列出了包装上建议的烹煮时间——“烹煮时间（实验）”那一列。然后用卡尺测量它们的直径并填在同一表中“直径，外/内”那一列。

表 19-1

面条种类	直径，外/内/毫米	烹煮时间（实验）/分钟
capellini No. 1	1.15/—	3
spaghettini No. 3	1.45/—	5
spaghetti No. 5	1.75/—	8
vermicelli No. 7	1.90/—	11
vermicelli No. 8	2.10/—	13
bucatini	2.70/1	8

① 根据 2005 年国家测绘局公布的数据，高度为 8844.43 米。

② 让我们指出，所得意大利面烹煮时间 τ_{sp}的结果是著名的 Fick 定律的一个特殊情形，该定律表达了一个球对称的物体（一块肉、感恩节火鸡等）烹煮时间与其质量 M 的关系

$$\tau_c \sim M^{2/3}$$

事实上，式（19-1）是通过扩散方程的量纲分析得到的。后者与热传导方程具有同样的形式（用热传导代扩散系数，用局域温度代局域浓度）。这样的分析也可成功地应用于球对称物体的情形并给出与 Fick 定律同样的结果（烹煮时间）

$$\tau_c \sim d^2 \sim M^{2/3}$$

为了找到系数 a 和 b 的数值，只要用表 19-1 的两行数据写出式（19-5）并解它们就够了

$$t_1 = ad_1^2 + b$$
（19-6）
$$t_2 = ad_2^2 + b$$

我们选择 spaghettini No. 3 和 vermicelli No. 8 为参考，得到

$$a = \frac{t_2 - t_1}{d_2^2 - d_1^2} = 3.4\ 分钟/毫米^2$$

$$b = \frac{d_2^2 t_1 - d_1^2 t_2}{d_2^2 - d_1^2} = -2.3\ 分钟$$

包装上建议的烹煮时间对应于“耐嚼”的面条。我们看到对于意大利人来说，b 果然是负的。

有了系数 a 和 b 的数值，我们就可以检验我们的公式对其他种类的圆柱形面条是否合适。我们的计算结果列在表 19-2 中。可以看到，它们与实验数据相符甚佳，除了表两头的 capellini 和 bucatini。

表 19-2

面条种类	烹煮时间（实验）/分钟	烹煮时间（理论）/分钟
capellini No. 1	3	2.2
spaghettini No. 3	5	5.0
spaghetti No. 5	8	8.1
vermicelli No. 7	11	10.1
vermicelli No. 8	13	13.0
bucatini	8	22.5

这是理论物理学中典型的情形：一种理论的预测有一个正确范围，这与这种理论所采取的简化假设相对应。例如，让我们来看表中最后一行。对于 bucatini，理论与实验值之间的差别甚大，两者分别是 22.5 分钟和 8 分钟。这种矛盾反映了一个重要事实：在所有均匀圆柱形面条（capellini，spaghetti，vernicelli）中，粗细变化的可能范围非常窄，只有 1 毫米。不错，我们按均匀圆柱体近似计算出的 bucatini“耐嚼”时间是 22.5 分钟，事实上这个时间将

把这么粗的“实心面条”的周围煮得稀烂。

经验告诉了我们如何把这么粗的面条做得好吃的办法：应当沿面条的轴做一个孔。在烹煮过程中，水进入孔中，也就不再需要向芯子供水了。我们可以通过在外径中减去内径来修改式(19-5)，于是理论结果立刻变得接近于实际了

$$t=a\,(d_{ext}-d_{int})^2+b\approx 7.5\text{ 分钟}$$

但要记住，面条中的孔不能小于 1 毫米，否则由于毛细压力

$$P_{cap}=\frac{4\sigma\ (T=100℃)}{d_{int}}\sim 200\text{ 帕}$$①

水不能进入孔内。200 帕相当于没过面条数厘米的水的压力。

理论对实际的另一偏离发生于非常细的面条的情形中。这种误差的原因是明显的：要煮“耐嚼”的面条，我们选择 b 为负值，即 $b=-2.3$ 分钟。形式上，这意味着存在一种细到不用煮即可“耐嚼”地食用的面条。相应的临界直径 d_{cr} 可由下面的关系确定

$$\tau_{cr}=ad_{cr}^2+b=0$$

由此得

$$d_{cr}=\sqrt{|b|/a}\approx 0.82\text{ 毫米}$$

我们看到，capellini 的直径（1.15 毫米）实际上距这个临界值不远，故表 19-2 中 capellini 烹煮时间的低估是我们模型的这种局限的结果。

19.3 面条打结

煮着的面条在热水中互相纠缠，形成复杂的线团，但本书作者从未见过面条自行打结。这种现象的缘由可从统计力学的一个新领域学到：聚合物统计学。

一条长聚合物链自行打结的概率决定于下式②

① 见 58 页脚注①。
② A. V. 感谢 A. Y. Grosberg 介绍了打结理论。

$$w=1-\exp\left(-\frac{L}{\gamma\xi}\right)$$

式中，L 是聚合物全长，ξ 是聚合物改变方向 $\pi/2$ 的特征长度，$\gamma\approx300$，是一个大因子，得自某些理论模型和数字建模的结果。把这个公式应用于面条，取 $\xi\approx3$ 厘米，我们可以得到自打结概率变得显著（$w\sim0.1$）时的长度 $L_{\min}$

$$\exp\left(-\frac{L_{\min}}{\gamma\xi}\right)\approx0.9$$

由此得

$$L_{\min}\approx\gamma\xi\ln1.1\approx1\text{ 米}$$

意大利面条的标准长度为 23 厘米，没有长到打结的地步。

19.4　折断一根意大利面条

在本章开头我们就提到过意大利面条机械弯曲的性质。捏住一根面条的两头，将它弯成一只弧，逐渐增大其曲率。你定会预料，它迟早会从靠近中间的地方断成两截。可是这一回我们的直觉错了：几乎永远断做三截或更多截。

面条的这种反常行为吸引了许多科学家的注意，费曼[①]是其中之一。但是，直到不久前，在 2005 年，由于两位法国物理学家奥杜比（Auduly）和纽克尔奇（Neukirch）的研究，才有了对这种现象的定量描述。

这两位科学家研究了细弹性棒弯曲变形的效应。他们写出描述一根两端固定的弯曲弹性棒上张力分布的微分方程（所谓基尔霍夫方程）。然后他们研究在突然放开一端后张力沿棒分布发生的变化。他们只得到一个数字解，但仍提供了对过程的基本认识。定性说来，这可以解释如下。

让我们假定，由于外施机械应力，第一次断裂发生在棒上某

① Richard Feynman（1918～1988），著名美国理论物理学家，1956 年获诺贝尔物理学奖。——译者

点（最弱处）。看来，断裂后两部分都应回到它们的平衡位置。这不错，但转移到平衡位置以很不寻常的方式发生。第一次断裂在棒的两截中都产生弯曲波，它们开始沿每一截传播。当然，这类弯曲波（由第一次断裂产生）将随时间衰减，但在棒长与其弹性模数的某个比值上，波传播可引起棒继续断裂。事实上，这种波的传播意味着局部弯曲应力沿棒的周期性增大和减小。重要的是，弯曲波是在已经存在的棒的初始均匀弯曲的背景上传播的，后者的释放比起弯曲波的周期来要慢得多。这两个准静态和动态应力相加的结果，在和值超过临界值的点上可能再次引发断裂。值得一提的是，经过复杂的计算后，研究者用高速摄像机拍摄了面条断裂的实验研究过程（图 19-3），从而证实了他们的理论结论。

图 19-3　意大利面条断裂的快照

在煮面条的时候，你不妨拿几根干面条用实验证实奥杜比和纽克尔奇的发现[1]。

---

[1] 译者曾用墨西哥产的 Allegra 牌 Spaghetti No. 8 意大利面条做过实验，绝大部分实验中面条都断做 3 段或 4 段，但也偶有断做两段的情形。——译者

第20章 等着水开

爱丽丝有了一个聪明的念头。

“那是把这么多茶具都摆出来的理由吗”，她问。

“是的，就是”，那个哈特尔说，叹了口气。

“老是喝茶时间，我们都没时间在间歇中洗那些杯盘。”

——卡罗尔[①]，《爱丽丝梦游奇境》

在一些厚厚的东方手稿里，还有一些特别的书里，都有饮茶仪式的详细描述。但是，若我们从一个非常规的角度来看待饮茶的过程，一定会发现一些有趣和极富启发的物理景观，即使在最受人尊敬的烹饪“圣典”里也没有讲到过它们。

让我们先来做下面的实验。拿两把一样的水壶，每把壶里放一样多的冷水（同样的起始温度），把它们放在同样功率的炉子上，一把受试的壶加盖，另一把敞开。哪把壶先开？任何一位家庭主妇（决无冒犯家庭主妇智慧的意思）都会马上告诉你正确的答案。如果她要水快点热，她就会把壶盖盖上，并告诉你盖上的那把壶先开。不过且慢，不要想当然，让我们用实验来检验我们的假设，等着水开了，然后再讨论观察到的结果。

---

① Lewis Caroll（1832～1898），英国作家和数学家Charles Lutwidge Dodgson的笔名，*Alice's Adventure in Wonderland* 和 *Through the Looking Glass* 是他最著名的作品，开现代儿童文学的先河，风靡全世界至今不衰。他的作品有多种中译版本，如《爱丽丝梦游奇境》，冷杉译，中国社会科学出版社，2010。——译者

同时，在两把壶热起来的时候，我们把第三把一样的壶放到第三只炉子上，水量和起始温度与前两把壶一样，炉子的功率也一样。现在，我们想要设法使这第三把壶里的水比另外两把更快地开起来。怎样才能更快地把这把壶里的水温提高呢？最简单的方法莫过于把一个额外的加热线圈放到里面。让我们假设手边没有这件东西。或许我们需要在壶里加些热水以便更快地达到沸点？但事与愿违，结果正好相反。为了证明这一点，让我们假设原来质量为 m_1 和温度为 T_1 的水不与加入的水（质量为 m_2，温度为 T_2）相混合，也不与之交换热量。为了煮开壶里原有的水所需的热量为 $Q_1=cm_1(T_b-T_1)$，式中 c 为水的比热容。但现在，除了这一能量，质量 m_2 的水也必须加热到同样的温度，故所需的总热量为

$$Q_1=cm_1(T_b-T_1)+cm_2(T_b-T_2)$$

即使你把沸水灌入壶里，加进去的水在灌注过程中由于热传递也会有所冷却，其温度将降至 T_b 以下。同一把壶里的两部分水不相混合的假设虽很天真，却显然毫不影响系统内能量守恒的定律，倒使我们能够更快和更简单地处理这个问题。

当我们最后放弃在第三把壶里加热水的主意时，前两把壶开始嗞嗞作响了。这种熟悉的嗞嗞声背后的物理机理是什么呢？它的特征频率又是多少？接下来我们将来回答这些问题。

产生这种呼啸声的第一个可能的原因是从容器（壶）的壁和底上升的气泡在水中激发的振动。在任何实际表面上，总是存在着各种细缝和其他的瑕疵，气泡就在这些地方开始形成。在水开始沸之前，气泡的典型大小约为 1 毫米（沸腾后可达 1 厘米）。要估计微开的水所产生的声的频率，我们需要知道气泡从底上释放需要多少时间。这个时间实际上度量了每一个气泡上升时水所经受的推动的长度，因而也决定了它们所激发的振动的周期。依照我们的假设，所求的频率与此时间成反比：$\nu\sim\tau^{-1}$。

初生的气泡待在底部时，有两个力作用于它[①]：阿基米德浮力 $F_A = \rho_w g V_b$（式中 V_b 是气泡的体积，ρ_w 是水的密度）把它向上推，同时表面张力 $F_s = \sigma l$ 使它依附于表面（l 是气泡与表面接触面的长度）。随着气泡增大（V_b 增大），阿基米德浮力也增大，在某一时刻它超过了表面张力，气泡于是“起飞”，开始其向上的旅程（图 20-1）。因此，作用于气泡的合力在起飞阶段应为 F_A 的量级。而气泡在水中的加速度当然不是由它自身可以忽略的质量（主要是气泡内空气的质量）所决定，而是由运动所涉及的水的质量所决定。对于球形气泡，这个所谓的缔合质量为 $m^* = \frac{2}{3}\pi\rho_w r_0^3 = \frac{1}{2}\rho_w V_b$（$r_0$ 是气泡的半径）。

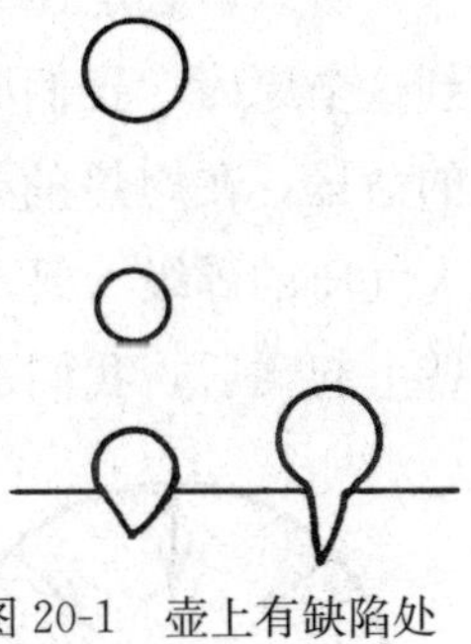

图 20-1　壶上有缺陷处形成的气泡起先被表面张力保持在原处

这样，我们得到初始阶段气泡的加速度为

$$a \sim \frac{F_A}{m^*} = 2g$$

现在我们可以计算气泡的释放时间。（再次为了简单起见）假设其为匀加速运动，那么气泡将在

$$\tau_1 \sim \sqrt{\frac{2r_0}{a}} \sim 10^{-2}\text{秒} \tag{20-1}$$

时间内爬升到与它的大小可以比较的高度。

这样，气泡起飞时产生的声的特征频率应等于 $\nu_1 \sim \tau_1^{-1} \sim 100$ 赫兹[②]。这似乎比壶在炉子上加热时（早在水开之前很长时间）我们听到的嗞嗞声要低一个量级[③]。

---

① 我们忽略泡的微小重量。

② 老式收音机的哼鸣声（“交流声”）在 100 赫兹的频率范围内。——A. A.

③ 注意，表面张力没有进入式 (20-1)。这以某种方式表明，气泡不但在离开容器表面时，也在上升的加速运动期间产生声。这要持续到浮力被黏滞摩擦所抵偿之时，后者与速度成正比。

所以，必定还有其他的原因引起水在加热时的咝咝声。要找到这个原因，我们必须仔细观察气泡在离开它赖以产生的表面后的命运。在灼热的壶壁（或壶底）上，气泡内的蒸汽压强大约是大气压的等级（要不然它就不会膨胀到向上运动的程度），所以从壁上起飞后，我们那位主角匆匆进入较高、自然也是较冷的水层。故气泡内的饱和水蒸气冷却，引起气泡内压力降低，不再能够抵偿作用于这可怜的气泡的外部水压。结果，受挤压的气泡坍缩或变得很小（这发生于气泡内除了蒸汽以外还有一点儿空气的情形）（图 20-2），在水中产生一个声脉冲。大量的气泡在向水面运动途中消失或变小的过程确是我们听到咝咝声的原因。现在，我们当然要估计其频率。

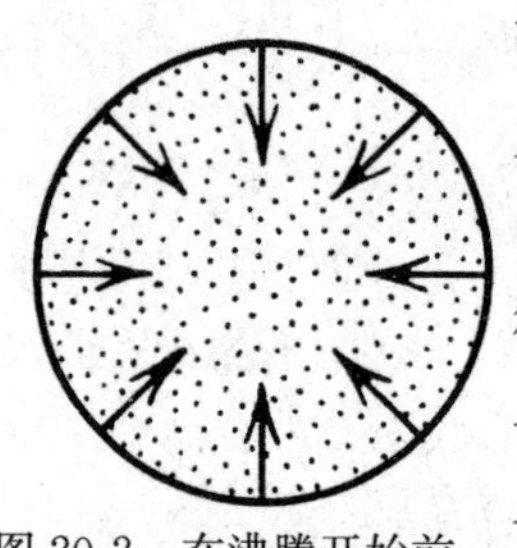

图 20-2 在沸腾开始前，数以百计的微小泡泡坍缩，发出水壶歌声

由牛顿第二定律，对于气泡坍缩时涌进气泡的水的质量 m，我们可以写出

$$ma_r=F_p=S\Delta P$$

式中，$S=4\pi r^2$ 是气泡的表面积，F_p 是挤压气泡的总压力，ΔP 是气泡膜内外的压强差，a_r 是气泡膜向内的加速度。很明显，“挤压”过程所涉及的质量应和气泡体积与水密度的乘积同一量级：$m\sim\rho_w r^3$。于是我们可以重写牛顿方程如下

$$\rho_w r^3 a_r\sim r^2\Delta P$$

进一步，忽略气泡表面曲率引起的压强变化和可能陷在气泡内的些微空气，我们将视 ΔP 为常数（更准确地说，只依赖于壶内底层与表层的水温差）。现在，计算加速度 $a_r=r''\sim r_0/\tau_2^2$（式中 τ_2 是我们正在寻求的“坍缩”时间），我们得到

$$\rho_w\frac{r_0^2}{\tau_2^2}\sim\Delta P$$

由此得

$$\tau_2\sim r_0\sqrt{\frac{\rho_w}{\Delta P}} \tag{20-2}$$

在 $T_b=100$℃附近，温度每降低 1℃，水的饱和蒸汽压约降低 3×10^3 帕（表 20-1）。因此我们设 $\Delta P\sim10^3$ 帕，由此有 $\tau_2\sim10^{-3}$ 秒，于是得噪声频率为 $\nu_2\sim\tau_2^{-1}\sim10^3$ 赫兹。这个结果已经大为接近我们的耳朵听到的数值了①。

表 20-1　饱和蒸汽压与温度的关系

温度/℃	96.18	99.1	99.6	99.9	100	101	110.8
压力/千帕	88.26	98.07	100	101	101.3	105	147

还有一个事实支持上述机理解释了水壶的噪声，即依照式（20-2），它的特征（高）频率随温度升高而降低。在水将开之前，即便在上层的水中，气泡也停止坍缩。那时只剩下从壶底上升的气泡所产生的声音了。当水快要开时，“声调”的频率显著降低，但在水最后开了时，壶的“声音”可再次改变，特别是如果你打开了盖子：现在你听到的汩汩声是气泡在水面破裂产生的，音的高低也与水的高度和壶的形状有关②。

现在我们已经确定，在水开前壶发出的噪声与数以百计的蒸汽泡有关，这些气泡从灼热的壶底向水面走，遇到上层较凉的水时破灭。如果你用一把透明的玻璃壶来煮水，所有的过程就可以看得一清二楚。但是，我们不要太自鸣得意，以为是我们首先破解了水壶唱歌的秘密。早在 18 世纪，苏格兰物理学家布兰克③就研究了这种现象，并确定声音是向水面上升的气泡和容器壁的振动两者的“二重唱”。

这会儿，第一把受试壶（那把有盖的壶，我们预言它是赢家，记得吧?）里的水开始沸了。从壶嘴喷出的蒸汽毫无疑义地宣布了这一时刻。蒸汽流的速度能有多大？我们可以解决这个问题（老

① 依照图 20-3，温度下降（以及相应的压强差 ΔP 和频率 ν）可达较高的量级。——A. A.

② 另一个支持这种机理的论据是，发泡饮料中的气泡不发出我们正在讨论的那种声音。它与沸水的差别是充二氧化碳的气泡不会坍缩。——A. A.

③ J. Black（1728～1799），苏格兰物理学家和化学家。他首先指出热和温度的差别，并引入热容的概念。

实说，这不太难）。在稳定的沸腾期间，供应壶的全部能量都消耗于水的蒸发。让我们假设，蒸汽逃逸的唯一出路是通过壶嘴。再令在 Δt 的时间内蒸发掉的水的质量为 ΔM。那么我们可以写出下面的平衡方程

$$r\Delta M = p\Delta t$$

式中，r 是蒸汽的比热容（单位质量的热量），p 是炉子的功率。在同一时间 Δt 内，同样的质量 ΔM 通过壶嘴离开了壶，要不然蒸汽就会积累在壶盖下面。如果出口面积（壶嘴的垂直截面）等于 s，蒸气密度为 $\rho_s(T_b)$，所求的速度为 v，我们有下列关系式

$$\Delta M = \rho_s(T_b)\ sv\Delta t$$

从饱和蒸汽密度表[1]中，可以查得 $T_b = 100℃$ 时的饱和水蒸气密度 $\rho_s(T_b) = 0.6$ 千克/米^3。如果你手边没有一张适当的表，你可以使用克拉贝龙-门捷列夫气体定律[2]

$$\rho_s(T_b) = \frac{P_s(T_b)\ \mu_{H_2O}}{RT_b} \approx 0.6\ \text{千克/米}^3 \qquad (20\text{-}3)$$

这样，从壶嘴逸出的蒸汽速度为

$$v = \frac{pRT_b}{rP_s(T_b)\ \mu_{H_2O}s}$$

以 $p = 500$ 瓦，$s = 2$ 厘米^2，$r = 2.26 \times 10^5$ 焦/千克，$P_s(T_b) = 10^6$ 帕和 $R = 8.31$ 焦/（1°·摩尔）代入上式后，我们得 $v \sim 1$ 米/秒。

此刻，第二把壶里的水终于开了。它显著落后于胜利者。把它从炉子上拿下来时你得非常小心。如果你去提它的把，很容易把自己烫伤（我们相信，读者知道在任何实验中安全都是第一位的）。我们的下一个问题正事关安全：蒸汽和沸水，哪个烫人更厉

① 由水的饱和蒸汽压和饱和密度表可见，例如，百度文库。——译者

② 气体密度 ρ 的表达式可从理想气体的状态方程 $PV = \frac{m}{\mu}RT$ 得到，式中，P、T 和 m 各为密闭于体积 V 内的气体的压力、温度和质量。由此式容易得到

$$\rho = \frac{m}{V} = \frac{P\mu}{RT}$$

式中，μ 是气体的分子量，R 是每摩尔（克分子）的气体常数。

害？如果要在这个问题上加上必要的物理约束，我们可以这样说：一定质量的蒸汽与同样质量的沸水，哪个烫人更厉害？

假定在壶盖下有 $V_1=1$ 升的饱和蒸汽。再设在打开壶盖后1/10的蒸汽凝结在一只不幸的手上。我们已经知道在 $T_b=100$℃时水蒸气的密度为 0.6 千克/米^3，故凝结于手上的水的质量 $m_s\approx$ 0.06 克。在凝结及随后水从100℃冷却至室温 $T_0=20$℃期间产生的热量将是 $\Delta Q=rm_s+cm_s(T_b-T_0)$。因为 $c=4.19\times10^3$ 焦/千克和 $r\approx c\times540$℃[①]，大约需要比蒸汽多十倍的沸水才能产生同样的热效应！此外，蒸汽烫伤的面积总是比倒在表皮上的热水要大得多（因为蒸汽分子高得多的活动性）。所以，对以上问题的回答是：蒸汽毫无疑问比同样温度的沸水危险得多。

在作了所有这些危险评估后，我们偏离原来的两把水壶的实验有点太远了。首先，为何开着的壶需要长得多的时间才开始沸呢？让我们更仔细地考虑这一现象。答案几乎是不言而喻的：在加热过程中，水的最灵活的分子（具有较高的速度）能够容易地从开着的壶中逃逸，从留在壶里的水中偷走一些能量，从而有效地冷却了它（这个过程就是蒸发）。故在此情形下，炉子不但在供给把水加热到沸点温度的能量，同时也在供应一部分水蒸发所需的能量。于是很清楚，开着的壶必定要比盖着的获取更多的能量——更多的时间，因为炉子的功率是一定的。在盖着的壶内，那些灵敏的逃逸者别无选择，唯有积聚在盖下，形成饱和水蒸气，最后回到水里，把偷走的多余能量带回来。

然而，在上述效应的同时，还发生两种相反的效应。第一，在蒸发过程中，需要被加热到 T_b 的水的质量减少了一些。第二，在开着的壶中，水面上的压力是大气压，因此沸腾过程精确地始于 100℃。在盖着的壶中，因为充满了水，蒸汽不能从壶嘴跑掉，

---

① 水的蒸发热为 539 千卡/千克 $=22.5\times10^5$ 焦/千克，即水比热容（1 千卡/千克 $=4.18\times10^3$ 焦/千克）的 539 倍。——译者

水面上的压力将因强烈的蒸发而增大。注意，现在它是盖下面少量空气和蒸汽的压力之和。由于外部压力的增大，沸点温度也将增高，因为它决定于气泡内饱和蒸汽压与外部压力的平衡。那么在这些因素中究竟哪个才是决定性的呢?

每次出现这种不确定性时，我们应当作精确的计算，或至少估计有关效应的量级。所以，让我们首先估计水开始沸腾前从开着的壶中逃逸的水量。

液体中的分子强烈地互相作用。在晶体内，分子的势能比它们的动能大得多，而在气体中，动能是主要的。在液体中，势能和动能具有同样的量级。故液态下的分子大部分时间都在某个“规定的”平衡位置附近振动，但偶尔也会跳到一个不同的邻近平衡位置。“偶尔”的意思是指远大于围绕平衡点振动周期的一段时间，但在我们通常的时间尺度上，这种跳跃的发生十分频繁：在一秒钟内一个跳来跳去的液体分子可改变其平衡位置数十亿次!

但不是每一个恰好在液面附近游荡的单独的分子都能从液体中逃逸出来。为了让自己获得自由，这样的分子必须花费某些能量来对抗相互作用力做功。我们可以说，一个水分子的势能比一个蒸汽分子的势能小，差值等于蒸发热。这样，若 r 是蒸汽的比热容，每摩尔分子蒸发热是 μr，“分子”蒸发热将是 $U_0=\mu r/N_A$（N_A 是阿伏伽德罗常数[①]）。这一功以消耗分子的热运动动能 E_k 为代价。尽管后者的平均值 $\tilde{E}_k \approx kT$（$k=1.38\times10^{-23}$ 焦/开是玻尔兹曼[②]常数）远小于 U_0，依照分子物理学定律，总有一些分子的动能高到足以克服引力而逃逸。这些极端灵活的分子的密度由下式给出

$$n_{E_k}>U_0=n_0\mathrm{e}^{-\frac{U_0}{KT}} \tag{20-4}$$

式中，n_0 是总的分子密度，e=2.7182…是自然对数的底。

① 见 110 页脚注①。

② L. Bolzmann (1844～1906)，奥地利物理学家，经典统计物理学的开创者之一。

现在让我们忘掉液体内分子的跳跃，把这些高能分子视为气体。这种气体的分子可在一个短时间 Δt 内从液体内部到达表面，只要它的速度向外，并且出发时离表面的距离小于 $v\Delta t$。对于表面积 S，这是从高为 $v\Delta t$、底为 S 的圆柱体内出发的那些分子。为了简单起见，我们假定圆柱体内所有分子的大约1/6向表面运动（即 $\Delta N\approx\frac{1}{6}nSv\Delta t$）。按式（20-4）计算能量大于 U_0 的分子密度，我们得到蒸发率（单位时间从液体逃逸的分子数）

$$\frac{\Delta N}{\Delta t}\sim\frac{nSv\Delta t}{6\Delta t}\sim Sn_0\sqrt{\frac{U_0}{m_0}}\mathrm{e}^{-\frac{U_0}{kT}}$$

式中，我们取 $v\sim\sqrt{U_0/m_0}$。故单位时间从液体带走的质量为

$$\frac{\Delta m}{\Delta t}\sim m_0\frac{\Delta N}{\Delta t}\sim m_0Sn_0\sqrt{\frac{U_0}{m_0}}\mathrm{e}^{-\frac{U_0}{kT}}\tag{20-5}$$

更加有用的是对壶在加热时每1K的温度升高重新计算这一质量。为此，我们应用能量守恒定律：壶在时间 Δt 内从炉子接受热量 $\Delta Q=p\Delta t$（p 是炉子功率），结果水温升高 ΔT，故

$$p\Delta t=cM\Delta T$$

式中，M 是壶内水的质量（我们略去壶本身的热容量）。将 $\Delta t=cM\Delta T/p$ 代入蒸发方程式即式（20-5），我们得到

$$\frac{\Delta m}{\Delta T}=\frac{\rho cSM}{p}\sqrt{\frac{r\mu_{\mathrm{H_2O}}}{N_{\mathrm{A}}m_0}}\mathrm{e}^{-\frac{r\mu_{\mathrm{H_2O}}}{N_{\mathrm{A}}kT}}=\frac{\rho cSM\sqrt{r}}{p}\mathrm{e}^{-\frac{r\mu_{\mathrm{H_2O}}}{N_{\mathrm{A}}kT}}$$

随着水壶的加热，温度从室温升高到沸点373K。但是，我们可以推断（很正确），大部分的质量是在水温已经很高（接近于沸点值）时失去的，所以我们可在上面的指数表达式中取，例如，$\widetilde{T}=350\mathrm{K}$ 为平均温度。我们假设其余的量各为 $\Delta T=T_{\mathrm{b}}-T_0=80\mathrm{K}$，$S\sim10^{-3}$ 米^2，$\rho\sim10^3$ 千克/米^3，$\mu_{\mathrm{H_2O}}=0.018$ 千克/摩尔。把所有这些值代入公式，我们最后得

$$\frac{\Delta m}{M}=\frac{\rho cS}{p}\sqrt{r}\mathrm{e}^{-\frac{r\mu_{\mathrm{H_2O}}}{N_{\mathrm{A}}kT}}(T_{\mathrm{b}}-T_0)\approx3\%$$

这样，在加热到沸点温度时，实际上水的总质量中只有很小一

个百分数离开了壶。这一质量的蒸发要从炉子取走额外的能量，当然会在水达到沸点以前延缓其升温。我们可以计算出，这么多水的蒸发所需的能量大约等于将壶内 1/4 的水从室温加热到沸点的能量。

现在让我们回到那把加盖的壶，更仔细地考虑那些阻抑沸腾的效应。第一个效应（加热过程中水的质量的可能变化）马上可以弃之不顾，因为我们刚刚证明，大约 3％的水的蒸发能量等价于约 25％的水的加热，故煮开加盖壶中 3％多余质量的水所需的热量可以忽略。

第二个效应（盖着的壶内水面上压力的升高）其实也不能起到显著的作用。确实，如果茶壶灌满了水（蒸汽不能从壶嘴逃逸），逾量（相对于大气压）压强显然不能超过盖子的重量除以它的面积，否则盖将开始跳动，从而释放蒸汽。假定壶盖的质量和面积各为 $m_{\text{lid}}=0.3$ 千克和 $S_{\text{lid}}\sim10^2$ 厘米^2，我们可得逾量压强的上界

$$\Delta P\leqslant\frac{m_{\text{lid}}g}{S_{\text{lid}}}=\frac{3\text{ 牛}}{10^{-2}\text{ 米}^2}=3\times10^2\text{ 帕}$$

再次查表 20-1，我们发现，这一压力增高造成的沸点温度偏移不超过 $\delta T_{\text{b}}\sim0.5$℃。故为了使水沸腾，需要额外的热能 $\delta Q=cM\delta T_{\text{b}}$。将此与 $r\Delta m$ 相比，我们发现不等式 $r\Delta m\gg cM\delta T_{\text{b}}$ 成立，两者的比值至少达 30∶1。我们由此可以断言，在加盖且灌满的壶中，水的沸点的升高（在能量上）不能与开着的“秃”壶中水的蒸发相比较。

现在说几句题外话。上面讲的密闭容器内的液体加热时压力增高的现象已被成功地应用在一种叫做“压力锅”（那些还在做饭的人，至少偶尔为之者，大概很熟悉）的设计中。它没有嘴，只有一只安全释放阀，仅当内部压力超过某一限值时才打开，否则锅是完全封闭的。在安全阀打开前，蒸发的液体全都在锅内形成蒸汽，锅内蒸汽压力达到大约 1.4×10^5 帕，沸点上升至 $T_{\text{b}}^{*}=108$℃，所以人们能够用它比普通锅更快地烧煮食物。但是，把它从炉子上

拿下来打开锅盖时需要十分小心，因为在打开时内部压力骤降，液体显著过热，一部分液体 δm ［满足 $r\,\delta m = cM\,(T_b^* - T_b)$］将在瞬刻之间蒸发。在这种情形下，液体在整个锅内爆发式地沸腾，可以造成严重的祸害。

顺便一提，在海拔很高的地方，一般景色美丽，但大气压较低，这使做饭变得很困难，因为水在 70℃时就开始沸了（例如，在珠穆朗玛峰的高度上大气压约为 3.5×10^4 帕）。所以压力锅通常是登山者装备中受欢迎的一部分，因为它能达到烧煮食物所需的温度，也节约燃料。这就是登山者愿意在他的背囊里放进这件很重的东西的道理。

让我们回到我们的水壶上来。水已经完全开了，壶还在炉子上。该把它们拿下来了。注意，从炉子上拿下来后，加盖的那把壶并不马上停止沸滚：蒸汽持续冒出来一段时间。究竟有多少水在这（“后加热”）沸滚期间蒸发了？

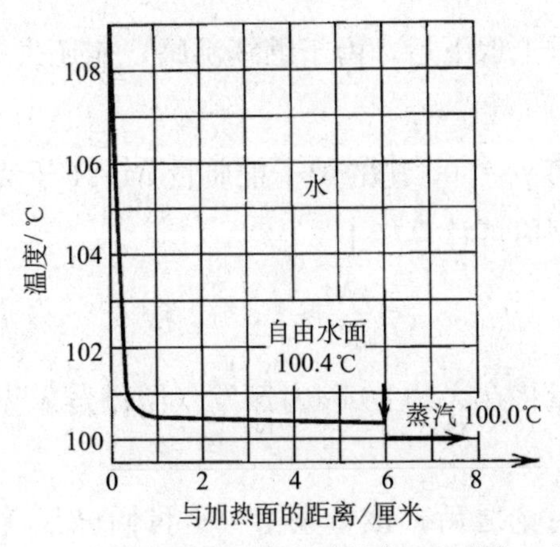

图 20-3　水沸腾时靠近壶底处的水温显著高于主要水体的温度

为了回答这个问题，我们要看图 20-3，这张图表示水在沸腾时水温与（水的）高度的关系（热量当然是通过壶底供应的）。由图可见，底上大约厚度为 $\Delta H = 0.5$ 厘米的一薄层很热，温度从 $T_{bot} = 110$℃（T_{bot}是底上的温度）降落到 $T_i = 100.5$℃。依照此图，水的其余部分保持约100.5℃，但在接近水的自由表面时进一步降低$\Delta T=0.4$℃（此图对应于壶内水位$H=10$厘米）。这样，停止加热后储存于壶内的逾量（超过平衡的）热量可表示为

$$\Delta Q=c\rho S\Delta H\left(\frac{T_{\text{bot}}-T_{\text{i}}}{2}\right)+c\rho SH\Delta T$$

式中，S为壶底面积（假设壶是圆柱形的）。当然，壶底要更热一些，但因水的比热容高得多，我们可以放心地略去这一效应的贡献。

热量ΔQ随后消耗于厚度为δH的一层水的蒸发。这层水的质量可从热平衡方程得到

$$r\delta m=\rho S\,\delta Hr=c\rho S\left[\Delta H\left(\frac{T_{\text{bot}}-T_{\text{i}}}{2}\right)+H\Delta T\right]$$

由此得

$$\frac{\delta H}{H}=\frac{c}{r}\left[\frac{\Delta H}{H}\left(\frac{T_{\text{bot}}-T_{\text{i}}}{2}\right)+\Delta T\right]\approx 2\times 10^{-3}$$

可见从炉子上取下后，由于继续沸腾，壶还失去其大约0.2%的水量。

用一只功率$p=500$瓦的炉子把质量$M=1$千克的水统统煮干所需时间的典型值可计算如下

$$\tau=\frac{rM}{P}\approx 5\times 10^{3}\text{ 秒}$$

故0.2%的质量将在大约10秒内蒸发（假设蒸发率相对于稳定状态不变）。

在这么多讨论之后，该上茶了——我们已经等了很久。在欧洲国家，人们习惯用小茶碗，而不是瓷质茶杯或玻璃茶杯。前者很可能是由亚洲的游牧部落首先引入的——小小的碗不易碎，容易包装，很适于到处迁徙的生活。此外，比起普通的玻璃杯来，它们还有一个很大的优点：碗的形状——碗口较大，使上层的水较快冷却，免得嘴被滚烫的茶水烫伤，而碗下面的茶水仍能保温。

但在阿塞拜疆，你会看到另一种茶杯，叫做梨形杯（图20-

4)。它较大的杯口有助于茶水安全和令人满意地变凉，而下面的球形部分具有最小表面积，故能使茶水保温较长的时间，让你能在优雅地谈话的同时细品热茶。

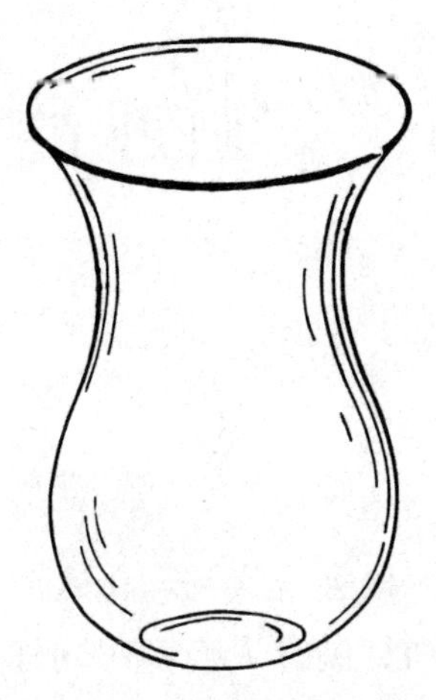

图 20-4　阿塞拜疆人喜欢用梨形杯饮茶

漂亮的瓷茶杯（不是通常你公司里发的那种超大瓷杯）已经使用了数百年，它们常常也具有较大的杯口。不大先进的圆柱形玻璃杯到了 19 世纪只因比较廉价才被广泛用做茶具，传统上是男人使用，精巧的瓷茶杯则礼让给了另外那半边天。经过了一些时间，玻璃茶杯因为玻璃把的发明而有所改进，提高了档次（那时常常刻有它们主人的花体姓氏）。

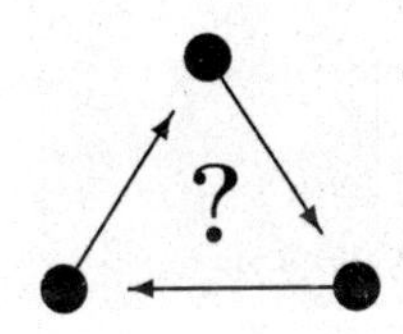

你能想到玻璃手把的材料应具有的物理特性吗？比如，铝和银适于做手把吗？

第 21 章　好咖啡的物理学[1]

瞧，让一个男人高兴有多容易，

一杯好咖啡足矣。

——E. 菲利普[2]，《这些鬼魂》

一位国际旅行家大概会观察到，在这个全球化和跨国公司垄断的时代，在纽约或加德满都人们都喝同样的饮料，而咖啡倒仍保持着地方特色。在土耳其、埃及、意大利、法国、芬兰或美国，喝一杯咖啡可能是非常不同的经验。要是你在拿坡里的酒吧里要一杯咖啡，端上来的是一只比顶针大不了多少的小而精巧的杯子，杯底有一滩近乎黑色的黏稠液体，上面盖着诱人的泡沫。如果你在芝加哥要一杯咖啡，你得到的是一个泡沫塑料容器，里面装了半升冒着热气的褐色液体。这里我们不想评价这两种咖啡哪一种味道好些或哪一种让你感觉好些，我们只讨论各种煮咖啡的方法及相关的物理过程。

21.1　煮　咖　啡

这种方法十分古老，如今遍及芬兰和斯堪的纳维亚半岛北部。烘焙过的咖啡豆粗粗磨碎，倒进水里（大约每 150～190 毫升水 10 克咖啡），然后煮约 10 分钟。煮好后不加过滤，直接倒进杯子上

① 这一章曾用英文（E. Fortin 译自意大利文）以相同的题目发表于 *Physics in Canada*，Volume 58，No. 1，pp. 13～17（2002）。

② Eduardo De Filippo（1900～1984），意大利演员，剧作家，作家和诗人；出生于拿坡里。

桌，让渣子沉淀几分钟后即可饮用。其中没有什么有趣的物理过程。至于这种咖啡的味道，作者闭嘴不予置评。

21.2　过滤咖啡壶

这种咖啡壶在美国、北欧、德国和法国十分普遍。它的工作原理十分简单，过程仅持续6～8分钟。磨得很粗的咖啡倒在一个圆锥形的纸质过滤器里，沸水从上面“冲刷”咖啡颗粒，通过过滤器流入玻璃容器中。人们由此得到的是清谈的咖啡，因为只有少许油质通过致密的过滤器。此外，磨得很粗的咖啡颗粒和缺乏压力不利于从咖啡抽取其全部的味道和芳香。在美国，一般每150～190毫升水用5～6克咖啡，在欧洲，用10克咖啡。

21.3　土耳其咖啡

我们继续讨论煮咖啡的过程。所谓土耳其咖啡是这样做的：磨成粉末的咖啡与糖混合，放入一个叫做伊布里克的圆锥形金属（通常是铜或黄铜）容器（图21-1）内。在伊布里克中注入凉水，然后把它埋入灼热的红沙中。

在另一配方中，磨好的咖啡放入已经盛有沸水的容器（如果你没有热沙子，你可以用瓦斯炉或电炉）。沙子的热通过伊布里克的底和壁加热液体，使其产生对流。液体在运动中把一些咖啡粉末带到容器的内表面上。由于表面张力，在表面上形成一层“咖啡壳”。渐渐地，伊布里克里的液体达到了它的沸点，泡泡开始弄破那层壳，形成泡沫。就在这个时候，打断过程，从沙中取出伊布里克，以便不破坏咖啡的味道。这一过程必须重

图21-1　制作土耳其咖啡的“伊布里克”

复两次以上，直到形成厚厚的一层泡沫。然后将咖啡倒在小杯里。人们等着咖啡末子沉到杯底，然后享用这浓稠美味的饮品（特别是，如果只用少量的水）。

21.4 意大利摩卡

“摩卡”是意大利最广为使用的一种咖啡壶。它由三部分组成：底座，水在其中加热；一个圆柱形金属过滤器，磨得很细的咖啡粉放入其中；像截断的圆锥那样的顶罐，煮好的咖啡进入其中（图 21-2）。过滤器是摩卡的心脏：过滤器的下面是一只固定的金属漏斗，漏斗嘴一直伸到十分接近底座底面的地方。和其他一些煮咖啡的方法不同，摩卡没有留下多少创新的空间，你只好按照壶的设计规定好的方法做。

图 21-2 意大利摩卡咖啡壶

用摩卡煮咖啡的过程十分有趣。磨好的咖啡轻轻压进过滤器，底座内注入凉水。将底座和顶罐沿过滤器合拢，后者覆盖了底座里的水。橡皮密封圈保证两部分间的严密结合。水用小火加热，结果水面上的蒸汽压力很快升高，迫使漏斗管内的水上升，通过装在过滤器中的咖啡粉。咖啡于是通过一根细管上升到壶的上部。到这个时候，就可用小杯斟上咖啡了。

这种方法似乎简单且易于理解，但这一过程背后的动因是什么呢？显然是来自火苗的热量。起初，水在一个密闭空间内加热，水本身占了这个空间的绝大部分。水很快达到 100℃（海平面上的沸点温度），水面上的饱和压强达到 1 个标准大气压（后面简写为大气压）。火苗继续供应热量，使水温和饱和蒸汽压两者升高。温度和压力继续升高的同时水和蒸汽保持平衡（饱和蒸汽压与温度的关系见表 20-1）。另一方面，外部压强（过滤器的上面）仍等于大气压。稍高于100℃的饱和蒸汽像一个弹簧，将沸水推过咖啡粉，这样就抽取了咖啡的精华——芳香和味道——及其他成分，将水变换为一种美味的饮料。

当然，味道有赖于咖啡粉的质量、水温，以及水通过过滤器所需的时间。制造咖啡混合物的秘密属于各个生产商，那要看他们的天赋、工作和长期经验了。水通过过滤器的时间则完全决定于物理学定律，不必求助于工业间谍。

19世纪中叶，两名法国工程师，德赛（A. Darcy）和杜波伊斯（G. Dupuis），首先进行了水通过充沙的管子运动的实验。这项研究标志着过滤经验理论发展的开端，这种理论今日已被成功地应用于液体在具有互相连接的细孔和缝隙的固体内的运动。德赛阐述了所谓线性过滤定律，如今叫做德赛定律。这条定律将每秒钟通过厚度为L、面积为S的过滤器的液体质量Q与过滤器两侧的压强差ΔP联系起来

$$Q=\kappa\frac{\rho S}{\eta L}\Delta P \tag{21-1}$$

式中，ρ和η分别表示液体密度和黏滞性，系数κ叫做过滤常数，与液体特性无关，只决定于多孔介质本身。

在德赛原来的工作中，压强差ΔP完全来源于重力。在此情形下，$\Delta P=g\rho\Delta H$。式中，g是重力加速度，ΔH表示过滤器（假设是垂直地装设的）两端的高度差。由式（21-1）可见，κ具有面积的量纲（米^2）。κ值一般很小。例如，在大颗粒的沙地，κ的量级为$10^{-12}\sim10^{-13}$米^2，而在压紧的沙地上，$\kappa\sim10^{-14}$米^2。

现在让我们将德赛定律应用于摩卡咖啡壶的研究。例如，如果能够知道摩卡底座内沸水达到的温度，那将很有趣。这个温度可从沸点温度与压强的关系及德赛定律得到

$$\Delta P=\frac{m}{\rho St}\frac{\eta L}{\kappa} \tag{21-2}$$

式中，m是咖啡烧煮时间t内通过过滤器的咖啡质量。

对于一把供三人饮用的普通摩卡，过滤器的厚度 $L=1$ 厘米，面积 $S=30$ 厘米^2，$m=100$ 克的咖啡烧煮时间 $t=1$ 分钟。至于过滤系数，我们可以用粗沙地的，$\kappa \approx 10^{-13}$ 米^2，$\rho=10^3$ 千克/米^3。黏滞性呢，我们必须小心，因为它依赖于温度。在物理量的表中可以查得 η（100℃）$=10^{-3}$ 帕·秒，由此得 $\Delta P \approx 4 \times 10^4$ 帕。由表 20-1，我们看到相应的水的沸点 $T^* \sim 110$℃。

我们现在理解了意大利摩卡中烧煮咖啡的物理过程，但要当心，这器具中暗藏着一些因素，可以使它变成一枚真正的炸弹，对厨房的墙壁和天花板，当然也包括在附近的人造成威胁。这是怎么回事呢？显然，这样的灾难只有在底座上的安全阀堵塞，同时通过咖啡过滤器的正常流通也被堵住时才会发生（老的咖啡壶是危险的!）。例如，咖啡粉末太细或压得过紧可使水不能穿透。如果这两个条件同时发生，底座内的压力可以增大到使顶罐和底座的连接螺纹崩裂的程度。

现在让我们来解释咖啡粉压得太紧时会发生什么。我们必须记着，德赛定律性质上是一条经验定律，但在微观水平上，过滤器可视为一个由各种截面和长度的互相连接的毛细管组成的系统。德赛定律要求液体以层流通过过滤器。实际上，毛细管结构中的各种不规则性可以造成涡旋，结果转换到湍流模式。由于这种耗散现象，只有增加压强方能维持通过过滤器的恒定流量。另一个决定过滤器导通阈值的因素与表面张力有关。事实上，对于一根截面为 r 的理想毛细管，必须施加压强差 $\Delta P > 2\sigma/r$，过滤器方能导通。取毛细管的半径 $\sim 10^{-4}$ 米，并记着 σ 约为 0.07 牛/米，我们得到过滤器通畅的阈值为 10^3 帕。这一阈值比 110℃ 时过滤器上的压强差低大约一个量级。但是，如果过细的咖啡过紧地填在过滤器中，毛细管的有效半径可大大小于上面估计的 10^{-4} 米。在这样的条件下，过滤器可实际上变得“堵塞”或不可穿透。

咖啡壶变成炸弹真的十分危险。让我们从最坏的情形开始：过滤器和安全阀都堵塞了，100 克的水在一个比水所占体积大不了多少的罐内加热。对于接近于水的临界相（那时蒸汽密度与水的密度可以比较）的温度，在 $T=374℃=647\mathrm{K}$ 的温度上，所有的水都变为蒸汽。原理上，摩卡还可以加热，但在更高的温度上壶将开始燃烧（这一点尚未观察）！所以为了合理的估计，我们可假设最后的温度 $T=600\mathrm{K}$。摩卡底座的蒸汽压强容易用理想气体方程式估计

$$PV=\frac{m}{\mu}RT \tag{21-3}$$

因为 $m=100$ 克，$V=120$ 厘米^3，$\mu=18$ 克/摩尔，$R=8.31$ 焦/（摩尔·K），我们可得 $P\approx10^8$ 帕 $\approx10^3$ 大气压。相应的能量大得惊人，达

$$E=\frac{5}{2}PV\sim50\text{ 千焦} \tag{21-4}$$

爆炸可以把壶的部件以每秒数百公尺的速度炸飞。从这一计算可见，爆炸必定在温度达到 600K 之前早就发生。但是，这显示了在过热的壶内形成的强大的力，不但足以使咖啡四溅，弄得厨房一片狼藉，也会造成其他的问题。爆炸还有一个奇特的效应：如果壶爆炸时你恰好在它旁边，就算你很幸运没被高速飞行的金属碎片击中，但你多半逃不过过热的蒸汽喷溅和咖啡粉末的袭击。你的第一反应是迅速脱掉湿衣服以免烫伤。过了一会儿，你可能十分惊异地意识到，你感觉冷而不是热。

这种令人惊异的效应的解释是比较简单的：爆炸后蒸汽的膨胀异常迅速，根本没有与周围环境进行热交换的时间。换言之，蒸汽的膨胀是绝热的，十分接近于服从理想气体定律

$$TP^{\frac{1-\gamma}{\gamma}}=\text{常数} \tag{21-5}$$

式中，$\gamma=\frac{C_P}{C_V}$，C_P 和 C_V 分别是水在固定压强和固定体积下的摩尔热容。

从分子物理学知，这些量可用自由度数 i 表示。事实上，我们从能量等分布定律可知，在固定体积下，每一自由度对比热容有

一个相应的贡献且等于 $R/2$，而 $C_P=C_V+R$。对于水分子，$i=6$，$\gamma=\frac{i+2}{i}=4/3$，故

$$T\approx\sqrt[4]{P} \tag{21-6}$$

设蒸汽的初始温度和压力各为500K和10个大气压。我们看到，在达到1个大气压时，气体可达低至100K（－173℃）的温度。

最后，用摩卡煮的咖啡既浓且香，但还没有达到好酒吧里供应的埃斯普勒索的质量。原因在于在蒸汽驱动下通过过滤器的水的高温。这里是用摩卡煮出好咖啡的一个建议：要慢慢加热，这样水将慢慢地通过过滤器，同时底座内的蒸汽也不会受到过度的加热。最后，在高山营地里用摩卡可以煮出好咖啡，那里的外部压力低于大气压（例如，在珠穆朗玛峰那样的高度上，水的沸点约为70℃），过热的水也只达到85～90℃（煮咖啡最合适）。

21.5 古代的咖啡壶——“拿坡里塔纳”

“拿坡里塔纳”这种咖啡壶与摩卡的主要差别是迫使液体通过过滤器的“马达”是重力而非蒸汽。咖啡壶由两个容器组成，一个在另一个的上面，它们被装有咖啡的过滤器分开（图21-3）。当下面容器里的水达到沸点时，要把咖啡壶颠倒过来。于是在数厘米水柱的压力之下（过滤器上的 ΔP 达不到 10^3 帕）进行过滤。用它煮咖啡的过程要比摩卡慢。你可以用两把不同的壶来做一个煮咖啡的实验，用德赛定律来验证煮咖啡的时间与压力成反比（这一点的正确性已如上述）。根据鉴赏家的意见，用拿坡里塔纳煮的咖啡要比用摩卡煮的好，因为过滤过程比较慢，咖啡的味道也不因接触过热的水而遭到破坏。可惜，现代生活的节奏没有留给我们足够的时间，一边等着品尝拿坡里塔纳咖啡，一边细细讨论。这种奢侈如今只能在描绘过去拿坡里生活的绘画或菲利普的作品

中看到了。

图 21-3　“拿坡里塔纳”，背景是维苏威火山

21.6　“埃斯普勒索”[①]

但并非所有的那不勒斯人都如此有耐心。据说在 19 世纪，“两个西西里王国”[②] 的一位没耐心等待拿坡里咖啡的居民说服了一位来自米兰的工程师朋友，让他设计一种能够在半分钟之内煮出浓稠、芳香的好咖啡的新咖啡机。如今，制作一杯好咖啡有赖于咖啡豆的种植和收获、混合物的制备，当然还有咖啡豆的烘焙和研磨的整套秘密。在制备咖啡这种艺术背后的是先进的技术：埃斯普勒索咖啡机比上面描述的简单的咖啡壶要复杂得多。

通常只有在酒吧和餐厅里才能见到埃斯普勒索咖啡机，但热烈的咖啡爱好者也可买到一种家庭型机器（图 21-4）。在专业型的机器里，90～94℃ 的水在 9～16 个大气压的推动下通过装有

① espresso，或译意大利浓缩咖啡。

② “两个西西里王国”系意大利统一前最大和最富庶的邦国，由西西里王国和拿坡里王国联合而成，存在于 1816～1860 年。——译者

磨得很细的咖啡的过滤器。整个过程持续15～30秒，提供一或两小杯（20～30毫升）埃斯普勒索。液体通过过滤器的机理，与摩卡一样可用德赛定律来解释，但压力大了10倍，温度则约为90℃。较高的压力增加了水通过咖啡粉的速率，而较低的温度保证了产生芳香的不稳定成分不被分解。听来令人惊奇，埃斯普勒索比摩卡包含较少的咖啡因！这是水与咖啡粉的接触时间较短（20～30秒，而摩卡是4～5分钟）的缘故。第一架埃斯普勒索咖啡机于1855年在巴黎问世。如今，酒吧和餐厅里使用的现代机器利用泵来使水达到所需的压力。在古典的机器中，先提起杠杆把水引进加热圆柱体（位于过滤器下面的容器中），再扳下杠杆将水推过过滤器。施于液体的压力由通过杠杆作用而倍增的臂力提供。

图21-4　即使是家庭型的埃斯普勒索咖啡机也令人印象深刻

观察咖啡如何从机器嘴中流出也很有趣。液体起初连续地喷射，然后逐渐变弱，最后一滴一滴地结束。让我们用一个简单的比拟来解释这一现象。作者曾在屋顶上的积雪被太阳晒暖而变得稀松时观察到相同的现象。在这种情形下，水从冰柱上流下时也可呈现为连续喷射或滴状。让我们来估计此种转换的临界流量。

我们假定水流得很慢。显然，水流太小时不会出现连续的喷射。水在冰柱的底部形成水滴，水滴慢慢增大，在达到某个临界尺度时落下，然后这一过程重复①。只要流量很低，这便是一个半静态的过程。在平衡条件下，当水滴的重量 mg 超过表面张力

① 这个过程详示于图10-8。

$$F_\sigma = 2\pi\sigma r \tag{21-7}$$

时水滴脱落。

$$mg = 2\pi\sigma r \tag{21-8}$$

以上 r 是水滴颈的半径。形成一个水滴所需的时间

$$t_d = \frac{m}{\rho Q_d} \tag{21-9}$$

式中，Q_d 是体积流量，ρ 是液体密度。

在表面张力和重力的共同作用下，水滴处于平衡状态。当它的质量达到某个临界值时，表面张力不足以抵偿重力，于是冰柱与水滴之间的结合断裂。这个过程的特征时间可用量纲理论来计算：黏滞性为 η 的液体在系数为 σ 的表面张力的效应下应偏移一个量级为 r 的距离。在现在的情形下，必须写出一个联系断裂时间 τ 与特征长度 r 的量纲关系式。完全相同的问题已在第 11 章［式 (11-2)］里分析过了，结果是

$$\tau = \frac{r\eta}{\sigma} \tag{21-10}$$

显然，当一个形成中的水滴在降落之前就与下一个水滴相结合时，水滴就变为连续喷射

$$t_d \sim \tau \quad 和 \quad \frac{m}{\rho Q_d} = \frac{r\eta}{\sigma} \tag{21-11}$$

利用式（21-8），在平衡条件式（21-11）中消去水滴质量，我们最后得到

$$Q_d \sim \frac{2\pi\sigma^2}{\eta\rho g} \tag{21-12}$$

我们看到，Q_d 与冰柱尖的大小无关。在埃斯普勒索机器的情形中，嘴的截面积实际上可以影响临界流量值。但依照式（21-12），临界流量不致强烈依赖于嘴的截面。

21.7　速溶咖啡

今日的生活压力产生了这一类咖啡。这种咖啡由真咖啡在高

温低压下蒸发制成[①]，所得咖啡粉储藏在真空容器内以便长期保存。咖啡粉用热水一沏，就得到一杯咖啡。

21.8 埃斯普勒索主题变奏

有一部埃斯普勒索咖啡机和好咖啡，就有创新的可能。例如，在意大利酒吧里，你可以喝到用标准的咖啡量和较少的水煮的“酽”咖啡；用正常量的咖啡量和较多的水煮的“长”咖啡；在埃斯普勒索中加上一点儿牛奶的“花斑”咖啡；埃斯普勒索加烧酒的“正确的”咖啡；还有卡普奇诺，那是盛在中等大小杯子里的埃斯普勒索，上面有一团用牛奶和蒸汽打成的轻柔的泡沫。一名好酒吧侍者能够把牛奶倒在咖啡上，在表面写上你名字的第一个字母[②]。

据说，在那不勒斯至今尚存几家酒吧供应“付讫”的咖啡。一位衣着体面的绅士在太太的陪伴下走进酒吧，要了三杯咖啡，两杯是为他们自己要的，还有一杯是“付讫”的。一会儿，一个穷苦的男人进入那家酒吧问：“有付讫的咖啡吗？”酒吧侍者给他倒了一杯免费的咖啡。

那不勒斯永远是那不勒斯……不只是在 Toto[③] 电影里。

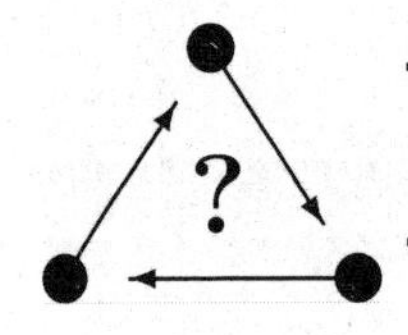

为何水滴从冰柱脱落的时间与第 11 章中的水滴结合时间一样？

① 可使用热空气喷雾干燥、真空干燥或冷冻干燥来脱水。不同的制造商采用不同的方法。

② 据译者所知，市面上有意大利出产的埃斯普莱索咖啡胶囊出售，16 种不同的胶囊鲜艳夺目，包装精美。把一颗咖啡胶囊装进雀巢公司出产的 Nespresso 咖啡机中，只需 30 秒就可获得一杯被鉴赏家描绘为“浓香四溢，上面还堆涌着红棕色咖啡脂（新鲜咖啡豆的特征）”的醇和（含较少咖啡因）的咖啡。——译者

③ 美国电影 DVD 品牌。——译者

第 22 章　物理学家谈酒

啊，亲爱的孩子，

把珍贵的酒杯给宙斯和塞梅莱的儿子，

把酒给人类，

让他们忘掉他们的哀伤。

——阿尔凯奥斯①

酒是这个世界上最文明的东西之一，也是世界上已臻于完美的最自然的东西之一，比之于一切买得到的纯粹感觉上的东西，它提供更大范围的享受和鉴赏。

——E. 海明威②，《午后之死》

22.1　关于酒的起源和酿造方法

多少世纪以来，诗人、作家、记者和葡萄酒酿造师创造了关于葡萄酒的无数佳话典故，我们还能说些什么呢？本章前面的引语，第一则出自 2500 多年前我们文明的最早一位诗人，第二则出自一位最畅销的当代作家。这些都是赞扬葡萄酒的话，也表达了他们对土地及其最宝贵的一种水果的热爱。这种水果通过劳动和技艺变成神圣的饮品，在人类生活中扮演着特别的角色。这些话也联系着我们下面的讨论。

葡萄酒的起源可以追溯到史前的洞穴，考古学家在那里发现

---

① Alcaeus（公元前 620～前 580），希腊诗人。

② Ernest Hemingway（1899～1961），美国作家。

了葡萄的记录。公元前数千年，人类就知道了葡萄——据推测是发源于印度的葡萄树的果实。根据一个难以证实的传说，葡萄酒是在一位波斯国王的宫廷里发现的。王宫里的一位沮丧的女人决定自杀，她接受了一名执行宗教仪式的祭师的建议，喝下了一种看上去很奇特的液体，这种液体是在一些盛满葡萄的大碗底上形成的。结果出乎意料，她的沮丧消失了，快乐代替了忧郁。这一实验显示了这种饮品的美妙，所以国王在亲自品尝后，指定这种“葡萄酒”为宫廷的日常饮料。自此以后，葡萄酒的地位节节上升，成为一种神圣的饮品。我们都知道，在基督教传统里，葡萄酒是圣餐礼仪式的一部分。在犹太节日和安息日（吉都什）的仪式中，祝福礼是用葡萄酒和面包进行的。阿拉伯传奇中说，亚当熟悉葡萄树，“禁果”不是苹果而是葡萄。公元前 2500 年左右亚利安人从印度迁徙到西方，把制作葡萄酒的方法带到整个古代世界。可以肯定，公元前约 2000 年，大概因为希腊人和埃及人的殖民，西西里已经在生产葡萄酒了。若干时间后，生活于现代意大利领土上的萨比尼斯人和 3000 年前居住在今日托斯卡尼的安托鲁斯卡恩人开始酿制葡萄酒。在古代，人们已经知道葡萄酒的治疗功能，并把它当做一种疗伤的消毒剂。在埃及纸草书中发现了基于葡萄酒的药方。希波克拉底开出过以葡萄酒为消炎药物的处方。说到罗马人，我们记得霍雷肖和维吉尔①在它们的作品里是如何赞颂葡萄酒的。公元前 42 年，科勒梅拉（Columella）写了一本关于葡萄栽培的杰作。公元 1 世纪，罗马帝国到处都有葡萄酒酿造。为了抑制过度生产，多米辛（Domician）国王禁止增加葡萄种植面积，并命令各省将葡萄园砍掉一半。到了公元 200 年，野蛮人入侵造成的农业危机导致葡萄种植的彻底衰败，而且很快，由于穆斯林出现于历史角斗场，葡萄种植完全消失，因为古兰经禁止饮用酒精。

在中世纪，葡萄酒零零星星地在城堡和修道院里酿造。一直

---

① Virgil，公元前 70～前 19，古罗马诗人，主要作品为史诗《埃涅伊德》。——译者

到了文艺复兴时期（始于16世纪），欧洲才恢复葡萄酒的大量生产。正如海明威所说，酿酒技术的进步与艺术和文化的复兴一起，是从野蛮状态中解放出来和文明发展的标志。起源于20世纪初的现代葡萄酒酿制学（酿造葡萄酒的科学）的发展，是由于受到葡萄种植中重要事件的推动：人口的大规模迁徙把少见的寄生虫传入传统的葡萄酒酿造地区，引起葡萄树枯萎凋亡。有些寄生虫，如白粉病和霜霉病，可用硫和铜的化学制剂驱除，但可恶的葡蟎对除虫剂具有抗药性。为了摆脱它，葡萄酒酿制学家求助于遗传学技术。很久以前欧洲移民带到美国的葡萄藤逐渐进化，适应了新环境。它的根形成了一种外部保护组织，使其对葡蟎免疫。因此，为了拯救最好的欧洲品种（*Vitis vinifera*），葡萄酒酿制学家把美国本土抗病虫害的品种（*Vitis riparia*，*Vitis rupestris*，*Vitis berlandieri*）与其嫁接。它们的后代实际上是现代欧洲葡萄栽培的根基。基于*Vitis vinifera*的欧洲古老的葡萄树只在欧洲很少的几个小地方留存下来：Jerez（西班牙），Colares（靠近里斯本），那里的沙质土壤使葡蟎无法生存；还有Moselle（法国）和Douro（葡萄牙）地区，那里的页岩土壤起着同样的作用。如今，与葡萄树的病害作斗争是葡萄酒酿制家的首要任务。但是，寄生虫有时也是有益的，如灰葡萄孢霉菌被认为是一种益菌。在苏特恩（法国），秋季多雾促使这种菌繁殖。在大多数受感染的果实上，霉菌吸收了多达20%的水汽，从而增加了葡萄汁的含糖量，使苏特恩葡萄酒[①]具有独特的味道——混合着山羊奶酪[②]和鹅肝酱的美味[③]。

葡萄收获和压榨后，开始发酵过程。酿酒浆果具有一种特别的性质：只要去掉皮并把皮放在葡萄汁里很短的时间，就会自然开始发酵过程，使糖转变为酒精。这一过程的发生是由于葡萄皮里的一种酵母。有时葡萄汁里也加酵母培养菌，这种方法叫做

---

① Sauternes（法国）。

② Roquefort，法国著名奶酪，带有许多绿色和蓝色的霉菌。

③ Pate de foie gras，用特别饲养的肥鹅的肝制作的酱。

"诱导发酵"。在发酵过程中，糖转换为乙基酒精、二氧化碳、甘油、乙酸、乳酸及其他许多物质。这里我们只指出对我们的故事重要的物质。想要详细描述酿制优质葡萄酒的过程，就像描述一幅著名杰作是如何画出来的，或为用大理石雕刻一件杰作提供指导一样困难。这里我们只限于描述酿制过程中的一些物理现象。葡萄皮中含有把葡萄汁变为酒和醋的酵母菌，如果不加控制，酵母菌会使汁液酸腐。无怪乎一位葡萄酒酿制家有次说，上帝从未想把葡萄汁变为葡萄酒：最后产生的本会是醋。为了避免这种不希望出现的结果，调整和控制发酵过程的责任落到了人的肩上。基于化学过程的知识和高技术的现代酿制方法提供了比家庭酿制更好的结果。例如，为了生产优质葡萄酒，酿制专家们如今限制植株密度，以便获得更好和更珍贵的葡萄。从前酿酒人喜欢种植高株品种，因为便于采摘；而今为了改善酒的质量，矮株受到青睐，因为果实可从太阳晒热的土壤获得额外的热量。过去，乙酸酵母的不良效应是用某些化学成分来控制的，如今常用精细过滤和低温冷冻的方法。

发酵是一个伴有显著热量产生的发热过程。所以，不加控制的酿制可使葡萄汁的温度高达 40 ~ 42℃。在这种情形下，佳酿本该具有的那种独特、优雅的水果和花的芳香将会丧失。在现代生产中，发酵在双层壁的不锈钢桶里进行，壁间循环的冷却剂使葡萄汁保持低温（不高于 18℃），从而保存酒的味道，但这种方法要求增加发酵时间。它需要三周，而在自然条件下完成低温发酵仅需 7～8 天。

精细过滤和冷却也有助于清除酒中某些亚硫酸盐，它们是先前加入来减慢酸化的。有两个因素在此过程中起作用。酒精成分每增加 1%就会使酒的冰点下降约 0.5℃（相对于 0℃），故酒精含量为 12%的葡萄酒约在 −6℃ 结冰。同时，亚硫酸盐与酒中的缩氨酸形成有机复合物。这些复合物形成小晶体，甚至在酒结冰前就可滤除。以上所述的那些方法解释了为何现代酿酒厂越来越像一座研究实验室。低温也有助于增加相对含糖量，故压榨前将葡萄微冻，部分水分凝结成冰，于是剩下的汁就含有较高的糖分（德国、奥地利和加拿大的所谓冰酒）。另一种为酿制甜酒增加糖分的方法是烘干葡萄（Erbaluce，Caluso），所谓的 passito（西西里和意大利其他地区）、muscat（克里米亚）等都属此类。现在让我们来看一些与酒精饮料及其消费有关的有趣的物理现象。

22.2　酒　　泪

如果你旋转杯子里的葡萄酒，你将观察到一个有趣的现象：它常常在杯子里面留下一层膜，分离成黏稠状的涓流，叫做腿或泪。泪慢慢地沿杯往下流，回到酒的表面。往往有人相信，泪的存在表明酒的优质。葡萄酒鉴赏家喜欢在餐桌上用甘油和醇厚之类的词谈论这种泪。

让我们来分析这种现象的物理根源。首先，让我们指出，在足够浓的酒精溶液（酒精占 20%以上）中，用不着转动或摇动杯子就可以观察“酒泪”。在这种情形下，即使在立着的酒杯中，你都可以观察到这种不寻常的效应：质量的对流以薄膜的形式沿杯壁向上爬，又以“酒泪”的形式向下返流。在流体力学中，这种现象的第一部分叫做马伦格尼（Marangoni）效应：由于沿膜的高度表面张力梯度出现，膜的边界逆着重力的方向运动。理解这种现象的关键是，在膜的表面，酒精的蒸发比水快，而水的表面张力比酒精大。结果，酒精从厚度（沿杯中酒面）变化的膜的表面不均匀地蒸发，造成酒精浓度的梯度，从而引起表面张力梯度的出现。这种不均匀性产生了一个把膜沿杯壁向上拉的力。1992 年，法国物理学家富尼埃尔和卡扎贝[1]用实验详细研究了这种边界的运动。他们发现膜边界位移（爬升）L 和时间 t 之间一个令人惊讶的关系

---

① J. B. Fournier，A. M. Cazabat，“Tears of Wine”，*Europhysics Letters*，20，517 (1992)。

$$L(t)=\sqrt{D(\varphi)t}$$

事实上，这种函数关系在物理学中已广为人知。爱因斯坦和斯莫洛霍夫斯基[①]首先从理论上推导了这个关系，他们确立了扩散运动中有效粒子位移和扩散时间的关系。爱因斯坦-斯莫洛霍夫斯基公式中的系数 D 就是所谓的扩散系数，它由粒子速度及其平均自由路径定义。法国科学家还在实验中发现了他们的扩散系数 $D(\varphi)$ 对溶液的酒精含量（度数）φ 的非平凡依赖（图 22-1）。

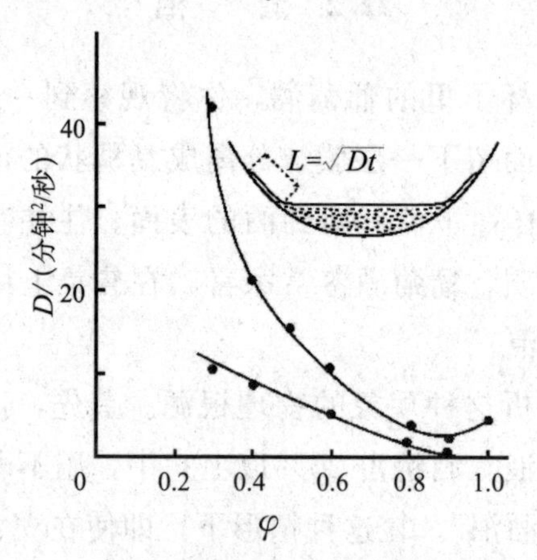

图 22-1　溶液的酒精含量与扩散系数的函数关系

我们已经指出过，当溶液的酒精浓度低于 20%时（$\varphi<0.2$），几乎观察不到膜沿杯壁的自发爬升。特别是，与直觉的期望相反，系数 D 的最大值出现于比较淡的溶液，即使那时酒精的蒸发比较慢。我们可以从实验数据（图 22-1）看到，扩散系数 D 在 $\varphi=0.9$ 时达到最小值，但诧异的是在 $\varphi=1.0$ 时并不消失，即纯酒精也爬杯壁。作者把这种现象归因于纯酒精从大气中吸收水汽，由此形成表面张力系数的小梯度。通过在干燥空气中对纯酒精重复同一测量，他们的假设得到了验证。相应的系数 D 比较小，并且随 φ 的增加单调地降低，且在 $\varphi<0.2$ 时降低到零（图 22-1）。

现在让我们来讨论酒泪的形成。第一个也是最明显的原因是

① 见 26 页脚注①。——译者

重力。重力抵抗表面张力，试图使逃走的液体返回。然而，所谓的瑞利不稳定性使这种返回具有非均匀性（表现为分离的涓流形式）。我们可以通过一个例子来理解这种复杂的现象。当一条船漂到湖面上时，它在水面产生一个波扰动，但波随时间而消散，水面恢复到初始状态。我们可以证明，要是湖颠倒过来，重力从湖底指向湖面而不是从湖面指向湖底，表面对水平面的哪怕最微小的偏移也将增长为巨浪，吞没船，而不是平静地消散了。这种不稳定性是酒泪形成的原因：原来，因马伦格尼效应向上爬的膜的边界对于小的扰动是不稳定的。由于随机的不均匀性，小滴出现在杯子表面。它们往下走，吞没边界处的液体，留下美丽的弧形（图 22-2）。

图 22-2　酒杯壁上的酒泪

因此，溶液含有的酒精越多，马伦格尼效应越不显著，表面张力对于酒泪形成的结合效应越弱，泪滴越多，涓流间的距离越小。尽管如此，这种依赖关系很弱，不足以让我们把酒泪当做检验酒品质的可靠指示而无须看瓶子上的标签。至于说甘油（C_3H_8OH），这种甜酒精的含量在葡萄酒里通常很低（1%～2%），尽管它肯定影响酒的味道，却几乎不影响酒的度数。正常的乙基酒精决定葡萄酒的特性和度数。应当指出，低乙基酒精的葡萄酒相对而言不黏稠，因此甘油含量似乎也不决定酒的黏度。这样，观察酒泪甚至它们的流动也不能对葡萄酒中的甘油含量作出正确的判断。

22.3 香槟和它的泡

严格地说，只有在法国香槟省以特殊的过程生产的发泡葡萄酒才有法定权利称为香槟。其他的不过是不同的发泡葡萄酒而已，它们的种类多得很。发泡葡萄酒用一种特殊的发酵方法生产，葡萄则可用任何品种，虽然照例只用三种：Pinot Noir，Pinot Menier和Chardonnay。在这三种葡萄中，只有Chardonnay才是真正“白色的”。如果标签上说Blanc de Blanc（白葡萄白），那就是说，这酒是用纯Chardonnay酿造的。Blanc de Noir（黑葡萄白）的意思是，这酒不是用Chardonnay做的。还有Chardonnay rosé。生产这种酒有两种方法：用干红葡萄酒“校正”白葡萄酒，或者把未过滤的葡萄汁与皮放在一起一段时间，然后再过滤它并依照酿造香槟的方法加工。

22.3.1 香槟酿造法

如果你在标签上看到Méthode Champenoise字样，这表明酒是用下面的方法生产的：在香槟省，葡萄用手工收获以免损伤果粒。这样，葡萄皮中的酵母不会进入葡萄汁。葡萄压榨两次。第一次压榨后，榨出了80%的液汁，用它酿造的香槟叫做Cuvee。用其余20%生产的香槟叫做Taille，最好的香槟酿造厂不做这种酒，他们只做Cuvee。使酒二氧化碳饱和的方法有若干种。我们要讲的方法从上面叙述的白葡萄酒发酵开始，然后将酒与前几年保存的酒混和并装瓶[①]。随后在每瓶中加入一些糖和酵母，用临时瓶塞（像啤酒瓶盖）封瓶，于是开始了二次发酵过程。香槟在瓶内陈化数年：一般是三年，但特殊情形下可达六年之久。法律规定，香

① 陈酒和新酒的混合叫做增味。依照加入糖量的不同，香槟在酸度和甜度上不同，并被标以“干”（Brut）、“特干”（Extra Sec）、“中甜”（Sec）、“甜”（Demi-Sec）、“很甜”（Doux）。

槟必须在瓶内至少陈化一年。下一步是从香槟中去除酵母。在此过程中，瓶子被放置在特殊的架子上，它们每天被旋转和倾斜15°，以便让死酵母沉淀在瓶塞上。最后一步是清除酵母，并用永久瓶塞替换临时瓶塞。这个过程可不容易，因为到那个时候香槟已经是二氧化碳超饱和了。需要真正的香槟酿造大师来打开瓶子而不致晃动它，并把淀积着酵母的临时瓶塞更换为永久瓶塞。现代冷冻技术使这个过程流水线化：瓶颈被冷冻，取出沉积物，瓶子再度封闭。

22.3.2　泡和泡沫

我们都知道，发泡葡萄酒是装在能够耐受高压的特殊的瓶子里出售的。这是因为，处于亚稳定状态的大量二氧化碳在外部条件变化时可能释放。因此，拿开香槟酒来说，依目的、技艺和开酒者脾性的不同，有不同的方法。你可以把气体稍微放掉一些，慢慢地拔出瓶塞，把酒倒进细长酒杯里，一滴也不溅出。你也可以让瓶塞蹦到天花板上来祝福新年，让半瓶酒都以泡沫喷洒掉。这就是一级方程式赛车冠军舒马赫庆祝胜利的方式。其中的秘密很简单：为了弄出大量泡沫，在打开瓶塞前你要猛烈摇动瓶子。这使瓶颈内的气体与香槟混合，形成无数的气泡。当塞子射出来时，瓶内的压力急剧降低，这些气泡就成为释于全部液体体积中的二氧化碳的发射中心。这样，一瓶香槟成了一具灭火器，显示出一级方程式冠军的激动。香槟泡不但可让一级方程式的观众欢乐。学物理的大学生可能会把一块巧克力扔进一杯香槟或矿泉水，以此来引起异性文科学生的好奇心。读者不妨自己试一试。你会看到那块巧克力先沉下去，过些时间后回到表面上来，然后又沉下去。这样的振动会发生好几次。这个小小的谜留给读者自己来解释，我们将转而讨论香槟泡的另外一些不那么明显的性质。

讲到香槟，物理学家不会忽略它异乎寻常的声性质。在第9章中我们已经接触过这个问题，解释了香槟泡如何降低了酒杯清脆的鸣声。这里我们将讨论另一现象：香槟表面气泡爆裂的嘶嘶声。

刚刚倒进杯子的新鲜香槟发出的嘶嘶声是由在它的泡沫中发生的微型“雪崩”引起的。嘶嘶声是许许多多分别的气泡的自发爆炸的总和。比利时物理学家最近研究了这种微爆炸①。如果每秒钟这种爆炸的数目是常数，我们听到的将是“白噪声”，像没有调谐的收音机发出的那种声音。当一个声学过程具有很大频率范围内的均匀声谱时，才会发出这样的声音。经过仔细考察发现，爆裂的香槟泡的声谱不是白噪声。用灵敏的麦克风进行测量发现，信号强度显著依赖于频率。这一依赖关系的形成是由于泡的爆裂不是独立的，而是以协同方式，互相影响。每一爆炸持续的时间约为 10^{-3}秒。有些爆炸一个接一个很快地发生，它们的噪声形成独特、可闻的声信号。有些独立地发生，很难听到。因为气泡内液体在重力作用下下坠，使气泡壁薄到泡不能维持其存在的程度，致使气泡爆裂。为了便于观察，物理学家用肥皂水代替香槟研究了这个过程（香槟的气泡爆裂太快，而在肥皂水中泡沫的消解很缓慢）。他们研究了两个相继爆裂间隔的长度与时间的关系，发现这一关系具有幂律的性质。这就是说，这种间隔没有特征尺度：两个相继事件之间的时间是任意的——从数毫秒到数秒，无法利用测量结果来预测间隔的长度。类似的幂律是许多自然现象，如地震（没有特征振幅）、泥石流和太阳耀斑等的特征。通常，它们发生在那些元件的相互作用在其总体行为中具有重要作用的系统中。所以，一小块卵石落在一个易于崩坍的斜坡上可以引起一场可怕的灾难，也可以只是滚落下来，平安无事。

22.4 “面包酒”——伏特加

葡萄树在北方长不好。故在北方，葡萄酒被其他酒类代替。

---

① N. Vandewalle, J. F. Lentz, S. Dorbolo and F. Brisbois, “Avalanches of popping Bubbles in Collapsing Foam”, *Phys. Rev. Lett*. 86, 179 (2001).

这些酒类中，有用发酵的苹果汁蒸馏制成的（如法国北部的Calvados），有用发酵的李或杏汁制成的（如保加利亚和捷克的Slivovica白兰地），还有用各种谷物酿造的（如英国的威士忌和俄罗斯的伏特加）。在古老的俄罗斯，伏特加被叫做面包酒N21（斯米尔诺夫伏特加）。如今在俄罗斯，伏特加在晚餐上享用，就像葡萄酒在法国和意大利那样。你可曾想过，为什么从前所有的酒都具有大约40%的酒精（乙基酒精，CH_3CH_2OH）含量呢？

第一个原因可在一个有物理学根据的传说里找到。俄国沙皇伊凡雷帝（1546～1584）引入了伏特加政府专营，从而使政府对其质量负责。为了增加利润，酒店老板们开始稀释伏特加，引起顾客们对他们喜爱的饮料质量低劣的不满，于是顾客和酒店老板之间的关系变得紧张。为了终止这类纠纷，彼得大帝颁布了一纸法令，如果酒店里供应的伏特加的表面不能点燃，顾客“可揍死酒店老板”。人们发现，40%的含量是室温下酒精的蒸汽还能在靠近表面处燃烧的最低限度。当然，酒店老板采用这个最低限度，以便在利润和人身安全之间达至最佳折中。

这个“魔数”还有一个缘故。体积膨胀是众所周知的现象：温度上升时体积增大，温度下降时体积缩小。绝大部分物质（包括酒）都服从这一定律，但水不同：低于4℃时体积开始随温度降低而增大；结冰时它的比容跃升10%！这就是瓶装水不应放置在低于冰点的户外的缘故，结了冰的水会冻裂瓶子。但伏特加可以放在户外。在西伯利亚，一箱箱的伏特加放在户外，瓶子完好无损。原因有二。第一，水中有这么高的酒精含量阻碍其结晶，故其比容不随温度降低而跃升。第二，在体积比为4∶6时，总的体积膨胀系数接近于零：水的“异常”行为被酒精的“正常”行为所抵偿。看看手册里的表并比较水的热膨胀系数（$\alpha_{H_2O} = -0.7\times10^{-3}/℃$）和酒精的膨胀系数（$\alpha_{C_2H_5OH} = 0.4\times10^{-3}/℃$）你就会明白了。

采用40%的第三个理由缘于著名俄国化学家门捷列夫的一项发现。据称，他证明了40%的伏特加开着时不改变其酒精含量。

你会发现，一杯留在桌上过夜的伏特加到第二天早晨还是同样（除非已经蒸发掉了）的伏特加（葡萄酒或香槟不会如此），而且可能有助于消除隔夜残留的头痛。我们在第 20 章中估计了酒精和水分子液体表面的质量损失率[①]，好奇的读者可以利用这个结果计算对应于稳定溶液的酒精浓度。这一计算结果为 55%，显著高于门捷列夫建议且被成功应用于生产的值。原因在于酒精分子和水分子在溶液内相互作用，它们不能被视为“气体模型”中两种不相互作用和渗透的液体。

伏特加 40 度的第四个理由涉及发生于酒精水溶液中这一浓度附近的黏滞度跳变。在稀释的溶液中，酒精分子与水分子共享环境，但实际上不与其相互作用。在 40%浓度附近，溶液稠到开始形成很长的一维链，即开始了聚合过程。结果，黏滞度急剧改变，使溶液的口感更佳。就作者所知，最后一个原因关系到家庭酿制的质量控制：将一块猪油放在酒精-水溶液中，只有含酒精量为 40%时它才处于中性平衡状态；在更烈的酒中它将下沉；在较淡的溶液中它浮在表面上[②]。

22.5　酒在预防冠心病中的作用：法兰西佯谬（或波尔多效应）

在本节的开始，我们提醒读者：

⚠根据美国法律，21 岁以下者禁止使用酒精饮料。

这条规则的必要性是由于这里没有提到的酒精的负面效果。

图 22-3 显示出世界上不同国家由冠心病导致死亡的人数（每 10 万人）与平均动物脂肪（胆固醇）消费量（每日千卡）的关系。相关性很明显：动物脂肪消费量越大，冠心病死亡率越高（几乎是线性地增高）。但有一个点没有相关，这个点表示法国。法国人

---

① 英译本中未见这一内容。——译者

② 没有说明的是，这给出酒的最佳水合（这也归功于门捷列夫）。人们知道，一般溶液的体积小于其成分原来的体积。对于水和酒精的混合，$V_{酒精}/V_{水}=3/2$ 时失去的体积最大。这可能是好伏特加“特别柔和”的味道的物理原因。——A. A.

消费大量脂肪，但他们的冠心病死亡率比较低。诚然，如我们看到的，法国人比英国人吃更多的脂肪，可是他们的心脏病死亡率几乎仅为英国人的 1/4。

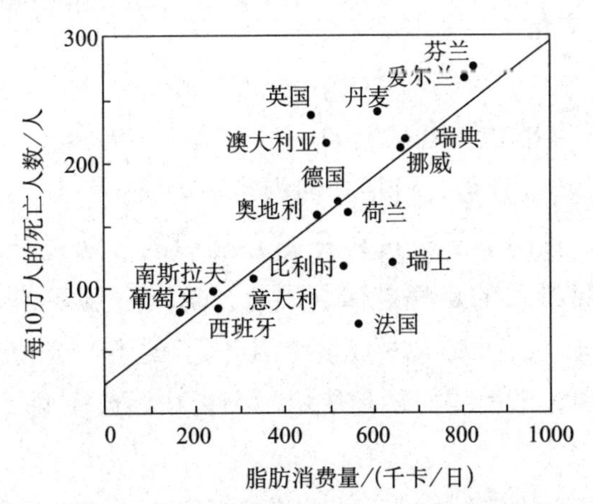

图 22-3　不同国家由冠心病导致死亡的人数与平均动物脂肪消费量的关系

这一统计来自 1992 年的 MONICA 计划（世界卫生组织一项多国监控心血管疾病趋势和决定因素的计划），并发表于《柳叶刀》（*The Lancet*）。第一个发现这些数据背后的意义的是 CBS（哥伦比亚广播系统）的主持人。1991 年他在“法兰西佯谬”（后来又叫做“波尔多效应”）这个招人的标题下将它们公之于众。从发现那一刻起，这种反常现象就被归因于法国人日常饮用大量红葡萄酒，尤以波尔多省为最。在其他盛产红酒地区所作的进一步的科学研究得出了明确的结论：“饮用红葡萄酒显著降低了患冠心病的风险。”这背后的原因是什么呢？

这个问题不容易回答。困难在于，红酒包含约 2000 种不同的物质：各种酸、酚、香草，以及微量的几乎所有已知的矿物质。多酚（在红酒中的含量约为 1 克/升）和植物抗毒素（含于葡萄皮内）引起了研究者的浓厚兴趣。研究发现，植物抗毒素含有强力的抗氧化剂——反白藜芦醇，能够防止脑细胞老化。进一步的研究证明，多酚具有抗脂蛋白作用，降低内皮-1（冠心病的罪魁祸首），阻止动脉内斑块的形成。

让我们用物理学的研究方法来估计每日的健康红酒饮用量，但不进一步深入医学科学的荆棘丛。根据 MONICA 报告的数据，我们可以假设冠心病发病率随红酒饮用量降低的概率服从指数率（如同在自然界常见的那样）

$$I=I_0\cdot e^{-b/b_i}$$

式中，I_0 是一名非饮用者（例如一名英国人，见图 22-3）患这种病的概率，b_i 是特征常数，可估计约为每日一瓶。

但显然，我们不要对这种预防心脏病的方法过分乐观：太多的酒精会引起严重的疾病，如肝硬化。这种危险容易通过伏特加的消费来估计。每天喝几杯伏特加不利于健康，会使患肝硬化的风险逐渐增加。下面我们还是使用一个指数函数模型

$$C=C_0 e^{b/b_c}$$

式中，C_0 是不饮伏特加的人患肝硬化的概率，常数 b_c 可以近似地假设为每天三瓶。把两种疾病的概率加起来，我们有

$$W=I_0 e^{-b/b_i}+C_0 e^{b/b_c}$$

“最佳”酒消费量对应于 W 的最小值。微分并令导数等于零

$$\frac{dW}{db}=-\frac{b}{B_i}I_0 e^{-b/b_i}+\frac{b}{b_c}C_0 e^{b/b_c}=0$$

我们发现最佳酒量由下式确定

$$b^*/b_i=0.75(1.1+\ln I_0/C_0)=0.82+0.75\ln I_0/C_0$$

假定一名不饮酒者患肝硬化和心脏病的概率一样（作者找不到精确的数据），我们可以看到，大约每天半升红酒是“最佳消费量”。例如，这是塔斯卡尼农民的日常饮用量①。

22.6 酒的品质和产地估计：SNIF-NMR 法

在讨论适度饮用具有某些特性的红酒的好处时，我们必须确

① 这样慷慨的葡萄酒日消费量并非出于想象。例如，在海德伯格堡，访问者仍可看到世界上最大的酒桶，一个特殊的手工操作的泵系统把酒从这桶泵到大餐厅里。堡里葡萄酒的每人平均消费量（包括妇女和儿童）达到每日两升。宫廷小丑，小个子皮尔凯每天饮 12 瓶。他没有死于肝硬化。他因为打赌输了，喝了一杯未经处理的水后死于痢疾。

定它们的产地与标签上写明的是否相符。现代物理学提供了基于 NMR（核磁共振）的最精确的确定酒产地的方法：SNIF（特定天然同位素分数）。NMR 的基本概念如下。

核子（如氢原子中的质子）具有一个小磁矩，就像一枚微细的指南针。把它们放在均匀的恒定磁场 H 中时，这些磁矩以正比于强度 H 的频率 ω_L 绕场的方向进动。现在，如果我们用一个连接到电流发生器，且其轴垂直于 H 的线圈来施加一个小射频（RF）场，会发生什么呢？当 RF 场的频率正好是 ω_L 时（你现在知道为何人们要讲“谐振”了），电磁能被核子吸收，结果它们翻转其磁矩相对于 H 的方向。以上简单的描述与真实现象相去不远，虽然这种现象实际上是核子磁矩和角动量的复杂量子行为（详见第 28 章）的表现。这里必须强调的一点是，电子设备使我们能够以非常高的精度测量吸收谱中所谓“NMR 谐振线”发生处的磁场 H 值。谐振场的值实际上是核子位置上的局域值，也就是外场 H 和由电子流产生的小纠正项（非常小但仍可检测）的合成。由此可知，有赖于围绕核的电子环境的不同，谐振线发生于不同的电磁辐射频率。例如，对乙基酒精（CH_3CH_2OH），可以预料有强度比例为 3∶2∶1 的谐振线出现于不同的频率，它们分别对应于属于分子团 CH_3、CH_2 和 OH 的核子。这样，谐振谱就像是分子组态的一张照片。

20 世纪 80 年代，法国南特的杰拉德（Gerard）和马丁（Maryvonne Martin）发明了 SNIF 法（原是为了控制加糖以达到酒味醇厚的目的）。1987 年，一家叫做 Eurofins Scientific 的公司成立，他们开始建立一个特别的数据库。如今这个数据库包括了法国、德国、意大利和西班牙出产的种类众多的葡萄酒的 NMR 谱。SNIF 法被欧洲共同体（1989 年）和国际葡萄与葡萄酒组织（OIV）接受，也被美国和加拿大的官方分析化学协会（AOAC）认可为官方方法，并在 1996 年被 AOAC 授予“年度方法”称号。如今，利用 SNIF 法可以区分具有同样化学结构但不同植物学来源的乙基酒精，也可以确定一种酒是不是用特定地区、特定品种的葡萄酿制的。这种方法的基础是，由于光合作用、植物新陈代谢，以及不同地理和气候条件等诸种过程的结果，氘（重氢）相对于氢的含量在每一地区和每一棵葡萄树中都不相同。氘（D）相对于氢（H）的含量通常用百万分之几来度量。这一含量在金星上约为16 000，在对流层为0.01。地球上的D/H变化较大，在南极约为90，赤道带为160。另一个可利用的特征是氘在不同分子团中的分布。对于乙基酒精，可以发现 $CH_2D—CH_2—OH$，或 $CH_3—CDH—OH$，或 $CH_3—CH_2—OD$。对每一分子团，D/H百分比可由氘的NMR谱估计（由于每一分子团中感应的电子流对外磁场的纠正不同，谐振线发生于不同的频率）。利用适当的计算程序，将NMR信号与数据库所搜集的谱相比较，可以发现酒中是否添加了糖，确定混合酒的产地是否与瓶上标签所称相符，等等。

第 4 部分

量子世界之窗

最后到了告诉你制约微观粒子世界的那些奇特规律的时候了。你将会知道，这些规律如何在很低和不那么低的温度下发生的“超级现象”中显现。我们尽可能把事情说得简单。然而，这仍不是轻松的闲聊，因为真正的理解需要现代物理学的数学语言。但我们希望你能领会这个难以置信、令人惊讶而又让人充满期待的世界。

第 23 章　不确定性原理

坐标和动量好像一只老式气压计上男性和女性的影子。不管哪一个出现，另一个必定消失。

——海森伯

1927 年，德国物理学家海森伯[①]发现了不确定性原理。假定我们设法确定某个物体的动量在 x 轴上的投影，精度为 Δp_x，那我们将不能以大于 $\Delta x \approx \hbar / \Delta p_x$ 的精度测量相应的 x 坐标，式中 $\hbar = 1.054 \times 10^{-34}$ 焦·秒，是普朗克常数[②]。

初看起来，这个关系颇让人困惑。教科书上说，我们可以用牛顿定律描述物体的运动，并计算坐标对时间的变化。知道了这个，我们便可计算速度 $\boldsymbol{v}$（坐标 $\boldsymbol{x}$ 对时间的导数）、动量 $\vec{\boldsymbol{p}}$ 及其投影。看来，我们既确定了坐标，也确定了动量，所以没有什么不确定性原理。不错，在经典物理学中情形确实如此[③]，但在微观世界里事情变了（图 23-1）。

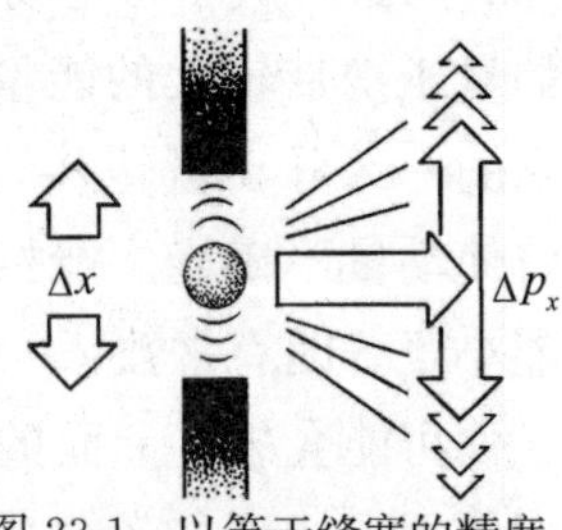

图 23-1　以等于缝宽的精度确定 x 坐标将使动量的相应投影 p_x 不确定

---

① W. K. Heisenberg（1901～1976），量子力学开创者之一，1932 年获诺贝尔物理学奖。

② 通常普朗克常数写做 h，而 $\hbar = h/2\pi$。——译者

③ 当然，不确定性关系对宏观世界也成立，但在那里它不起重要作用。

23.1 动量和坐标

设想我们要跟踪一个电子的运动。我们该怎么办呢？人眼恐怕担当不了这个任务。它的分辨率太低，看不见电子。那么让我们试用显微镜吧。显微镜的分辨率受到它用来观察物体的光的波长的限制。通常可见光的波长在 100 纳米（10^{-7}米）的量级，我们不可能在显微镜下看到一个比这更小的粒子了。原子的大小在 10^{-10}米的量级，所以没有希望看到它们，更不用说电子了。

但让想象驰骋。设想我们建造一台显微镜，它利用短波长的电磁波，比如 X 射线甚至伽马射线而不是可见光。我们使用的伽马辐射越“硬”，相应的波长越短，我们能够检测的物体就越小。这样，一台想象的伽马射线显微镜似乎是一件理想的仪器，让我们能以我们所希望的精度测量电子的位置。那不确定性原理是怎么回事呢？

再一次考虑这个想象实验①。为了得到电子的位置信息，至少要有一个 γ 量子被反射。一个量子携带辐射的最小能量，其值等于 $E=h\nu=\hbar\omega$，式中 ω 是场振荡的角频率。短波具有较高的频率，它们的量子携带较大的能量。一个量子与一个电子碰撞不可避免地把它的一部分动量转移给电子。因为这个缘故，任何的坐标测量都将使动量不确定。严格分析这一过程证明，不确定性的乘积不可能小于普朗克常数。

你可能会想，上面的讨论只适用于这种特殊的情形。或许是我们使用了错误的器件吧，难道就没有更巧妙的方法——它不会把电子撞到一个新状态——来测量动量？可惜事实不是如此。

一些最好的科学家（包括爱因斯坦）曾试图发明一个想象实验，它能够超越不确定性原理所规定的极限，更精确地同时测量粒子的位置和动量，但都失败了。根据自然定律，这是不可能的②。

我们的论据可能显得不够明确，而且也没有一个现成的不证自明

---

① 见 61 页脚注①。——译者

② 后来物理学家的注意力被所谓挤压态所吸引，那里不确定性的乘积要小些但仍是 $\hbar$ 的量级。这种特别的状态并不影响这个一般原理。——A. A.

的心智模式[①]，可借以理解这个原理。真正的理解需要认真研究量子力学，但我们希望下面的讨论足以让你对这门学科有一个初步的认识。

为了标示宏观世界和微观世界之间的边界，让我们来作一估计。观察布朗运动[②]使用的微小粒子，大小约为1微米（10^{-6}米），重量小于10^{-10}克。这些物质碎屑仍然包含许许多多个原子。不确定性原理告诉我们，对它们，$\Delta v_x \Delta x \sim \hbar / m \sim 10^{-21}$ 米^2/秒。假定我们要以其大小百分之一的精度来确定其位置，$\Delta x \sim 10^{-8}$ 米，则 $\Delta v_x \sim 10^{-13}$ 米/秒。这是一个非常小的量，这么小的原因是普朗克常数之值很小。

这种粒子的布朗速度约为10^{-6}米/秒。显然，来自不确定性关系的速度误差可以忽略。即使对这么小的物体，它也小于千万分之一（0.0000001!）。由于不确定性关系右边的$\hbar / m$，对较大的物体它就更不明显了。但若我们降低质量（以一个电子为例），同时提高测量精度（令 $\Delta x \sim 10^{-10}$ 米——原子尺度），速度不确定性就变得可与速度本身相比较了。对原子中的电子，不确定性起着重要的作用，不能忽略。这导致令人吃惊的结果。

23.2 概 率 波

最简单的原子模型是卢瑟福[③]行星模型：电子绕原子核旋转就像行星绕日一般。但电子是带电粒子，绕轨道运动产生变化的电场和磁场。这就引起了电磁辐射，耗费能量。如果行星模型是正确的，那么在发射了全部能量后，电子将落到原子核上。行星模型预测了原子的坍缩，但原子的稳定性却是确凿无疑的实验事实！

卢瑟福模型需要"微调"。玻尔[④]在1913年做了这件事。在

---

① 心智模式（mental model）一般指外部世界、其各部分的关系，以及人对其行动的结果的判断在人们头脑里的某种表达或图像。心智模式在认知、推理和决策中起重要作用。——译者

② 气体或液体中细微杂质的混沌运动缘于与气体或液体分子的碰撞。一粒灰尘由这种碰撞获得的平均能量等于一个分子的平均热动能，$E = \frac{3}{2}kT$。——A. A.

③ E. Rutherford，第一任纳尔逊男爵（1871～1937），英国物理学家，1908年获诺贝尔物理学奖。

④ Niels H. D. Bohr（1885～1962），丹麦物理学家，首先提出量子化思想，1922年获诺贝尔物理学奖。

他的模型中，电子只能占据某些轨道，这些轨道具有严格确定的能量。电子要改变其能量，唯有从一条轨道跳到另一条轨道。这种“量子”行为解释了许多东西，包括原子能谱和原子的稳定性。甚至时至今日，这个模型仍有助于量子效应的简化处理。但它违反了不确定性原理！显然，一条轨道上电子的坐标和动量都是确定的，不管轨道是量子的还是经典的，这与微观世界的规律相悖。

进一步的发展纠正了这个所谓的半经典模型。原子中电子的实际行为比这更令人惊异。

假定我们设法确定了电子在一个给定时刻的精确位置[①]。可以肯定地预测稍后（比如说，1 秒后）它在哪里吗？不，因为就我们所知，位置测量已不可避免地在动量中引入了不确定性。预测电子在哪里超出了器件的能力。那我们怎么办？

让我们在发现电子所在的那个特殊的点上做一个记号。我们用另一个记号记录对另一个同类原子所作类似测量的结果。测量越多，记号越多。虽然不可能预测下一个记号出现在何处，记号的空间分布却服从一个模式。各点处记号的密度反映了发现电子的概率。

我们固然不得不放弃详细描述电子运动的愿望，但我们可以判定在空间各点上发现它的概率。原来，微观世界中一个电子的行为是以概率为特征的！读者可能不喜欢这种奇特的说法。这绝对与我们的直觉和日常经验相悖。但自然的基本规律如此，我们无能为力。微观世界的规律确实与日常世界不同。为了预测一个电子的行为，借用爱因斯坦的一个比喻来说，我们必须“掷骰子”。我们必须面对事实[②]。

这样，在微观世界中，电子的状态是通过在空间不同的点上发现

---

① 在量子力学中我们遇到的另一个问题是，电子都一样，我们不能区分它们。下面的讨论暗指氢原子，它只包含一个电子。——A. A.

② 我们必须指出，爱因斯坦本人不相信这种赌博的必要。终其一生，他都不接受量子力学的诠释。

它的概率来定义的。在我们形象化的模型中，概率正比于记号的密度。我们不妨想象，记号形成了一种概率云，电子“住”在这云中。

那么，是什么东西控制着概率云的结构呢？你知道，牛顿定律制约着经典力学。量子力学有自己的方程式，它决定着电子在空间的“分布”。奥地利物理学家薛定谔①于 1925 年发现了这个方程（注意，这是在阐明了粒子分布原因的不确定性原理的发现之后，物理学中常有这种情形）。薛定谔方程提供了原子效应的精确和详细的定量描述，但没有复杂的数学就不能解它。这里我们引用一些现成的结果来说明电子的分布。

图 23-2 是电子衍射实验的示意图。出现于屏幕上的带状图形印在照片上。这与光衍射的图形十分相像。要是电子像经典物理学描述的那样沿线状轨道运动，这个结果就无法解释了。但若电子分布于空间，这就可以想象了。此外，实验表明概率云显示出波动性质。出生率和犯罪率的波动是生活中常见的概率波。在事件的最大概率处，波的振幅最大；在我们的情形下，在那里发现电子的可能性最大。在照片上，这些区域的颜色较浅。

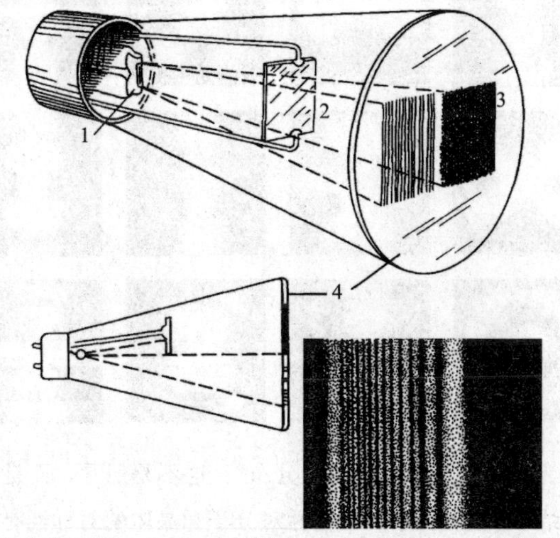

图 23-2　电子衍射实验。1——电子枪；2——边缘；3——影；4——荧光屏

① E. Schrödinger（1887～1961），奥地利物理学家，1933 年获诺贝尔物理学奖。

氢原子中电子的分布示于图 23-3，它们是通过对几种量子态的精确数学分析得到的。它们类似于玻尔原子模型中的电子轨道。与前面一样，在较亮的区域遇到电子的概率较高。这些照片令人想起有限区域内驻波的照片。概率云真的很美！此外，这些抽象的图形确实确定了原子内电子的行为，并且解释了能级及有关化学键的一切。

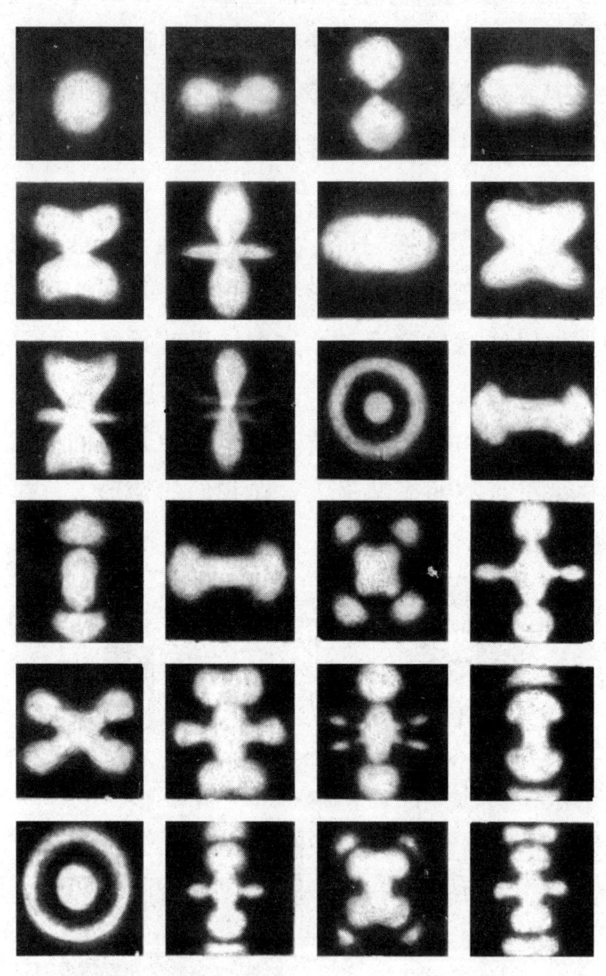

图 23-3　原子内电子的“分布”。这不是照片，而是计算结果。这些图形的对称性对分子和晶体的对称性有很大的影响。甚至可以说，它们是理解自然界有序生命形式之美的钥匙

利用不确定性原理，我们可以估计概率云的大小而不必了解其具体结构。如果云的大小具有 Δx 的量级，那也就是说坐标不确定性的范围为 Δx。因此，依照不确定性原理，粒子动量的不确定性 Δp_x 不能小于 $\hbar/\Delta x$。这也确定了粒子最小动量的量级。

云越小，在局限域内运动的速度和动量越大。这个一般的结论足以让我们作出原子大小的正确估计。

原子内的电子具有动能和势能。动能是运动能，经熟知的公式 $E_k = mv^2/2 = p^2/2m$ 与动量相联系。电子的势能是（电子）与原子核相互作用的能量。在国际单位制（SI）中，势能 $E_p = -\frac{1}{4\pi\varepsilon_0}\frac{e^2}{r}$，式中 e 是电子电荷，r 是电子与原子核间的距离，量纲常数 ε_0 叫做自由空间介电常数。从这个等式可以求得 $(4\pi\varepsilon_0)^{-1} = 9\times10^9$ 米 / 法 $=9\times10^9$ 焦 · 米 / 库^2。

在每一状态上，电子都有确定的总能量 $E = E_k + E_p$。具有最小能量的那个状态称为基（非激发）态。让我们来估计基态的原子半径。

设想电子散布于半径为 r_0 的区域。原子核的吸引力试图减小 r_0，使概率云坍缩。这相当于减小势能（其值为 $-\frac{1}{4\pi\varepsilon_0}\frac{e^2}{r_0}$，这个负量的绝对值随 r_0 的减小而增大）。要是没有动能，电子将降落到核上。但你知道，根据不确定性原理，被局限的粒子永远具有动能。这就阻止了电子降落！r_0 的降低增强了粒子的最小动量 $p_0 \sim \hbar/r_0$，结果动能 $E_k \sim \hbar^2/2mr_0^2$ 增大。电子的总能量 E 在导数 $dE/dr_0 = 0$ 处最小。由此我们求得这个最小值出现于

$$r_0 \sim \frac{4\pi\varepsilon_0\hbar^2}{me^2} \tag{23-1}$$

这确定了局限域的大小，那基本上就是原子半径。从式（23-1）所得 r_0 值为 0.05 纳米（5×10^{-11} 米）。你知道，这是原子大小的量级。既然不确定性原理使正确估计原子半径成为可能，那它必定是微观世界最深刻的定律了。

对复杂原子，从不确定性关系可以直接得到另一原理。电离能 E_i 定义为让一个电子脱离原子所需的功。它可以相当精确地测量。

我们可以猜想，$\sqrt{E_i}$ 与原子大小 d 的乘积对完全不同的原子基本上相同（在0～20%的范围内）。你大概已经猜到其中的缘故：电子的动量 $p\sim\hbar\sqrt{2mE}$，而根据不确定关系，乘积 $p\cdot d\sim\hbar$ 必定是常数。

23.3 零点振荡

将不确定性原理应用于固态下原子的振荡，得出令人印象深刻的结论：原子（或离子）在晶格的节点（格点）附近振荡。通常，振荡是由于热运动，并随温度升高而增强。但若温度降低，情形如何呢？从经典观点看来，振荡的振幅将降低，在绝对零度时原子将停止振荡。但从量子定律的观点看来，这可能吗？

在量子语言中，振荡振幅的收缩意味着粒子概率云（或局限域）的压缩。我们已经看到，由于不确定性关系，这要以粒子动量增大为代价。试图捉住一个量子粒子，必定失败。即使在绝对零度，固体中的原子也继续振荡。这种零点振荡引起了一些奇妙的物理效应。

首先让我们来估计零点振荡的能量。在一个振荡系统中，当物体偏离平衡位置 x 时出现恢复力 $F=-kx$。对于弹簧，k 是弹性系数，而在固体内它由原子间的相互作用力确定。振荡的势能是

$$E_p=\frac{kx^2}{2}=\frac{m\omega^2x^2}{2}$$

式中，$\omega=\sqrt{k/m}$ 是振荡频率。

这意味着振荡能量可用振荡的振幅 $x_{\max}$ 表示

$$E=\frac{m\omega^2x_{\max}^2}{2},\quad x_{\max}=\sqrt{\frac{2E}{m\omega^2}}$$

但在量子语言中，振荡的振幅是局限域的典型尺度，且由不确定性关系决定着粒子的最小动量。另一方面，振荡能量越小，振幅必定越小，但降低振幅增大了动量，于是增大了粒子的动能。粒子的最小能量由下面的估计给出

$$E_0\sim\frac{p_0^2}{2m}\sim\frac{\hbar^2}{mx_0^2}\sim\frac{\hbar^2}{m}\frac{m\omega^2}{E_0}$$

比较最后两个表达式得 $E_0\sim\hbar\omega$。精确的计算给出此值之半，即零点振荡的能量等于 $\hbar\omega/2$。对具有较高振荡频率的轻原子，此值最大。

零点振荡最突出的表现大概是存在一种液体，它在绝对零度时也不凝固。显然，如果原子振荡的动能足以破坏晶格，液体就不凝固，不论动能的产生是由于热运动或量子振荡。最可能不凝固的液体是氢和氦。在这两个最轻的原子中，零点振荡的能量最大。但除此而外，常温下氦是一种惰性气体。氦原子间的相互吸引非常弱，晶格比较容易熔化。已经证明氦的零点振荡的能量足够大，在绝对零度时也不凝固。相反，氢原子间的相互作用要强得多，因而尽管氢原子的零点振荡能量比氦大得多，但是它凝固。

所有其他的物质在绝对零度都凝固。故氦是常压下永远保持液态的唯一物质。我们可以说，是不确定性原理阻止了它凝固。物理学家称氦是量子液体。氦的另一种异乎寻常的性质是超流动性，这也是一种宏观量子现象。

然而，在大约 2.5 兆帕的压力下，氦变为固体。固态氦可不是普通的晶体。例如，固态氦和液态氦分界面上原子的动能决定于零点振荡。这使得晶体表面形成巨大的振荡，好像它是两种不可溶混的液体（图 23-4）的分界面。物理学家给了它量子晶体的头衔并积极研究其性质。

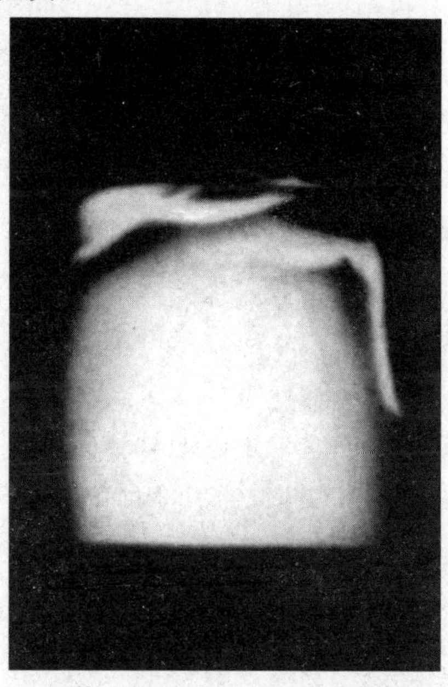

图 23-4　固体（明亮区域）与液体氦交界面上的波

第 24 章　雪球，坚果，泡……和液氦

氦，尽管在元素周期表中占第二的位置，但是由于其很不“正统”的性质，自从被发现，就引起了物理学家无休止的争论。然而这些麻烦和头痛，比起液氦所显示的物理现象之独特和美妙，还有它为物理学家和工程师所提供的研究机会来说，简直不值一提。在这种量子液体的奇特性质里，除了超流动性，还有区别于其他液体的特殊的电荷转移机理。这就是我们的故事开始的地方。

物理学家在 20 世纪 50 年代开始考虑这个问题。那时，载流子（也称载荷子）这个角色最可能的候选者似乎是电子及氦原子电离产生的正离子。还有一个假设是，电荷不是氦离子本身所运载的（它们太重了，难以加速），而是由“空穴”运载的。要知道空穴是什么，你可以想象氦原子中的一个电子跳到了一个恰好在附近的带正电的氦离子上。这样，电子必定要留下一个空位，但这“电子空位”将很快被从其他原子跳过来的电子占据。新的空位又将被另一电子占据。事情将这样继续下去。从旁看来，这样一个电子“跳蛙游戏”就像是一个带正电的粒子向相反的方向运动。但实际上并没有运动的正电荷，只不过是由于电子不在它的“住处”；我们可以称此为“空穴”。这一电荷转移机理在半导体理论中一般应用甚佳，所以有理由认为也可应用于液氦。

为了测量（正和负）载流子的质量，研究者按照常规考察它们在均匀磁场里的轨道。人们知道，当一个具有某个初速的带电

粒子进入磁场时，它开始回转，轨道变为圆形或螺旋形。已知初速和场强，只需测量回转半径，我们就不难找到粒子的质量。但实验的结果十分令人惊讶：负载流子和正载流子的质量竟然都超过自由电子的质量数万倍之多!

诚然，在液体中，电子和空穴被原子所包围并与之相互作用，因此它们的质量可有别于自由电子的质量，但 5 个数量级似乎也太离谱了。即使对一个像氦那样行为怪诞的元素，理论计算和实验结果之间如此巨大的差异也被认为是不可接受的。人们急切需要一个新的模型。

美国物理学家阿特金森（Robert Atkinson）很快便提出了液氦中载流子结构的正确解释。人们知道，为了使液体变为固体，并不一定需要冷却它，压缩液体也可使其凝固。液体变为固体的那个压强叫做凝固压（P_s）。当然，P_s 有赖于温度：温度越高，越难通过压缩使液体凝固，因此 P_s 升高。原来，正载流子结构的秘密可以通过液氦很低的凝固压值得到解释：在低温下，$P_s=25$ 个大气压。这使正载流子具有非常特别的结构。

我们已经指出过，正离子 He^+ 通常存在于液氦。在与中性氦原子相互作用时，一个 He^+ 吸引带负电的电子，同时拒斥带正电的原子核。结果是，原子内正电荷和负电荷的中心不再重合而是分离的了。因此，液氦中正离子的存在引起原子的极化。极化的原子被正离子吸引，从而又引起氦原子的局部浓度和局部密度的增加，结果，离子周围的压强增大。压强与正离子距离的关系示于图 24-1。

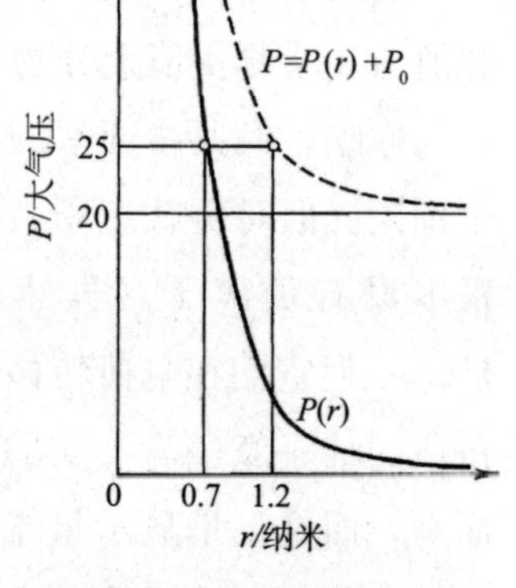

图 24-1　极化的原子被电荷所吸引，以及液氦中局部压强 P 的增大

我们已经知道，低温下液氦在 25 个大气压时凝固。当 He^+ 附近的压力达到这一临界值，它周围的

一部分变为固体①。依照图 24-1，在低的外压力下，凝固发生于距离子 r_0 处，大约为0.7纳米(0.7×10^{-9} 米)的范围内，于是 He^+ 被“冻结”在一个固态氦形成的“雪球”中。现在，如果外施一个电场，“雪球”将开始运动，但它不是独自运动，而是被新的“随员”陪伴着——拖着一整条逾量密度的“尾巴”。

这样，正载流子的总质量包括三个主要的组成部分。第一个是“雪球”自身的质量，它等于固态氦的密度与正常环境压力下雪球体积的乘积，由此得 $32m_0$($m_0=6.7\times10^{-27}$ 千克，是氦原子的质量)。随员（离子拖着的逾量密度的尾巴）的质量只略微小些，为 $28m_0$。

除了这两者，还必须加上另一“质量”，因为当物体在液体中运动时总要引起它周围液体的位移。这当然需要耗费一些能量。这就是说，在液体中加速一个物体比在真空中需要更大的力。所以，在液体中物体表现得好像它的质量大了一些。由液体层的运动引起的附加质量叫做缔合质量②。对标准大气压下在液氦中运动的“雪球”，缔合质量为 $15m_0$。

最后，加在一起，在液氦中运动的正电荷的总质量为 $75m_0$，此值与实验测量值十分吻合。

你瞧，经典物理学的概念可以成功地应用于液氦中的正载流子理论。但对负载流子，事情却不是这么容易。首先，在液氦中根本没有负离子（虽然可能形成少数几个带负电的分子离子 He_2^-，但它们在电荷转移中不起显著作用)，所以电子是负载流子角色的唯一竞争者。实验数据所要求的质量，大部分仍不知从何而来，而这正是显示量子世界特点的地方。实验表明，我们固执地以为是负载流子的电子甚至不能自由地潜入液氦。

要理解这些，我们必须略为介绍具有几个电子的原子的结构。

① 从第 23 章中知，这很不结实。
② 我们在第 20 章中已讲过这个概念。

有一条无疑制约着微观世界的至高原理，它决定着相同粒子群的行为。当应用于电子时，它叫做泡利[①]原理。根据这一原理，没有任何两个电子可以同时占据同一量子态。我们将指出，这解释了人们观察到的氦原子对自由电子的“厌恶”态度，以及电子在试图进入液氦时遇到的麻烦。

我们已经指出过，原子中电子的能量只能具有一定的量子值。重要的是，对每一能量值，电子可具有若干个相应的状态，随其在原子中的运动而异（例如，随电子轨道的形状，或在量子语言中，随确定电子空间分布的概率云的形状而异，图 23-3）。同一能量的状态构成一层所谓的壳。依照泡利原理，当原子中的电子数增加时（原子数增大），它们不是“挤”在同一状态，而是填满一层层壳。

第一只壳对应于最低能量，必须首先被占据。这只最靠近原子核的壳只能容纳两个电子。这样，在周期表中占第二位的氦原子中，第一只壳填满了。第三个电子除了离原子核足够远之外别无选择。当这样一个“不受欢迎的”电子靠近一个氦原子到了其半径量级的距离范围时，将出现一个斥力，拒斥其进一步靠近。

因此，一个游离的电子要进入液氦内，需要一定的“进入功”。三位意大利物理学家，卡莱利（Carreri）、法索利（Fasoli）和盖安塔（Gaeta）提出了一个想法：进入氦的电子不能太接近氦原子，它把它们推开，从而形成一个球对称的腔——一个泡（图 24-2）。这个将电子囚在其内的泡才是液氦中真正的负载流子。

泡的大小较易估计。电子与氦原子间的斥力应随距离的增大而减小。另一方面，在大的距离上，电子对氦原子的作用应与正离子对氦原子的作用一样，是使它们极化。所以，电子与氦原子的相互作用应是与上述“雪球”情形一样的吸引。这样，随着与

---

① Wolfgang Pauli（1900～1958），出生于奥地利，曾居住在德国、瑞士和美国的物理学家，精于量子力学、量子场论、相对论和理论物理学的其他领域，1945 年获诺贝尔物理学奖。

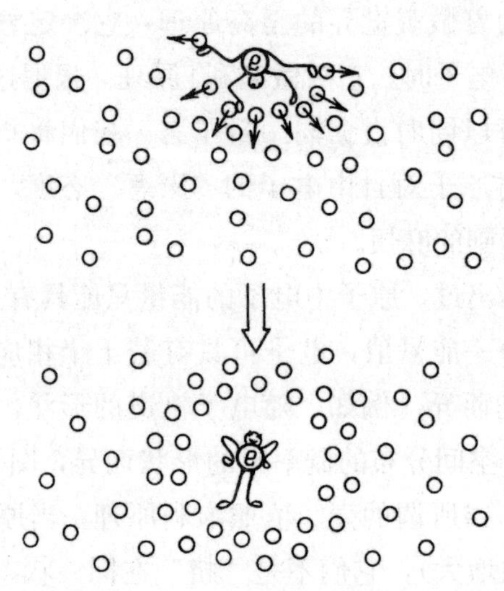

图 24-2 由于量子效应，电子不能靠近氦原子，把它们推开

一个内部囚有电子的泡的距离的减小，氦中压力上升，遵守示于图 24-1 的规律。

然而，在正常条件下，由于泡较大，泡边界上的压力仍远小于 25 个大气压。除了这一压力，还存在由极化氦的密度增大而引起的表面张力。它作用于泡的边界且一致指向泡的中心。那么是什么力平衡了这两个外力，阻止了泡坍缩呢？原来，所需的补偿就来自于被囚的电子。

果然，根据不确定性原理（第 23 章），测量电子动量的精度直接关系着电子空间位置的不确定性：$\Delta p \sim \hbar/\Delta x$。在我们的情形下，电子位置的不确定性自然决定于泡的大小，即 $\Delta x \sim 2R$。那么被囚电子的运动应具有量级为 $\hbar/2R$ 的动量，因而具有动能 $E_k = p^2/2m_e \sim \hbar^2/8m_eR^2$。电子与泡壁的碰撞应当产生某个向外的压力（回忆气体运动理论中联系气体压强 P 与混乱运动粒子的平均动能及它们的密度的基本方程式 $P=\frac{2}{3}nE_k$），这个压力完全可以平衡那些挤压泡的力。换言之，囚于泡内的电子的行为与关闭在容器内的气体完全一样，可是这种“电子气体”仅由一个电子组成！这种气体的密度显然是 $n=1/V=3/4\pi R^3$。将此值和 $E_k\approx\hbar^2/8m_eR^2$ 代入压强的表达式中，我们得 $P_e\approx\hbar^2/16\pi m_eR^5$。严格的量子力学计算得出类似的解答①：$P_e\approx\pi^2\hbar^2/4m_eR^5$。

只要保持小的外压力，挤压泡的力主要是表面张力，$P_L=2\sigma/R$（见第10章）。令 $P_e=P_L$，我们容易估计液氦中稳定电子泡的半径

$$R_0=\left(\frac{\pi^2\hbar^2}{8m_e\sigma}\right)^{\frac{1}{2}}\approx 2\text{ 纳米}=2\times10^{-9}\text{ 米}$$

我们现在看到，液氦中负电荷是由内部囚有电子的泡运载的。

这种载流子的总质量同样可以用计算雪球质量的方法来计算。但现在，泡自身几乎不占什么份额，因为泡内电子的质量比起泡所拖曳的液体的质量加上缔合质量来说小到可以忽略不计。这样，载流子的净质量等于缔合质量与漂移的泡拖着的尾巴的质量之和。因为泡比较大，它的合成质量要比雪球的质量大得多，达 $245m_0$。

现在让我们来考虑外压力的增大如何影响载流子的性质。图24-1显示出 $P_0=20$ 个大气压 时液氦中一个离子附近的总压强（包括外压强）$P=P(r)+P_0$ 与距离子距离的关系。对 $P_0<25$ 个大气压 的任意值，这种依赖关系的曲线可由将 $P_0=0$ 的曲线沿 P 轴平移得到。如图中所示，外压力越大，总压力达到25个大气压处距离子越远。因此，随着外压力的增大，雪球就像从雪坡上滚落一般：它迅速把“雪”——固态氦——裹在自己身上，变得越来越大。雪球大小与外压力的关系 $r(P_0)$ 示于图24-3。

那泡怎样呢？P_0 增高时它如何表现？在一定的范围内，像液体内的任何泡一样，它随周围压力的增大顺从地收缩。它的半径 $R(P_0)$ 像图中上面的曲线那样减小。在 $P_0=20$ 个大气压 处，$r(P_0)$ 和 $R(P_0)$ 两条曲线相交，表明在这一点上雪球和泡的大小相等（半径为1.2纳米）。我们知道雪球未来的命运：随着 P_0 的增大，氦凝固在其表面上，使它迅速增大。那泡呢，照图24-3中虚线继

① 差别的来源是，电子喜欢待在穴的中间而不是靠近拒斥壁。这有效地降低了位置的不确定性，从而增强了压力。

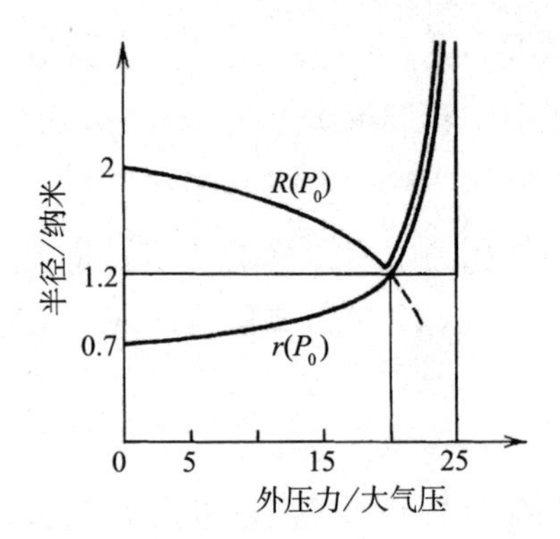

图 24-3 “泡”半径 R 和“雪球半径” r 与外压力的关系

续缩小?

不！就在此刻，我们的泡表现出其真正的特色。随着外施压力继续增大，泡开始像雪球那样：它被固态氦的冰屑覆盖。确实，依照图 24-1 和 24-3，$P_0=20$ 个大气压时，泡表面的总压力变为 25 个大气压，达到液氦的凝结点。泡的内半径，如今受到华丽冰装的保护，尽管外压力继续增加，不再变化并保持同样的值。与此同时，它的外半径等于同样压力下的雪球半径。

这样，当外压力大于 $P_0=20$ 个大气压时，泡罩着一层冰壳，开始像一个坚果。不过有一点差别：这“坚果”的内核非常特别，一个电子在固态氦壳内四处奔突。

最后还有一点值得指出。随着 P_0 接近于 25 个大气压，坚果和雪球的外半径都继续变大（原理上，试图达到无穷大），最终容器内所有的氦都变为固体。因此，固态氦内负载流子的作用是由电子泡（冻结在固态氦内，从以前的坚果继承了大约 1.2 纳米的半径）承担的。另一方面，正电荷必须由氦离子——前雪球的残余——运送。当然，在坚硬的环境中运载任何东西都不容易，电荷也不例外。故固态氦中载流子的活动性，比起液相下的雪球和气泡来，要低许多个量级。

第 25 章　千年末的超导热

我们的读者大概都听说过超导。那是某些纯金属或合金在低温下电阻突然消失的现象。“低温”指的是 10～20K 的范围，即绝对零度（−273℃）以上 10～20℃。为了冷却到这样低的温度，样品通常被置于液氦中。常压下液氦在 4.2K 时沸腾，且如你所知，直到绝对零度也不结冰。在整个 20 世纪，全世界许多实验室的物理学家和化学家都在寻找在足够高的温度下变为超导体的化合物，例如，它们可以利用比较廉价和容易得到的液氮来冷却。所以不难理解，电阻在 100K 以上变为零的高温超导体的发现，被认为是近年来物理学中最伟大的事件。确实，这一发现的实际意义堪与 19 世纪初磁感应的发现相比。它与 20 世纪铀分裂的发现、激光的发明，以及半导体独特性质的发现属于同样的等级。

25.1　高温超导体

超导发展中激动人心的新阶段始于 IBM 瑞士实验室的穆勒（K. A. Muller）和拜德诺兹（T. J. Bednorz）的工作。1985～1986 年，他们设法合成了一种钡、镧、铜和氧的化合物，即所谓的金属陶瓷氧化物 La-Ba-Cu-O，这种化合物在 35K 具有超导性质，这是当时的记录。那篇论文，小心地取名为“La-Ba-Cu-O 系中高温超导的可能性”，被著名的美国刊物 *Physical Review Letters* 拒绝。在过去 20 年中，科学界收到了太多声称发现了高温超导的虚假的轰动性报告，对此已经厌倦，所以他们决定避免此类麻烦。穆勒和拜德诺兹把论文投给德国期刊 *Zeitschrift für*

Physik。高温超导的消息终于传开，数以百计的实验室开始竞相研究。同时，每一篇研究这种现象的论文无不以引用这篇论文开始。但到 1986 年秋，它几乎已无人注意。只有一个日本小组检验并证实了这个结果。很快，高温超导现象被美国、中国和苏联科学家证实。

1987 年年初，整个世界都热衷于寻找新的超导体和研究那些已经发现的超导体的性质。临界温度 T_c 迅速上升，对 La-Sr-Cu-O 来说，T_c=45K，而 La-Ba-Cu-O 在压力下达到 52K。最后，1987 年 2 月，美国物理学家朱经武[①]想到了用较小的 Y（钇）原子代替 La 原子以模仿外部压力的效应，前者位于门捷列夫周期表的下一列。Y-Ba-Cu-O 化合物的临界温度打破了“氮障”，达到 93K（图 25-1）。这是期待已久的胜利，但不是故事的结束。1988 年，合成了一种五种成分的 Ba-Ca-Sr-Cu-O 型化合物，临界温度达 110K，稍后又出现了 Hg（汞）和 Tl（铊）的类似化合物，临界温度为 125K。破纪录的汞化合物在 3000 帕的压力下的最高临界温度，即使在摄氏尺标上，也令人印象深刻：−108℃！

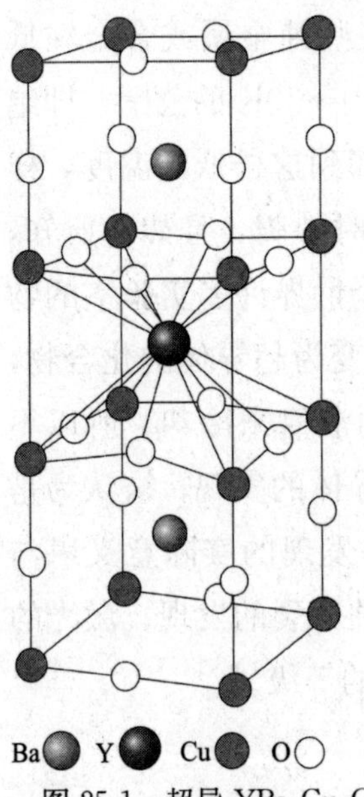

图 25-1 超导 $YBa_2Cu_3O_7$ 的结构

高温超导的发现在现代物理学上是独一无二的。首先，它被仅仅两位物理学家用非常简单的工具发现。其次，这些化合物包含着容易得到的元素。事实上，这些超导体可以在高中实验室里用一天的时间制造出来。这与其他领域里的发现形成多么强烈的对照！比如高能物理学领域，那里需要大量人员和数

① 朱经武（Paul Chu），美籍华裔物理学家，出生于中国湖南。——译者

以百万美元计的仪器设备，光一篇期刊论文的作者的名字就要占一页的篇幅。这一发现成了乐观的理由：物理学中孤独的研究者的时代并未结束！这一发现已被期待了 75 年，但仍让人吃惊。理论家对此束手无策，在临界温度进一步上升时，他们仍然如此。

那么穆勒和拜德诺兹的这一发现是出于侥幸还是天命呢？他们发现的这种具有独特性质的化合物能否早些被发现呢？要回答这些问题太难了！我们久已习惯于这样的事实：每一样新东西是从不可能的边缘利用独特的仪器设备、超强场、极低温、超高能量等得来的。可这里完全不需要这些东西。“烘焙”出高温超导体并不太难，一位中世纪的合格的炼金术家或许可以做到。值得回忆的是，大约十年前，世界上许多实验室奋力研究一种不寻常的化合物。这种物质黄澄澄的色泽和高密度使它看起来像金子，故被叫做“魔金”。它是由中世纪的炼金术士合成的，被当做黄金买卖，并被宣称是成功使用了“哲学家宝石”的成果。魔金是一种复杂的化合物，或许高温超导体本可在中世纪烘焙出来，要是它有黄金的光泽的话。谁知道呢。

中世纪的梦或许把我们带到太远的地方，但你会愿意听到，今日有些高温超导体事实上自 1979 年以来就在实验室里的架子上了！它们是在莫斯科普通和无机化学研究所由沙普里金 (I. S. Shaplygin) 及其合作者在很不相同的情形下合成的。可惜他们没有测量这些化合物在低温下的导电率（那将显示新的现象），错过了重大发现[①]。

25.2　从惊讶到理解

如今，整个世界都在谈论高温超导体的性质和发展前景，人们对超导研究历史上的许多关键点都有了新的认识。

① 要是中世纪烘焙出超导体，也注定要被埋没，原因仍是：那时没有液氦。——A. A.

超导是固体物理学中最有趣和最奇特的现象。1911年4月28日，在阿姆斯特丹的皇家科学院会议上，这种现象才为人们所知。在这次会议上，荷兰物理学家昂纳斯①报告了他新发现的一种效应：用液氦冷却到4.15K的水银的电阻完全消失。虽然无人预料到这一发现，而且这与当时经典的金属电子理论相矛盾，昂纳斯发现超导却并非偶然。事实上，他是努力解决当时最复杂的科学和技术问题即获取液氦（在4.16K沸腾）的第一位科学家。这使科学家得以窥探接近于绝对零度的世界。昂纳斯立刻应用这一新的实验方法来观察纯金属的低温行为。当时关于纯金属在绝对零度时电阻是变为零还是保持有限值的争论正热。昂纳斯是前一种说法的倡导者，当然对就水银得到的结果感到满意。但很快他便意识到，有限温度上电阻的突然消失是一种与预料十分不同的效应。

我们要强调，超导状态下一个样品的电阻精确等于零，不是近似如此。这就是电流可在线圈内流动任意长的时间而不衰减的缘故。在英格兰记录到的超导电流的最长持续时间约为两年（要不是一名搬运工撞了它，引起实验室液氦供应中断，圈内电流本会持续至今）。即使在两年后，也没有检测到这个电流的衰减。

很快就发现，不但水银有超导性，其他金属也有。这种现象实际应用的前景似乎是无限的：没有损耗的电力传输线，超大功率磁铁，电马达，新型变压器。但这种创新尚有两个障碍。

第一个障碍是，对那时观察到超导电性的所有材料，超导转变温度都极低。将导体冷却到这些温度需要使用稀有的氦（储存有限，即使今天生产一升液氦也要花费若干美元）。这使许多使用超导的项目不能赢利。昂纳斯发现的第二个障碍是，

① H. Kamerlingh Onnes（1853～1926），荷兰物理学家，1913年获诺贝尔物理学奖。

超导性对磁场和电流值很敏感。事实上，场强到一定的程度将破坏超导。

1933年发现了超导态的另一个基本性质，叫做梅施纳-奥辛菲尔特（Meiβner-Ochenfeld）效应：超导体完全排斥磁场透入其内。但实验检验仍因需要稀有的液氦而复杂化（第二次世界大战前全世界仅有十来个实验室生产液氦，其中两个在苏联）。

金属的经典理论根本无法解释超导的基本性质，而量子理论尚在发展初期。所谓二流体模型认为，在超导金属中同时存在两种电子：正常电子与晶格相互作用，但超导电子因某种原因不与晶格相互作用。这个假设使伦敦兄弟①写下了超导体的电动力学方程式，并描述了梅施纳-奥辛菲尔特效应和其他特点，但超导的微观机理仍是一个谜。

1938年，卡皮查②发现了超流现象。在温度低于2.18K时液氦可无黏滞地通过毛细管流通。朗道③对这种现象的理论解释使人们燃起了超导理论正在浮出水面的希望。原来，氦原子在低温下的行为像具有整数自旋的量子粒子，在最低能级上积聚（玻色凝聚）。朗道指出，由此在激发谱中出现的一个能隙使超流态成为可能。在讨论这种纯量子效应的宏观表现时，朗道称氦为“量子世界之窗”。

把这些概念直接推广到超导性的尝试失败了。原因是：电子是具有半整数自旋（1/2）的粒子（所谓费米子），而氦原子是玻色子（具有整数自旋），两者的行为截然不同。在电子的量子系统中，能量任意小的激发甚至可出现于零温，朗道的超流动性判据不成立。

---

① H. London（1907～1970），英国物理学家；F. London（1900～1954），美国物理学家。二人精于低温物理学。

② P. L. Kapitza（1894～1984），俄罗斯物理学家，1978年获诺贝尔物理学奖。

③ L. D. Landau（1908～1968），俄罗斯物理学家，1962年获诺贝尔物理学奖。

把问题化为已经解决的问题这种很自然的愿望，鼓励了这样一种想法：用两个费米子制备一个具有整数总自旋的复合玻色子，然后再使用朗道超流理论来解释。但这受到电子库伦[①]斥力的妨碍，尽管有电中性金属的屏蔽作用，它还是太强了。

10年后的1950年，“同位素效应”的发现第一次提示了超导与金属晶格间的联系。铅的临界温度的测量证明，它有赖于实验中同位素的质量数。所以超导性不再是纯粹的电子现象。稍后，费里赫[②]和巴丁[③]彼此独立地证明，电子与格点振动（声子）的相互作用可导致（电子）吸引。这在原理上可以克服电子斥力，但我们不要忘记电子的巨大动能。初看起来，这会抑制刚刚提到的那种弱耦合，使复合玻色子不成功。

1950年年末，在实验数据和基于量子力学、统计物理的固体物理学理论成就的帮助下，金兹伯格[④]和朗道（苏联）发展了一种超导的唯象学理论[⑤]，称为金兹伯格-朗道理论。它是如此成功和富有预见性，尽管自问世以来已经过去了50年，至今仍是强大的研究工具。

1957年美国科学家巴丁、库伯和施里弗[⑥]把这些想法和线索结合在一起，创立了一种自洽的超导微观理论。超导果然起源于金属中出现的特殊的电子吸引。这是地道的量子现象。

我们已经指出，费米子系统的基态的电子动能很大，但幸运的是，这并不能阻止行为像“准粒子”那样的系统的低能激发结

---

① C. A. de Coulomb（1736～1906），法国物理学家和发明家，1785年发现静电学基本定律。

② H. Frölich（1905～1991），出生于德国，1933～1935年在列宁格勒工作，后在英国。

③ J. Bardeen（1908～1991），美国物理学家，1956年和1972年获诺贝尔物理学奖。

④ V. L. Ginzburg（1916～2009），俄罗斯物理学家和天体物理学家，2003年获诺贝尔物理学奖。

⑤ 唯象学理论（phenomenological theory）：用数学描述观察到的现象但不关注物理解释的理论。——译者

⑥ L. Cooper（1930～），R. Schrieffer（1931～），美国物理学家，1972年获诺贝尔物理学奖（与J. Bardeen共享）。

合。它们具有与电子同样的电荷 e 及某种“有效质量”，但它们的能量可以任意小。吸引作用引起准粒子谱的重新组合，最后打开了对朗道超流判据至关紧要的人们等待已久的能隙。

吸引的原因可以通过一个比拟来理解：两个位于橡皮垫上的球。如果两球相距甚远，两者都使垫变形，造成浅浅的穴；但若我们把一个球放在垫上，再把另一个放在靠近第一个的地方，它们的穴将连在一起，两个球都将滚落到组合谷的底部待在一起。在金属中，这种机理是通过晶格的变形实现的。在低温下，某些准粒子（通常它们也被称为电子）结合成对，称为库伯对（以发现者的名字命名）。在原子尺度上，对的尺度非常大，达原子内距离的数十万倍。依照施里弗提出的形象化的比拟，你不要把它们想象为电子组成的双星，而该把它们想象为两个在夜总会里的朋友，他们有时走到一起，有时在大厅的不同角落里跳舞，其间隔着数十名其他舞者。

你看，自从超导发现以来，为了在认识其性质上取得实质性的进步和发展一种自洽的理论，人们花费了差不多半个世纪的时间。这个时期可被视为超导研究的第一阶段。

25.3　追求高临界温度

创建超导理论是热切研究超导的一股强大动力。可以毫不夸大地说，在接下来的那些年中，在获得新的超导材料方面取得了重大进展。其中，苏联科学家阿布里科索夫[①]关于磁场中一种异常超导态的发现具有重要影响。在此之前，磁场被认为不能穿透超导相，除非破坏它（这对绝大部分纯金属是对的）[②]。阿布里科索夫从理论上证明了另一种可能性：在一定条件下，磁场可以涡流的形式穿透超导体，涡芯（被涡流包围的部分）变为正常态，而周围保持超导！

---

① A. A. Abrikosov（1928～）俄罗斯物理学家，朗道的学生，精于凝聚物质物理学，2003 年获诺贝尔物理学奖。

② 严格地说，这只对圆柱形样本且样本置于平行于圆柱体轴的磁场中的情形正确。如果样本不是圆柱体，或者足够强的磁场朝不同的方向，可以实现所谓的中间态，它由交替的超导层和正常层组成。

依照它们在磁场中的行为，超导体可以分为两类：第一类（老）超导体和第二类（阿布里科索夫发现的）超导体。重要的是，第一类超导体可以通过加入杂质或其他缺陷“糟蹋”它们而变为第二类。

寻找具有高临界场和高临界温度（变到超导态的温度）的超导材料的努力开始了。追求者的才能实在是无限的。弧焊、速冷和溅射到热基底上的种种方法都用上了。结果发现了某些合金，例如 Nb_3Se 和 Nb_3Al，它们具有临界温度 $T_c = 18K$ 和大于 20 特①的上临界场。后来在三元合金上取得了进一步的进展。在高温超导体发现以前，上临界场的记录（60 特）属于 $PbMo_6S_8$（$T_c = 15K$）。

在第二类超导体中，科学家找到了能够携载高密度电流和承受巨大磁场的化合物。尽管在能够实际应用前尚需解决许多问题（如化合物易碎、高电流不稳定等），但超导体在技术上广泛应用的两个主要障碍之一被克服了。

但提高临界温度仍是问题。如果临界场比昂纳斯的第一次实验提高了数千倍，临界温度的提高却不是那么令人鼓舞：顶多不过达到 20K。为了超导仪器的正常工作，仍不得不使用昂贵的液氦。这特别让人苦恼，因为发现了一种新的基本量子效应——约瑟夫孙结，这使超导体广泛用于微电子、医疗、仪器和计算机成为可能。

提高临界温度的问题特别尖锐。临界温度峰值的理论估计表明，在通常的声子超导（即与晶格的相互作用引起电子吸引而产生的超导）的情形下，临界温度不超过 40K。但发现具有这个临界温度的超导体将是巨大的成功，因为这个温度可用比较廉价和容易得到的液氢（沸点为 20K）来达到。于是人们纷纷试图改变原有的超导体，或者用传统的材料科学的方法产生新的超导体。不过最后的梦想是获得临界温度为 100K（或更好些，超过室温）的超

① 特（T）是国际单位制中磁通密度（或磁感应强度）的单位特斯拉（Tesla）的简称。1 特=1 牛/（安・米）（一个电荷为 1 库的带电粒子以每秒 1 米的速率通过强度为 1 特的磁场时所受力为 1 牛）。特斯拉这个名称是为了纪念伟大的塞尔维亚（今克罗地亚）物理学家、电气工程师和发明家尼古拉・特斯拉（1856～1943）。又 1 特=1 韦伯/米^2，韦伯（Wb）是磁通的单位。——译者

导体，它能用廉价和广泛使用的液氮来冷却。

获得的最好结果是临界温度为 23.2K 的 Nb_3Ge 合金。1973 年获得的这一创纪录的温度保持了 13 年之久。看来，超导声子机理的潜力已经穷尽。因此，美国物理学家里德尔和苏联科学家金兹伯格提出了下面的想法：如果超导声子机理的性质限制了提高临界温度的可能性，那就应当以别的机理来代替它，即电子应通过某种其他的、非声子的吸引形成库伯对。

在最近 20 年中，科学家提出了许多理论，详细研究了数十万种新的物质。里德尔的工作吸引了人们对准一维化合物——具有旁支的长分子传导链——的注意。依照理论估计，可以期待它的临界温度显著提高。尽管世界上许多实验室致力于此，这样的超导体仍未合成。但在这过程中，化学家和物理学家有了许多奇妙的发现：他们得到了有机金属，1980 年合成了有机超导体晶体（有机超导体临界温度的现纪录为 10K）。他们获得了二维分层金属超导体"三明治"，并在最后获得了磁超导体。在这种超导体中，以前的两个敌人超导性和磁性和平共处，但没有看到高温超导的新的希望。

这时超导的应用范围已经扩展，但需用液氦冷却仍是一个弱点。

20 世纪 70 年代中期，奇特的 Pb-Ba-O 型陶瓷化合物以高温超导体候选者的面目出现。就电性质而言，它们在室温下是"不良金属"，但离绝对零度不远时变成超导体。"不远"指的是比当时的纪录约低 10K。但这种新化合物很难被称为金属。依照理论，得到的临界温度绝不低，对于这种物质来说倒是高得令人吃惊。

于是陶瓷成为一种可能的高温超导体，引起了人们的注意。自 1983 年以来，穆勒和伯德诺尔兹像炼金术士一般研究数以百计的氧化物，改变它们的成分、分量和合成条件。据穆勒说，他们受到一些物理概念的指引，这些概念如今已被新材料的最复杂的实验研究证实。他们就这样煞费苦心、偷偷地获得了在 35K 显示超导性质的钡、镧、铜和氧的化合物。

25.4 反铁磁态和金属态之间的准二维超导性

如今已经合成了许多超导转变温度高于1973年纪录的不同化合物。某些临界温度高于液氮沸点的超导材料的化学配方总结于图25-2。

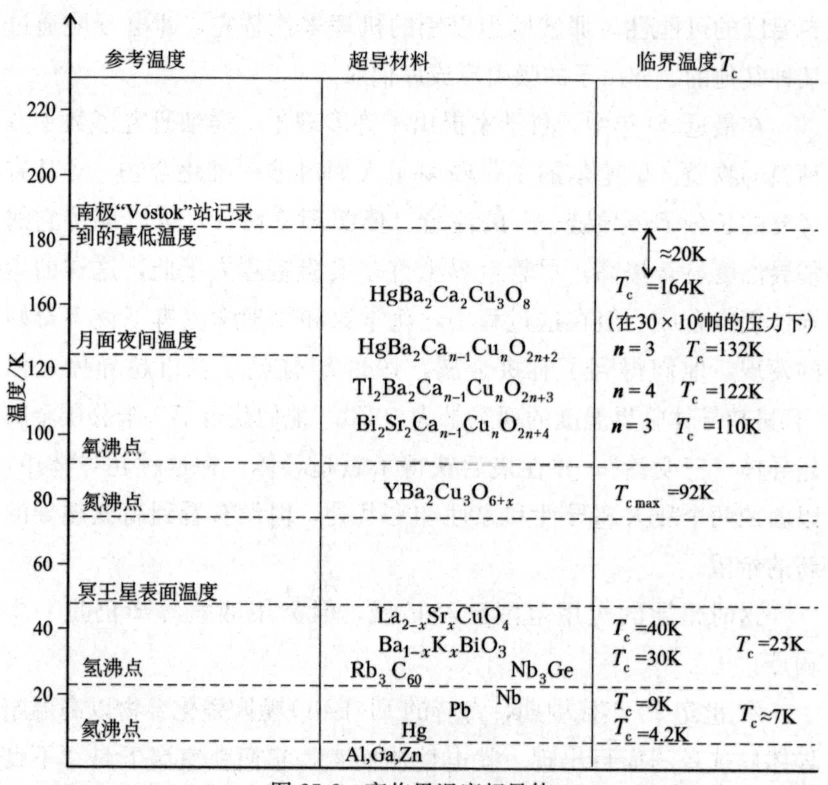

图25-2 高临界温度超导体

高温超导体共有的特点是分层结构。到现在为止，研究最彻底的高温超导体是$YBa_2Cu_3O_7$。它的晶体结构示于图25-1。容易看出，铜和氧原子配置在被其他原子分隔的平面中。结果是传导层被绝缘层分隔，因而载流子（一般不是电子而是空穴）的运动是准二维的。就是说，空穴在CuO_2层内自由迁徙，虽然层间跳跃比较少。库柏对也局限在这些平面中。

显然，高温超导体中电子谱的准二维性质是理解这种奇妙现象微观机理的关键，但这还有待于进一步认识。虽然如此，已经有了一种高温超导体涡旋态的出色的现象学理论。它十分丰富，具有多方面的影响，所以事实上构成了一个新的物理学领域，即"涡旋物质"物理学。它的基石是电子流体的准二维性。

确实，当电子和库柏对被限于二维时，阿布里科索夫涡旋由附着于传导平面的基本涡旋组成。物理学家称这些基本涡旋为"薄煎饼"。低温下这些薄煎饼因它们之间的弱吸引而拽成线。然后这些线形成涡线点阵。温度升高时，热涨落使涡线扭曲，在某个温度上点阵熔化，几乎像普通晶格一样。这样，在高温超导体中，有序的阿布里科索夫涡旋让位于由混乱扭曲、互相纠缠的涡旋线形成的无序"涡旋相"。有趣的是，温度的进一步上升可使涡旋线断裂并引起涡旋"蒸发"，而同时保持超导性。层内的基本涡旋会变得彼此完全独立，也与邻近平面内的涡旋位形无关。实际上，晶体内不可避免的种种不均匀性使涡旋物质的相图更加复杂。

尽管对高温超导体性质的认识有了重要进展，但这种效应背后的机理仍是秘密。不下于 20 种互相矛盾的理论宣称已经解释了高温超导，但我们需要的是一种真正正确的理论。

有些物理学家相信，这些超导体内库柏对的形成是由于某种磁涨落相互作用。晶体 $YBa_2Cu_3O_{6+x}$ 的临界温度随氧含量偏离名义浓度（$x<1$）而降低（图 25-3 右边的曲线）。在 $x<0.4$ 时它已是电介质，但在足够低的温度下发生铜原子的磁有序。相邻原子的磁矩变为反平行，因此晶体的总磁化为零。这种有序在磁学中众所周知，叫做反铁磁有序（图 25-3 左边的曲线，T_N 是所谓的尼尔[①]温度，即转变到反铁磁态的温度）。有人认为，在超导相中铜原子保持涨落磁矩，最后成为电子超导吸引的起源。这种机理依赖于铜原子依原子价的不同具有或不具有磁性的特殊性质。所有

① L. Neel（1904～2000），法国物理学家，1970 年获诺贝尔物理学奖。

高温超导体中 Cu-O 层的存在可被视为支持这种理论的根据。但最近，出现了 $W_3ONa_{0.05}$ 在 90K 的超导性的报告。超导相的精确组成仍未知，但那里肯定没有“魔幻”铜原子。此外，这种新的高温超导体配方中的所有元素均不显示磁性质。

在其他理论中，物理学家试图这样那样地推广经典的超导理论，更新金属态理论的基础，在较高维的空间中“杂交”超导性和铁磁性，分离载流子的自旋和电荷，在高于临界的温度上先行构造库伯对，以及采用其他的方法来普适地解释高温超导体的奇特性质。

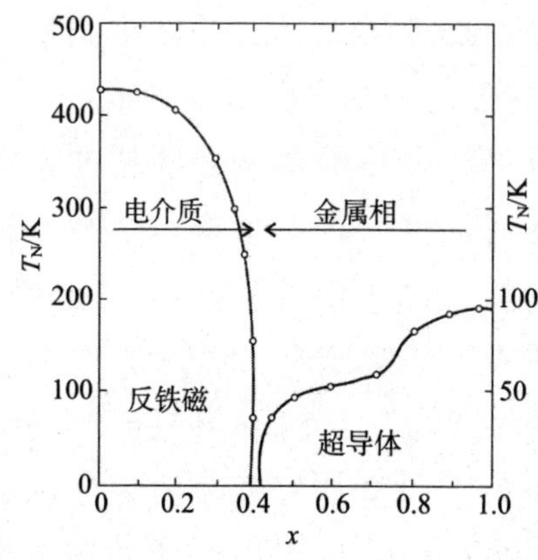

图 25-3　$YBa_2Cu_3O_{6+x}$的相图

自然的挑战等待着响应，但理论界莫衷一是。这就好像一个聋子合唱团，人人都唱自己的调而不管其他人。但或许这是因为时间未到，正确的理论尚未形成。

第 26 章　什么是 SQUID

26.1　磁通量子化

微观世界是原子、分子和基本粒子的世界，在那里许多物理量只能取一定的离散值。物理学家说，它们是量子化的（我们已经指出过，依照玻尔[①]定则，原子中电子的能量是量子化的）。宏观物体由大量粒子组成，混乱的热运动产生物理量的平均效应。这就在宏观水平上抹平了微小的级差，消除了量子效应。

那么，当物体冷却到很低的温度时会发生什么呢？那时微观粒子集群可以协同运动，显示出宏观尺度上的量子化。磁通量子化的迷人现象是这种宏观量子效应的一个好例子。

每一个学过电磁感应定律的人都知道，通过一个闭合回路的磁通定义为

$$\Phi = BS$$

式中，B 是磁感应强度值，S 是回路所围的面积（为了简单起见，设磁场垂直于回路平面）。但对于许多人来说，超导环内的电流产生的磁通只能取离散值仍是一项新发现。让我们来讨论（哪怕只是粗浅地）这种现象。暂时，我们只要相信微粒子沿着量子轨道运动就够了。在课堂讨论中，这一简化图像常常被用来代替概率云。

超导电子在环内的运动（图 26-1）类似原子中的电子：电子似乎沿着半径为 R 的大轨道运动，没有碰撞。因此，一个自然的

---

① 见 179 页脚注④。

假设是，它们的运动服从的规则和原子中的电子一样。玻尔假设说，只有某些轨道是固定和稳定的，它们由下面所述的量子化定则选择。电子的动量 mv 与轨道半径 R 的乘积（这个量叫做电子的角动量）形成一个离散序列

$$mvR = n\hbar \tag{26-1}$$

式中，n 是自然数，$\hbar$ 是角动量的最小增量，等于普朗克常数。我们在讨论不确定性原理时已经遇到过它。事实上，一切物理量的量子化都决定于这个通用常数。

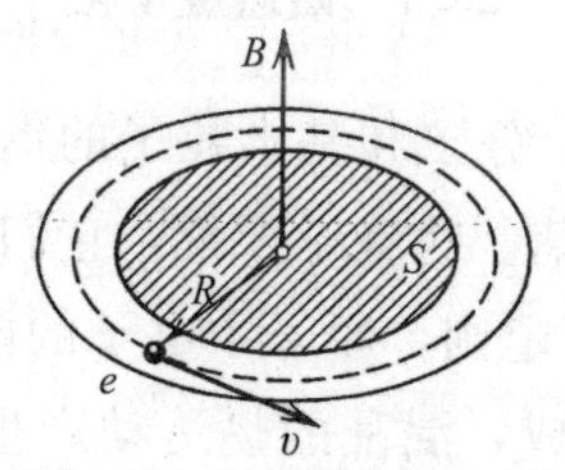

图 26-1 导体环内的电子

让我们来计算磁通量子之值。考虑一个电子，并令穿过环的磁通逐渐增大。你知道，这时将出现感应电动势

$$\varepsilon_i = -\frac{\Delta\Phi}{\Delta t}$$

电场强度是

$$E = \frac{\varepsilon_i}{2\pi R} = -\frac{\Delta\Phi}{2\pi R\Delta t}$$

根据牛顿第二定律，电子的加速度是

$$ma = m\frac{\Delta v}{\Delta t} = -\frac{e\Delta\Phi}{2\pi R\Delta t}$$

式中 e 是电子电荷。消去 Δt 后我们得

$$\Delta\Phi = -\frac{2\pi m\Delta vR}{e} = -\frac{2\pi}{e}\Delta(mvR)$$

你看到，穿过环的磁通与电子角动量成正比①。依照玻尔量子化定

① 环绕磁通与电子角动量的关系对经典和量子物理学都成立。——A. A.

则（26-1），角动量只能取离散值。这意味着穿过载有超导电流的环的磁通也必须量子化

$$mvR = n\hbar \text{ 和 } \Phi = -\frac{2\pi}{e}n\hbar \tag{26-2}$$

这个量子值极小（～10^{-15} 韦伯），但 20 世纪的技术使我们能够观察磁通量子化。美国人迪弗尔（B. S. Deaver）和范朋克（W. M. Fairbank）在 1961 年用一个中空圆柱体（而非环）内流动的超导电流进行了研究①。实验证实，穿过圆柱体的磁通呈阶梯式变化，但测量值是上面得到的一半。现代超导理论给出了答案。还记得吗，超导态电子结合成电荷为 $2e$ 的库柏对。超导电流是库柏对的运动。因此正确的磁通量子 Φ_0 需将电荷 $2e$ 代入公式(26-2)而得

$$\Phi_0 = \frac{2\pi\hbar}{2e} = 2.07 \times 10^{-15} \text{ 韦伯}^2$$

这样就得到了正确的结果。第一个漏掉它的并不是我们。英国理论家伦敦（F. London）也漏掉了。他在 1950 年就预测了磁通量子化，远在超导态的性质被认识之前。

应当指出，我们的磁通量子化推导显然是太幼稚了。我们居然以这样的方式得到了量子的正确值，真是令人吃惊！② 事实上，超导是复杂的量子效应，那些想要真正理解它的人有一条长而艰难的路要走。那需要多年坚韧的工作，但也是值得的。

26.2　约瑟夫孙效应

让我们来看另一种超导量子现象，它是好几种无可匹敌的测量方法的基础。1962 年，一位 22 岁的英国研究生发现了约瑟夫孙③效应，这一理论预测在 11 年后为他赢得了诺贝尔奖。

---

① R. Doll 和 M. Nabauer 同时观察到磁通量子化。两篇论文载于同一期 *Physical Review Letters*。

② 我们推导的弱点是：首先，由于“冻结”，不可能改变超导环内的磁通（见后面）；其次，超导对形成集体量子态，无法选出单独的一对。——A. A.

③ B. D. Josephson（1940～），英国物理学家，1973 年获诺贝尔物理学奖。

设想用一块玻璃片支托的超导膜（玻璃片称为基底，通常超导材料在真空中溅射到基底上）。膜的表面已经氧化，氧化物在膜上形成一电介质薄层，其上再溅射一层超导体。最终的结果是中间有一绝缘层的所谓“超导三明治”。三明治被广泛用来观察约瑟夫孙效应。为了方便起见，通常两条超导薄带是互相交叉的，如图 26-2 所示。

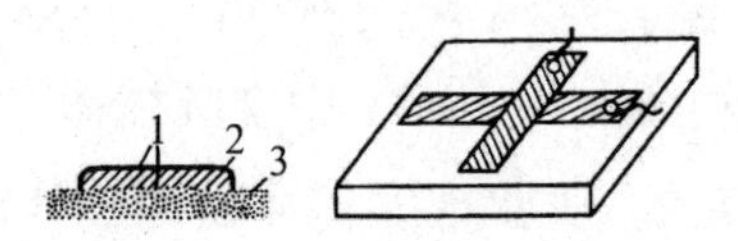

图 26-2　约瑟夫孙结：1——金属膜；2——氧化层；3——基底

我们先考虑金属层处于正常的非超导状态的情形。电子能从一个金属层进入另一个金属层（图 26-3（a））吗？

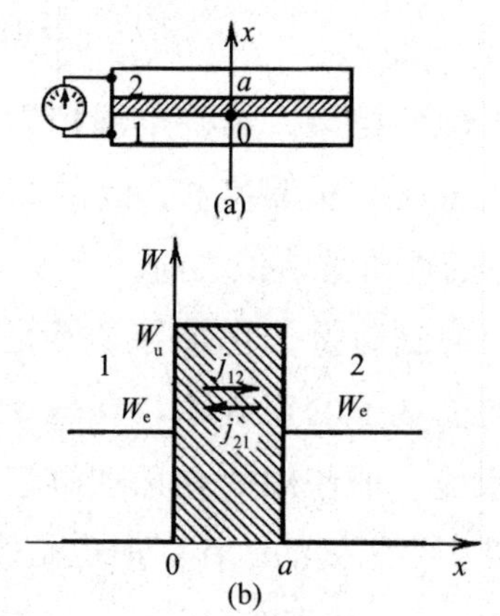

图 26-3　不加电压时隧道结中电子的能量

初看起来这不可能，因为两层之间有电介质。电子能量与 x 坐标（x 轴垂直于三明治平面）的关系示于图 26-3（b）。电子在金属中自由运动，它们的势能是零。电介质内电子的势能 W_u 超过金属中电子的动能（和总能量）W_e。进入电介质时电子所做的功 $W_u - W_e > 0$①。因此人们说，两层内的电子被高度为 $W_u - W_e$ 的势垒所分隔。

① 这像蒸发热，即从液体抽出分子时所做的功。

要是电子服从经典力学定律，势垒是不可逾越的。但电子是微观粒子，微观世界特殊的定律容许发生许多对于较大的物体来说不可能的事。例如，人和电子都不能越过高于他们能量的壁垒，但电子却可以穿过了它！好像能量不足以翻越一座山时，它从山下的隧道穿过了它。这叫做隧道效应或量子隧穿。当然，你不要以为这是真的挖一个洞。正确的解释须从微粒子的波动性及其在空间的“展布”出发，深入的理解要求掌握量子力学。但简单地说，电子能以某个概率穿越电介质，从一层金属膜到另一层。垒的高度 $W_u - W_e$ 和电介质膜的厚度 a 较小时，概率较大。

既然电介质膜对于电子来说是可穿透的，我们或许以为有电流通过它。此刻这所谓的隧道电流是零：从下电极到上电极的电子的数目等于回来的电子的数目。

怎样才能使隧道电流非零呢？就是破坏这种对称。例如，我们把金属膜连接到电压为 U 的电池上（图 26-4（a））。这样，金属膜就像是电容器的两块极板，电介质层内建立起强度为 $E=U/a$ 的电场。将一个电荷 e 沿场的方向搬运距离 x，所做的功是 $A=Fx=eEx=eUx/a$，故电子的势能具有如图 26-4（b）所示的形式。显然，上层（$x>a$）膜内的电子穿越势垒较为容易，因为从下面上来的电子必须跳到较高的水平。这样，即使很小的电压也破坏了平衡，引起隧道电流。

正常金属的隧道结也被用于电子器件中，但不要忘记我们的目的是超导的实际应用。下一步是假设被绝缘层分隔的金属带是超导的。超导隧道结的行为怎样呢？原来，超导引起非常出乎意料的结果。

我们说过，上层膜内的电子比下层具有多余的能量 eU，到下层后它们必定要释放这些能量，与其他电子相平衡。在正常状态下这不是问题：与晶格的若干次碰撞将重新分配多余能量并将其转变为热。但若膜是超导的，这种方式是不可接受的！它必须以电磁辐射量子的形式发射这能量。量子的能量正比于

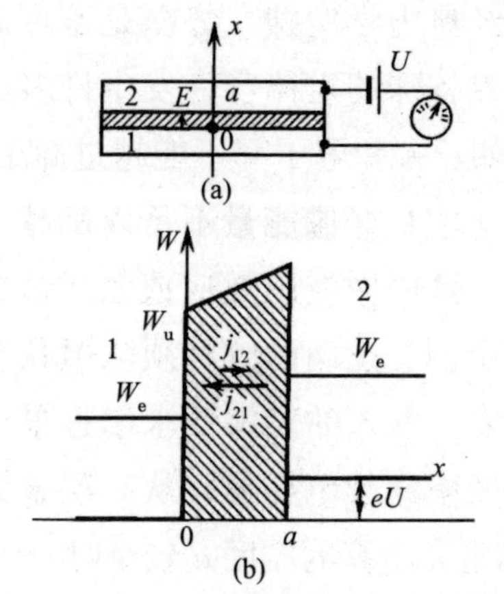

图 26-4 加电压时隧道结中电子的势能

外加电压 U

$$\hbar\,\omega = 2eU$$

注意上式右边的电荷是电子电荷的两倍。这表示发生了超导对的隧（道）穿（越）。

这就是约瑟夫孙让人惊讶的预测：在超导隧道结（常被称为约瑟夫孙结）上加一恒定电压将产生电磁辐射。1965 年，哈尔科夫低温物理和技术研究所的德米迪里恩科（I. M. Dmitrienko）、斯维斯托诺夫（V. M. Svistunov）和杨松斯（I. K. Yansons）首先实验观察到这一效应。

约瑟夫孙效应的第一种容易想到的应用是产生电磁波。但是，很难从超导膜间的狭窄空间抽出辐射（这也是这种效应实验观测的严重障碍），而且这种辐射过弱。现在约瑟夫孙结主要被用做电磁辐射检测器，因为在某些频率范围内它最敏感。

这种应用利用了外来波与一定电压下结的固有振荡频率间的谐振。对于绝大部分接收机来说，谐振都是一个基本概念：当接受回路的固有频率调整到电台频率时，机器便已“调谐”。约瑟夫孙结是一种很方便的接收元件。它的两个优点是：第一，频率依赖于外加电压因而容易改变；第二，谐振峰很尖锐，故灵敏度和精度都很高。大多数观察宇宙电磁辐射的灵敏检测器中都使用约瑟夫孙元件。

26.3　量子磁强计

约瑟夫孙效应与磁通量子化一起提供了整整一类超灵敏的测量器件，叫做 SQUID。这是超导量子干涉器件的简称。现在我们来看测量弱磁场的量子磁强计。

最简单的量子磁强计由一个带有约瑟夫孙结的超导环组成(图 26-5)。你知道，为了产生通过正常隧道结的电流，我们必须施加某个电压，但对超导结，这却不是必需的。超导对可以隧穿绝缘层，且超导电流可在环内流动，尽管有约瑟夫孙结的存在。这叫做定态约瑟夫孙效应（为了与伴随辐射的非定态约瑟夫孙效应相区别，见上一节）。但是，电流受到所谓结临界电流 I_c 的最大容许值的限制，超过 I_c 的电流将破坏结的超导性，同时结上出现一个电压降，约瑟夫孙效应变为非定态的。

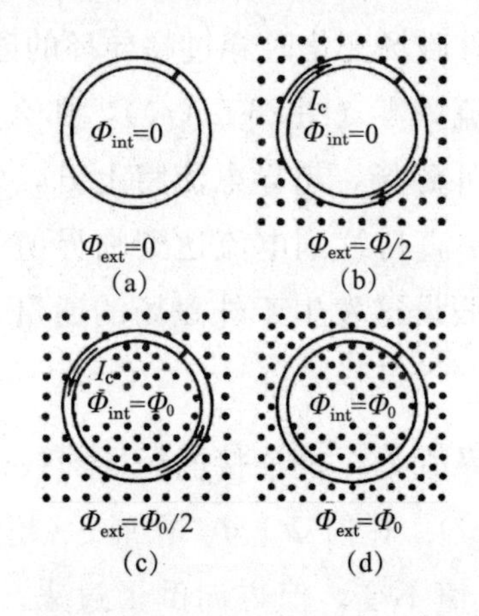

图 26-5　穿过具有弱连接的超导环的磁通和电流

这样，插入约瑟夫孙结并不完全破坏环路的超导性，但出现了一段不理想的超导性即所谓弱连接。它在磁强计的工作中起着关键作用。让我们来解释这一点。

如果整个环都是超导的，穿过它的磁通 Φ_{int} 将严格为常数。确实，根据电磁感应定律，外磁场的任何变化都将引起感应电

动势 $\varepsilon_i = -\Delta\Phi_{ext}/\Delta t$，从而影响电流。电流的变化又产生自感应电动势 $\varepsilon_{si} = -L\Delta L/\Delta t$。超导环的电阻和电压降是零

$$\varepsilon_i + \varepsilon_{si} = 0$$

故

$$\frac{\Delta\Phi_{ext}}{\Delta t} + L\frac{\Delta I}{\Delta t} = 0$$

不要忘记，由电流 I 产生的穿过环的磁通是 $\Phi_I = LI$。这意味着 $\Delta\Phi_{int} = \Delta\Phi_{ext} + \Delta\Phi_I = 0$，所以超导电流的变化抵偿了外磁场的变化，使穿过环的总磁通保持为常数，即 $\Phi_{int} = \Phi_{ext} + \Phi_I =$ 常数。不转换到正常状态就不可能改变它。人们说：磁通被“冻结”了。

如果环包含一个弱连接，情形如何呢？那时穿过环的磁通可以改变，因为弱连接容许磁量子穿透到环内（你已经知道，被超导电流包围的磁通是量子化的，等于量子 Φ_0 的整数倍）。

让我们来考察外磁场变化时穿过超导环的磁通和环内的电流。令初始外磁场和电流为零（图 26-5（a）），那么穿过环的磁通也是零。如果我们增强外磁场，超导电流将上升，外磁通将完全被抵偿掉。这个过程将一直持续到电流达到临界值 I_c（图 26-5（b））。为确定起见，我们假设这发生于外磁场的通量等于磁通量子的一半（$\Phi_0/2$）时[①]。

电流一达到临界值 I_c，弱连接的超导即被破坏，磁通量子 Φ_0 进入环（图 26-5（c））。比值 Φ_{int}/Φ_0 增加 1（超导环变到下一量子态）。那么电流呢？值不变，但方向倒了过来。请你自己来判断，以前外磁通被电流的场抵偿，$\Phi_I + \Phi_{ext} = -LI + \Phi_0/2 = 0$；在量子进入环后，电流产生的磁通和外磁通相加，$\Phi_{ext} + \Phi_I' = \Phi_0/2 + LI_c' = \Phi_0$。这使系统中的磁通量子瞬间改变电流的方向。

随着外场的增强，环内电流降低，结恢复超导。当外磁通为

① 临界电流有赖于许多因素，特别是电介质的厚度。总是可以选择后者来使临界电流产生的磁通具有所希望的值：$LI_c = \Phi_0/2$。这简化了分析而不影响实质。

Φ_0 时，电流消失（图 26-5（d））。此后，它又改变方向以便屏蔽外磁通的进入。最后，当外磁通变到 $3\Phi_0/2$ 时，电流变为 I_c，结的超导又被破坏，又一个磁通量子进入环。如此等等。

穿过环的磁通 Φ_{int} 和电流 I 与外磁通 Φ_{ext} 的关系示于图 26-6。两个通量都以磁量子 Φ_0（用自然单位表示）度量。阶梯形的依赖关系提供了对各个磁量子数“计数”的可能性，尽管它们的值非常小（$\sim 10^{-15}$ 韦伯）。理由很清楚：穿过超导环的磁通改变的量 $\Delta\Phi = \Phi_0$ 非常微小，但它发生于非常短的时间 Δt 内，几乎是在瞬刻之间，所以变化速率 $\Delta\Phi/\Delta t$ 非常大。此变化率可通过器件中一个测量线圈内感应的电动势来测量。这便是量子磁强计的工作原理。

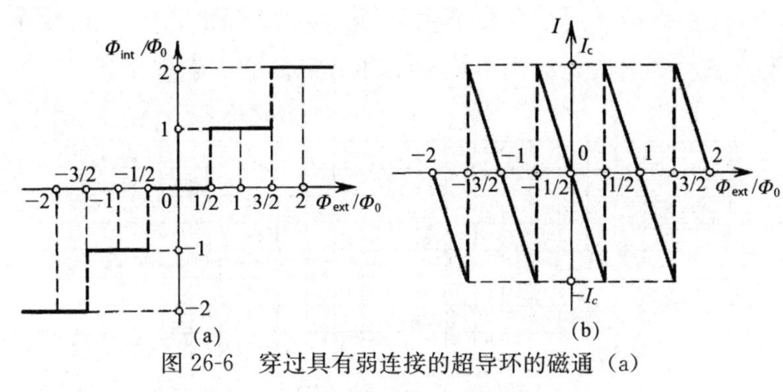

图 26-6　穿过具有弱连接的超导环的磁通（a）和环内电流（b）与外磁通的函数关系

建造一实用的量子磁强计要复杂得多。比方说，通常不是只有一个弱连接，而是并联的若干个。这就引起了超导电流的干涉（或更确切地说，决定电子位置的量子波的干涉）。这有助于提高测量精度。这种器件的统称 SQUID，指的是量子波的干涉。器件的敏感元件与一个振荡回路感应耦合，磁通的突变在那里被转换为电脉冲，电脉冲随后被放大。不过这些技术细节远远超出了本书的范围。

事实上，能够以 10^{-15} 特的精度测量磁场的超灵敏磁强计如今已被广泛用于工业生产，特别是它们被用于医疗。原来，心脏、脑和肌肉都产生弱磁场。例如，心脏活动产生的磁感应 $B \approx 10^{-11}$ 特，比地球磁场小 10 万倍。但就是这样的磁场，不管它们多么小，仍在 SQUID 的检测范围以内。这些场的节律记录叫做磁心电图、磁脑电图等。超导设备提供了记录和研究人类器官的最微弱信号的可能性。这是许多疾病医学诊断中的突破。

这方面的实验始于 20 世纪 70 年代。为了将地球磁场的影响减到最小，测量须在专门设计的屏蔽室里进行。屏蔽室的墙壁用三层高磁导率的金属间以两层铝制成，前者提供有效的磁屏蔽，后者保证电屏蔽。这些措施把室内磁场降低到几个纳特（10^{-9}特）的水平，这比地球磁场小 1 万倍。这种屏蔽室当然非常昂贵。如今 SQUID 的这一很有前途的应用取得了显著的进展，方法也大为简化。现代超导技术可以获得清晰的磁心电图（图 26-7），完全不须屏蔽。唯一要紧的是取出金属夹子和清空你的衬衣口袋。

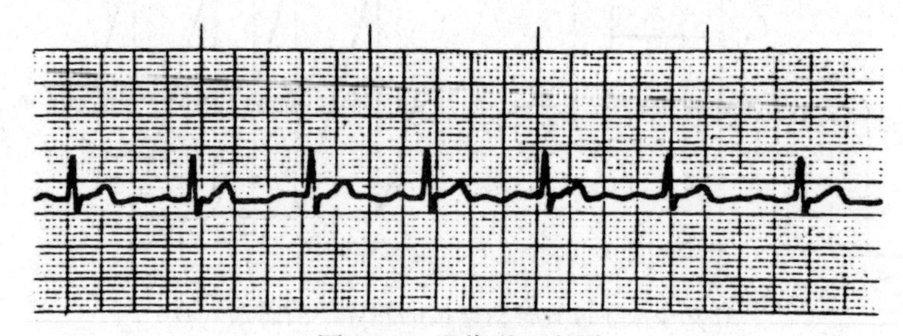

图 26-7　现代磁心电图

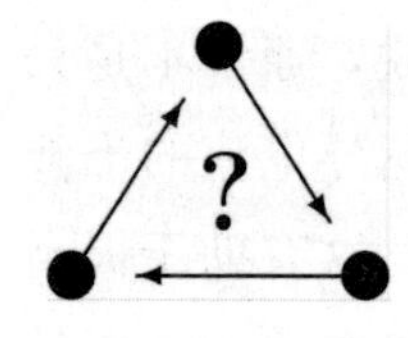

即使“三层防护”也不能完全消除磁心电图室里的地球磁场。对此你有什么建议吗?

第 27 章　超导磁体

使强电流通过一个线圈可以获得强磁场。电流越强，磁场就越强。如果线圈有电阻，电流通过时它就发热。维持电流需要大量能量，同时还必须散热，否则热可能熔化线圈。1937 年第一次实现了一个磁感应强度达 10 特的线圈。只有在夜间电力用户很少时才能维持这个磁场。发出的热用自来水消散，每秒钟煮沸 5 升(1.3 加仑)的水。散热成为用普通的线圈产生强磁场的主要限制。

超导一经发现，人们就想到利用它来产生强磁场。初看起来，需要做的不过是用超导线缠绕一个线圈，送入足够强的电流，然后将其短路。当线圈电阻达到零时，它就不发热了。这似乎证明了将螺线管线圈冷却到液氦温度所做的功是值得的。可惜，强磁场破坏了那时已知的超导体的超导电性。

人们找到了一个来自量子力学定律的解决方法。如你所知，在超导中这些定律在宏观尺度上起作用。

27.1　梅施纳尔效应

由图 27-1 可以看到 1911 年昂纳斯在莱登（Leiden）所做的实验。这位荷兰科学家把一个铅线圈放在液氦中，在那里冷却到液氦的沸点。线圈的电阻消失了，因为它达到了超导状态。然后他合上开关让线圈闭合。于是不衰减的电流开始在线圈中循环。

电流产生磁场，其磁感应（强度）与电流成正比。一个自然的假设是，线圈中的电流越大，它产生的磁场就越强。但结果令

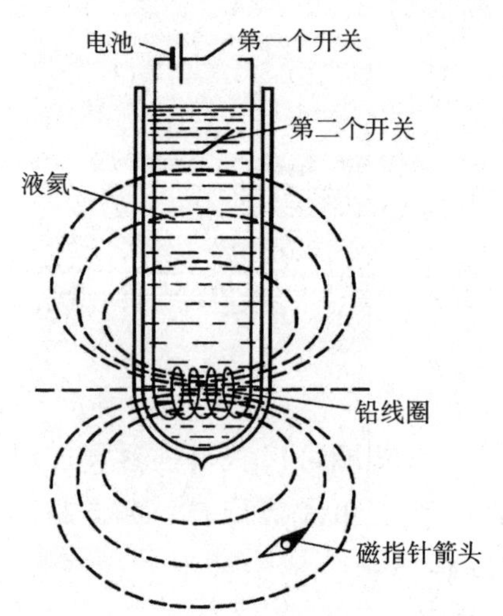

图 27-1 电流可在超导线圈内持续多年而不衰减

人失望：当磁场达到千分之几特时，螺线管回到了正常状态，电阻出现了。用其他超导体制成的线圈进行实验，结果发现，超导在更弱的磁场下就消失了。问题何在呢？

1933 年在柏林梅施纳尔的实验室里解开了超导体的这种“不良”行为之谜。超导体具有排斥磁场的性质：超导体内部的磁感应为零。设想一金属圆柱体（一段导线）冷却到变为超导态，我们加上一个磁感应为 $\boldsymbol{B}_{ext}$ 的磁场。依照电磁感应定律，这必定在圆柱表面引起环形电流（图 27-2）。圆柱内电流产生的磁场 $\boldsymbol{B}_{cur}$ 与 $\boldsymbol{B}_{ext}$ 大小相等，方向相反。这是超导电流，不会消失。因此超导体内的净磁感应是零，即 $\boldsymbol{B}=\boldsymbol{B}_{ext}+\boldsymbol{B}_{cur}=0$。磁力线不能进入超导体。

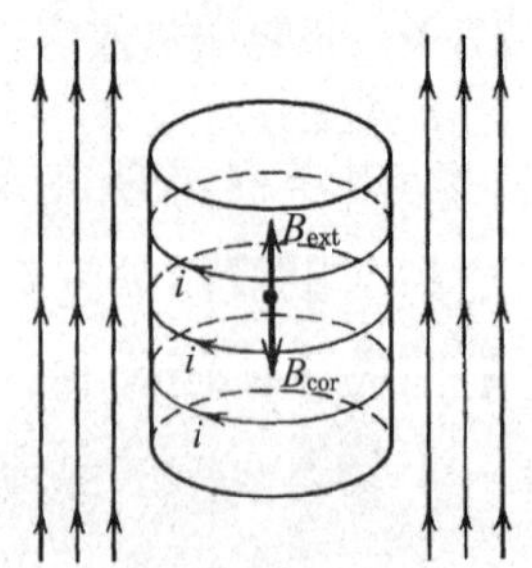

图 27-2 表面电流拒磁场于第一类超导体之外

如果我们改变次序，在样品冷却到超导状态前就施加磁场，情形如何呢？看来似乎是，磁感将没有变化，因而就不会产生表面电流。这也正是梅施纳尔在检查劳厄[1]对第一种实验步骤所作计算时的逻辑，但他要加以检验。新实验的结果令人诧异。原来磁场还是一样，被排斥在超导体之外而不穿透它。这就叫做梅施纳尔效应。

现在很清楚为何磁场破坏超导。激发表面电流需要能量。在这个意义上，超导状态比之于正常状态（那时磁场进入导体内而无表面电流）较为不利。外磁场的磁感应越高，它所要求的屏蔽电流越大。在某个磁感应值上，超导不可避免地被破坏，金属回到正常状态。超导开始消失时的磁感应值叫做超导体的临界场。重要的是，外磁场的存在并不是超导破坏的必要条件。超导体内的电流产生它自己的磁场，在某个电流强度上这个场的磁感应达到一个临界值，超导性也消失。临界场的值在低温时增大，但即使接近于绝对零度，纯超导体的临界场也不大（图 27-3）。如此看来，想要利用超导体来获得强磁场似乎只是空想。

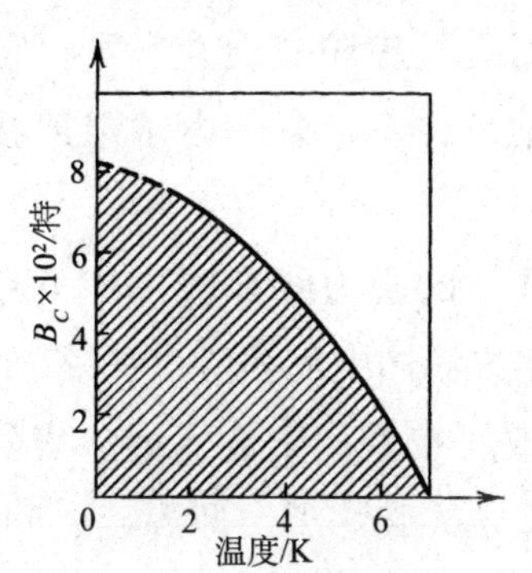

图 27-3　临界磁场在低温时增大

进一步的研究证明情形并不那样绝望。人们发现了整整一类的材料，它们在很强的磁场下仍保持超导。

---

① M. von Laue（1879～1960），德国物理学家，1914 年获诺贝尔物理学奖。

27.2 阿布里科索夫涡旋

前面（第25章）已经提到，1957年俄罗斯理论物理学家阿布里科索夫指出，磁场并不那么容易摧毁合金的超导性。与纯超导体的情形类似，在某个临界磁感应值上磁场开始穿透超导体，但在合金中，磁场不是立刻占领超导体的整个体积。起初只在超导体内形成一些互不相连的磁力线束[①]（图27-4）。每束携载严格固定的磁通，各等于磁通量子 $\Phi_0=2\times10^{-15}$ 韦伯（我们已经见到过）。

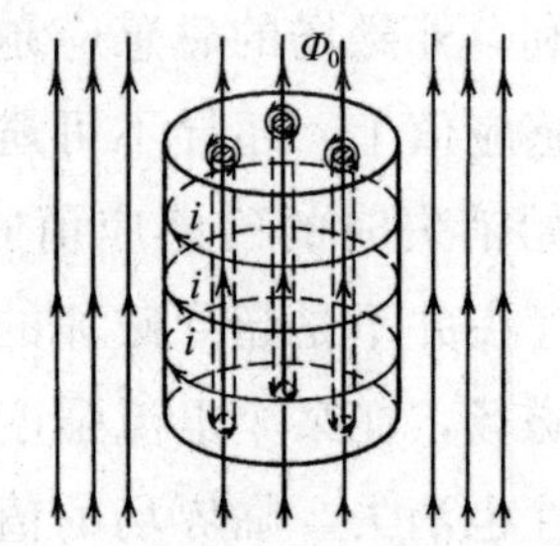

图27-4　第二类超导体中的磁力线束

磁场越强，进入超导体的磁力线束越多。因为每一束都带来一个磁量子，故总磁通呈梯阶式变化。和以前一样，穿过超导体的磁通只能取离散值。你瞧，量子力学定律在宏观尺度上发挥作用，真令人惊异！

每一束透入超导体的磁力线都被一个不衰减的环形电流所包围。这些电流像气体或液体中的涡旋（图27-4），故磁力线束与围绕它的电流一起称做阿布里科索夫涡旋。当然，在涡芯（被蜗旋包围的区域）内，超导被破坏了，但涡旋之间的空间仍保持超导！只有在非常强的磁场下，涡旋多到开始重叠时，超导才完全被破坏。

超导合金对磁场的这种奇特反应首先是在“笔尖上”发现的，但现代实验技术可以直接观察阿布里科索夫涡旋。将细微的磁粉

---

① 可以很自然地说，每一个磁量子对应于一条磁感应线。

敷于超导体的表面（如圆柱的底）上，粉粒会集聚在磁场进入合金的地方。用电子显微镜观察表面，可以看到黑点。

图 27-5 是一张阿布里科索夫涡旋结构的照片。我们看到，涡旋周期排列，形成类似于晶格的图案。涡格是三角形的（这意味着它可用三角形周期重复地排列出来）。

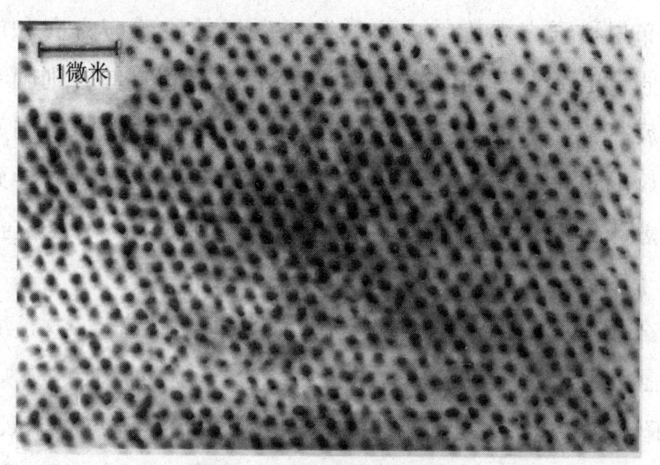

图 27-5　实验观察到的涡旋

所以，与具有一个临界场的纯金属不同，合金具有两个临界场：下临界场标志涡旋进入超导体的那一刻，上临界场对应于完全失去超导性的那一刻。在两者的间隔中，涡旋线透入超导体，这叫做混合态。具有这种性质的超导体称做“二类”。“一类”指的是那些磁破坏立刻发生的超导体。

看来，制造超导磁铁的问题解决了，但大自然还为研究者设下一个障碍。制造超导螺线管的线不但要能承受强磁场，还要能承受强电流。我们将在下一节里看到，那是另一回事。

27.3　“钉　扎”

你知道，电流在磁场中受到一个力的作用。根据牛顿第二定律，必然存在一个反作用力，但这个力在哪里呢？如果磁场是由另一电流产生的，后者无疑受到一个相等而方向相反的力（载流导体的相互作用服从安培[①]定律）。但我们的情形更为复杂。

在混合态超导体内流动的电流与涡芯内的磁场相互作用。这影响电流的分布，同时磁场集中的区域也不能保持不变。它们开始运动。就是说，电流推动阿布里科索夫涡旋运动！

磁场作用于电流的力垂直于磁感应方向，也垂直于导体。作用于阿布里科索夫涡旋的力也垂直于磁场的磁感应方向和电流的方向。假设电流自左向右横向流过图 27-5 的超导体，则阿布里科索夫涡旋将依磁场的方向向上或向下运动，但超导体内阿布里科索夫涡旋的运动是涡芯内正常的、非超导电子的运动，导致热耗散。这意味着混合态超导体内的电流也遇到阻力。看来这些材料也不宜于制造螺线管线圈。

怎么办？设法阻止运动，把涡旋锁在原地。很幸运，这是可能的。我们只需在超导体中制造缺陷，“糟蹋”它。通常机械加工或热处理会引起缺陷。图 27-6 是一幅铌氮膜的照片，膜的临界温度是 15K。它是通过将金属溅射到玻璃片上得到的。我们从图上可以清楚地看到材料的颗粒状（或柱状）结构。涡旋不易跳出颗粒的边界。因此在某个电流强度，即所谓的临界电流密度前，涡旋一直待在原地，电阻为零。

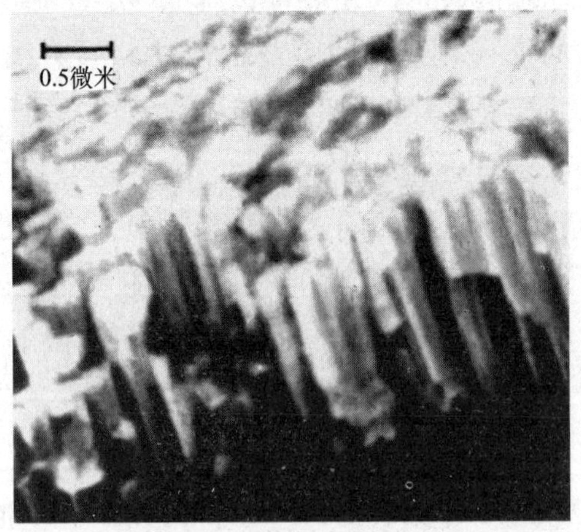

图 27-6　铌氮膜的微观结构

① A. M. Ampere（1775～1836），法国物理学家，经典电动力学开创者之一。

这一现象叫做钉扎，因为涡旋被缺陷所固定。

钉扎提供了制造磁场和电流都具有高临界值的超导材料的可能性（说“临界电流密度”比“临界电流”更为准确，那是流过单位面积的电流）。临界场决定于材料的性质，而临界电流依赖于制造和加工导体的方法。现代技术提供了获得所有临界参数都很高的超导体的方法。例如，从锡铌合金开始，可以制造出一种材料，其临界电流密度达数百安/厘米^2，上临界场为 25 特，临界温度为 18K。

但故事还没结束。材料的机械性能要适于制造线圈。铌锡合金太脆，不能弯曲。于是发明了下面的方法：在铜管内灌注铌和锡粉末，然后将管拉成线，绕成线圈，再加热使粉末熔化。这样就制造出了 Nb_3Sn 合金螺线管。

工业上喜欢更实用的材料，如可塑性更好的铌钛合金 NbTi 。它被用来作为所谓复合超导体的基底。

首先在一根铜棒中钻出许多平行孔道，再将超导棒插入其中。然后将铜棒拉成长线。将线切割为段，将线段插入另一根钻了孔道的铜棒里，再将铜棒拉成线，如此重复多次，最后得到包含多达百万根超导线的电缆，如图 27-7 所示的那样。人们用这样的电缆来缠绕线圈。

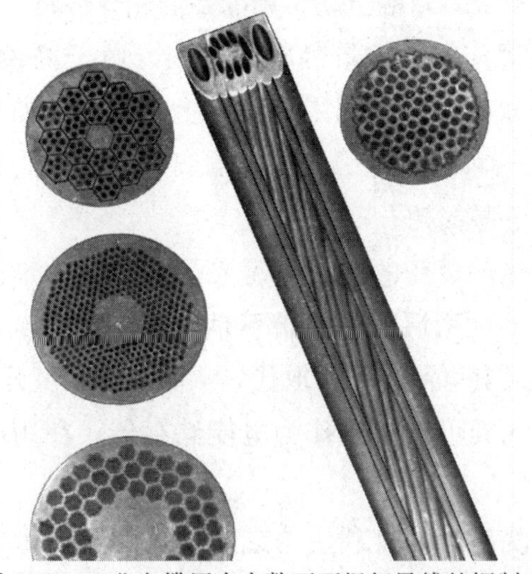

图 27-7　工业电缆用内有数百万根超导线的铜制成

这种电缆的一个重要优点是超导电流分布于所有的线中。比起超导体来，铜的行为像是绝缘体。如果铜与超导体并联，所有的电流都选择没有电阻的路径。还有第二个优点。假设其中有一根线意外地失去了超导性，这将引起发热，从而造成整个电缆变到正常状态的危险。所以散热极其要紧。铜是热的良导体，在具有适于制造电缆的良好机械性能的同时，还十分符合热稳定的要求。

27.4 高温超导应用展望

在讲过高温超导的惊险故事后，我们来谈谈常规超导体的应用。尽管我们对高温超导机理的认识不足，但物理现象是清楚的，因此缺乏理论认识并不能阻挡我们寻求其实际应用。最主要的障碍是现有高温超导体的低劣技术性能：它们极脆，不能承受碾轧（基本的机械加工）。尽管如此，几种品牌的高温超导电缆（长数公里）已投放市场。它们是通过将填有高温超导粉末的银或其他适当金属的管子碾轧和韧化制成的。如今若干条使用这种电缆的实验性地下传输线已在法国和美国运行。毫无疑问，这些材料的应用范围将会扩大，新的更切实用的高温超导体将会涌现。

让我们展望前景。前景确实很迷人。由于高温超导的出现，许多过去的全球项目又回到了日程表上。例如，如今生产的全部电能中有20%～30%消耗于电力传输线上，在电力传输中使用高温超导将消除这些损耗。

所有有关热核聚变的项目都需要巨大的磁体来使高温等离子体离开腔壁，必须用溪流（如果不是河流）般规模的液氦来保持超导状态。将来氦可能被氮所取代，从而节省大量开支。

巨型超导线圈可被用来作为电能储存器，在用电高峰期分担负荷。

每一家医院都会拥有利用约瑟夫孙结的超灵敏的磁心电图仪和磁脑电图仪。

用超导线圈产生的磁悬浮将会支撑以 400～500 千米时速行驶的城际快车。

人们将会建造使用液氮冷却的超导元件的新一代超级计算机。

不要以为我们在高温超导上头脑发热。自从它被发现以来，许多研究者的激情显然已经冷却。当一项奥林匹克纪录多年未被打破时，也会发生同样的情形。但是，一项纪录一旦建立，它就成为一个标准。制造具有独特性能的材料的可能性已被证实。当然，经济上的考虑影响计划的实现，我们不大可能明天就打破纪录，使它们变为平常。但是，今日我们已经确定无疑地知道，不可能已经变为可能。这已经不可逆转地改变了我们对超导态度的参考点。

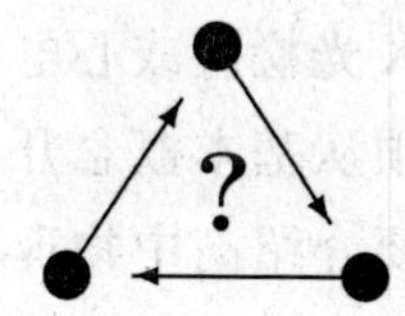

为什么超导传输线不需要昂贵的高压设备？

第 28 章　磁共振成像

来啊，来啊，你坐好了，不要动，
直到我给你一面镜子，
你可以从那里看到你最里面的部分。

——莎士比亚，《哈姆雷特》

今天，患者做磁共振成像或磁共振层析与做 X 光检查或心电图一样平常。要弄清楚这些词背后的意思，我们须从基本概念开始：理解原子核的磁性质。但在此之前，我们先要介绍高中物理课程中没有讲过的一些重要概念。

28.1　磁　　矩

一个置于磁场中的小平面电流环路的磁性质决定于电流的磁矩

$$\boldsymbol{\mu} = IS\,\boldsymbol{n}$$

式中，I 是电流，S 是环路的面积，$\boldsymbol{n}$ 是环路的法矢量，其方向依照图 28-1 确定（右手定则）。特别是，在磁感应为 $\boldsymbol{B}$ 的磁场中，环路具有势能，其值

$$W = -(\boldsymbol{\mu} \cdot \boldsymbol{B}) = -\mu_z B \tag{28-1}$$

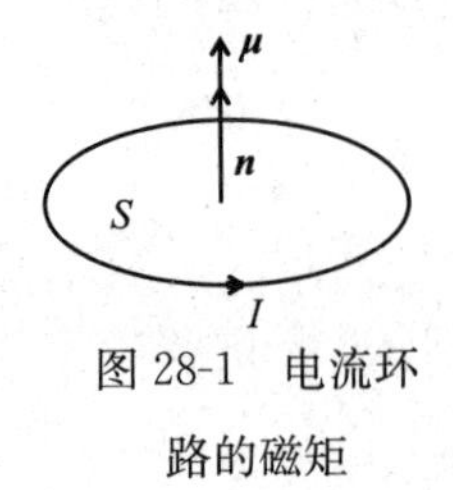

图 28-1　电流环路的磁矩

（z 轴沿 $\boldsymbol{B}$ 的方向）。若要旋转环路使矢量 $\boldsymbol{\mu}$ 对 z 的投影从 μ_z 变为 $-\mu_z$，须做功 $A = 2\mu_z B$。

绕原子核运动的电子可以视为等价于一个环形电流，故可赋予它一个磁矩。电子具有这样一

个“轨道”磁矩的事实，可从原子放进磁场时能量的变化中看出来（式（28-1））。

在仔细分析实验数据的过程中，人们发现，外磁场中原子的性质似乎不仅决定于电子绕原子核的运动，还决定于电子隐藏的“内部旋转”的存在。这种“内部旋转”叫做“自旋”。所有基本粒子都具有自旋（其中有些等于零）。这种“旋转”的强度用自旋数 s 来描述，s 只能是整数或半整数。对电子、质子和中子，$s=1/2$。“内部旋转”与轨道旋转一样，引起一个自旋磁矩。自旋磁矩在 z 轴（磁场方向）上的投影之值为

$$\mu_z=\gamma m_s\hbar$$

式中，$\hbar$ 是普朗克常数；量子数 m_s 可为 $(2s+1)$ 个整数值：$-s$，$-s+1$，…，$s-1$，s；γ 称为旋磁因子。矢量 $\boldsymbol{\mu}$ 的模大于其最大投影：$\mu=\gamma\sqrt{s(s+1)}\,\hbar$，就是说，在所有定态下 $\boldsymbol{\mu}$ 均与 z 轴成某个角度，且绕此轴迅速旋转（图 28-2）。对电子、质子和中子，自旋磁矩的投影只能取两个值：$m_s=\pm 1/2$。旋磁因子对电子和质子各为 $\gamma_e=-\frac{e}{m_e c}$ 和 $\gamma_p=2.79\frac{e}{m_p c}$，$m_e$ 和 m_p 各为电子和质子质量，c 是光速。即使中子也具有磁矩，尽管它们整体上是电中性的①。中子的旋磁因子 $\gamma_n=1.91\frac{e}{m_n c}$（中子质量略大于质子质量，约 3%）。显然，质子和中子磁矩比电子磁矩小三个数量级（$\sim 10^{-3}$）（它们的质量比电子约大 2000 倍）。就数量级而言，几乎所有由质子和中子构成的其他原子核都应具有同样的磁矩。

原子核的磁矩已可用很高的精度测量。对于核磁共振现象和磁共振层析来说，最重要的是原子核中这些微小磁矩的存在（“微小”是与原子磁矩比较而言），其值随不同原子核而异。我们将主要讨论氢原子核——自然界中最常见的质子。质量数为 2 的氢同位

① 这证明中子具有内部结构。与质子一样，它们由带电的夸克组成。

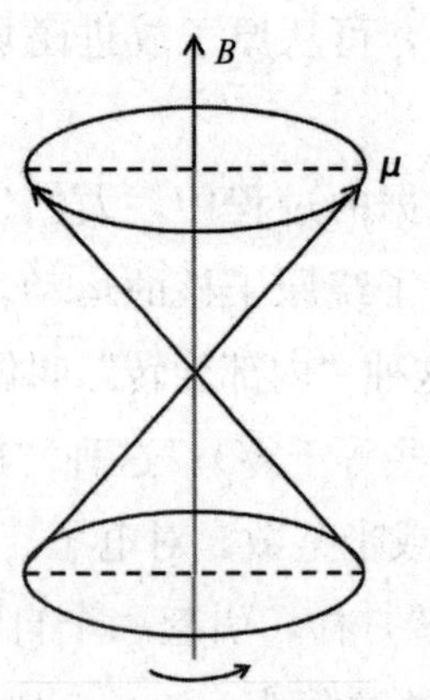

图 28-2 自旋磁矩在磁场中的旋转。磁矩矢量只有一个分量不变，其余两个分量迅速变化

素——氘也具有核磁矩。

28.2 什么是核磁共振？

让我们考虑置于外磁场 **B** 中的一个氢原子核（质子）。这个质子只能存在于两个稳定的量子态。第一状态[①]是，磁矩在磁场方向的投影为正

$$\mu_z=\frac{2.79e\hbar}{2m_\mathrm{p}c}$$

在另一状态下，投影的大小一样，但为负。在第一状态下，磁场中的核能量等于 $-\mu_z B$；在第二状态下，等于 $+\mu_z B$。起初，所有的核都在第一状态。为将它们变为第二状态，每个核需要能量

$$\Delta E=2\mu_z B$$

容易看出，只要把核置于频率 ω 相当于这两个状态转换能量的电磁场中，我们就可迫使它的磁矩投影发生变化：

$$\hbar\omega=2\mu_z B \tag{28-2}$$

将质子磁矩值代入上式得

① 在零温下，$T=0$。

$$2\pi \hbar \nu=\frac{2.79e\hbar}{m_{p}c}B$$

对 $B=1$ 特，我们得电磁场频率 $\nu\approx 4\times 10^{7}$ 赫兹，相应的波长为 $\lambda=c/\nu\approx 7$ 米（这些是典型的射频段的频率和波长）。就是这一波长的电磁场量子（光子）被核吸收，引起磁矩向场的方向翻转。翻转的结果是每一个核的能量增加这样一个量子化值（式 28-2）。

首先应当指出，在核磁共振实验中，即对典型的中波范围的频率，电磁波并不是以我们在讨论光的传播或吸收及原子的光辐射时熟悉的那种形式使用的。在最简单的情形下，我们使用一个载有交流电流（由射频发生器产生）的线圈。样品（其中包含我们欲将其暴露于电磁场效应的核）沿线圈轴放置。线圈轴的方向垂直于静磁场 B_0（用电磁铁或超导螺线管产生）。当交流电流通过线圈时，产生沿其轴的磁场 B_1。B_1 的振幅远小于 B_0（一般为后者的 1/10 000）。这个场的振荡频率与电流 I 的频率（即发生器的频率）相同。

如果发生器频率接近于上面计算的那个频率，辐射量子便被氢原子核强烈地吸收，后者于是变换到具有负 μ_z 投影的状态。如果发生器频率异于这个频率，就不会发生量子吸收。

由于原子核对电磁场能量的吸收（伴随着它们磁矩的翻转）极其敏感地依赖于场频率，这一现象称为核磁共振。

怎样观察核磁矩翻转呢？如果你具备最好的核磁共振技术，这很容易。当你关掉产生磁场 B_1 的射频发生器时，你便同时打开了使用同一线圈为天线的接收机。在这种情形下，当核在返回其原来沿磁场 B_0 的初始方向时，它辐射无线电波，后者在此前用来旋转磁矩的同一线圈内产生信号。这个信号对时间的依赖关系用计算机来处理，并表示为相应的谱分布形式。

从这一描述你可以看到，核磁共振分光计与工作于可见光范围的普通分光计不同。

以上我们考察了简化的情形：零度下磁场中一个孤立的粒子。

但显然，不论在固体还是在液体中，原子核都不是孤立的。它们可以互相作用，也与其他的激发（其能量分布有赖于温度和系统的统计性质）互相作用。不同类型激发间的相互作用，它们的起因和动力学是现代凝聚物质物理学的研究对象。

28.3 核磁共振的发现

六十多年前，斯坦福大学的布鲁赫①和哈佛大学的普塞尔②研究组获得了第一批核磁共振信号。在那个时候，实验非常困难。所有的设备都是在那里的实验室里由研究者自制的。器件的外观与今天你在医院和诊所里看到的现代MRI机器（具有强大的超导螺线管）一点都不像。普塞尔实验研究中使用的磁铁是用从波士顿有轨电车库房后院里捡来的金属废料制造的。此外，校准很差。事实上，磁场比在$\nu=30$兆赫兹的射频辐射下翻转磁矩所需之值大。

普塞尔和他的年轻同事们竭力在他们的实验中寻找核磁共振现象确实发生的证据。多日劳而无功后，在沮丧和失望之下，普赛尔得出结论，预测的核磁共振现象观察不到，于是命令切断电源。在磁场降低时，不抱幻想的研究者仍注视着示波器屏幕，希望看到他们所期盼的信号。在某点上，磁场达到了产生共振效应所需之值，核磁共振信号出现在屏幕上。

从此以后，核磁共振技术快速进展。它被广泛应用于凝聚态物理学、化学、生物学、气象和医疗等领域的科学研究。其中最突出的是基于核磁共振得到的人体内部器官成像。

28.4 体内器官的核磁共振成像

到现在为止，我们有一个没有言明的假设：如果忽略线圈

① Felix Bloch（1905～1983），美国物理学家，1952年获诺贝尔物理学奖。
② Edward Purcell（1916～1991），美国物理学家，1952年获诺贝尔物理学奖。

中的弱电流，原子核所在的磁场是均匀的，即它在每一点上都有同样的值。1973 年劳特布尔[①]建议，把样本放在非均匀磁场中来做核磁共振实验。显然，在此情形下，样本内核的谐振频率将随点而异，这就可以估计样本各个细小部分的空间分布。从一定空间区域发射的信号的强度正比于这个区域内氢原子的数目，考虑到这一点，我们可以得到物质密度空间分布的信息。这就是核磁共振成像方法的基本原理。读者可以看到，尽管基本原理简单，要得到内部器官的真实图像，还需要控制脉冲射频辐射的强大计算机，也必须改进产生所需磁场和处理核磁共振信号的方法。

让我们设想沿 x 轴放置一些充水的小球（图 28-3）。如果磁场不依赖于 x，将只产生一个信号（图 28-3（a））。然后，让我们假设用一个额外的线圈（相对于产生 x 方向的主磁场的那个线圈）来产生一个随 x 变化的附加磁场，它的值从左向右增大。在这种情形下，很明显，具有不同坐标的球将产生不同频率的核磁共振信号，故测量谱将包含 5 个特征峰（图 28-3（b））。峰的高度正比于不同坐标处球的数目（即水的质量），因此它们的强度比是 3∶1∶3∶1∶1。如果磁场的梯度（即沿 x 轴的变化率）是已知的，我们可以把测量到的频谱表达为氢原子密度与坐标 x 的关系。在此情形下，我们可以说，哪里的峰较高，哪里的氢原子密度就比较大。在我们的例子中，对应于不同球位置的氢原子数之比确为 3∶1∶3∶1∶1。

让我们在恒定磁场中布置一个复杂些的充水小球的情形，并施加一个在所有三个方向都变化的磁场。测量核磁共振射频谱并记录沿各个坐标的磁场梯度值，我们可以得到球分布（氢密度）的一张三维图。这当然比前面的一维情形困难得多，但原理仍是一样。

① Paul Lauterbur（1929～2007），美国化学家，2003 年获诺贝尔生理学或医学奖。

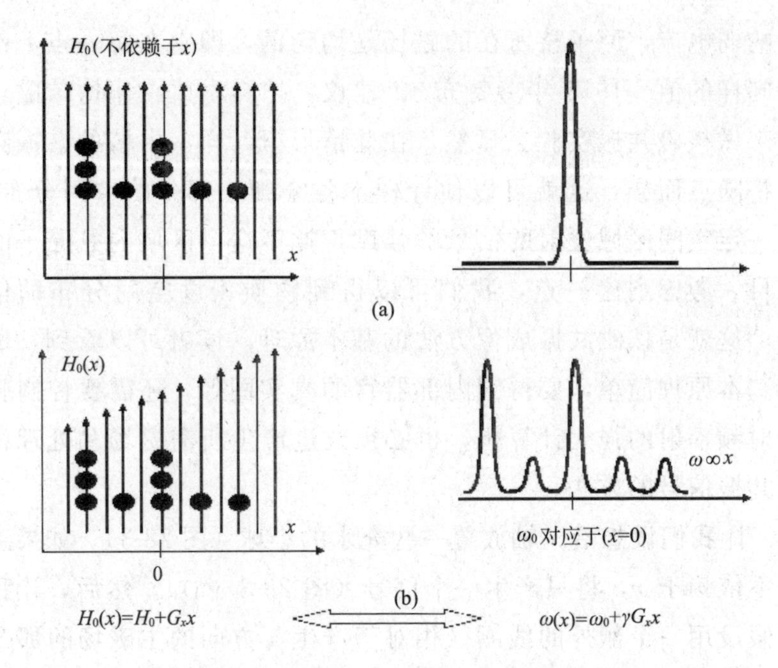

图 28-3　(a) 均匀磁场的情形：只有一个核磁共振信号；(b) 磁场随空间变化的情形：与位于不同点上的核相对应的各个信号具有略微不同的频率，可通过信号谱确定它们的坐标

在核磁共振层析中，我们使用与前面所述类似的图像重建方法。数据采集完成后，计算机开始用很快的算法进行“信号处理”，将在一定频率上测量到的信号强度与人体给定点上的谐振原子密度联系起来。这一步骤完成后，某个器官或人体某一部分的二维（甚至三维）图像就显示在计算机屏幕上了。

28.5　惊人的“图像”

为了全面评价人体内器官 MRI 检查的结果（例如，大脑的不同切面，今天的医疗物理学家甚至用不着碰你的头盖骨就能得到!），要知道我们这里所讲的是计算机生成的“图像”，那不是摄影胶片上显现的真正的“影子”，如在 X 射线检查中由 X 射线的吸收产生的那种图像。

人眼是可见范围内电磁辐射的灵敏检测器。幸运或是不幸，我们不能看见体内器官发出的辐射——我们仅能看见人的外表。同时，如我们刚才讨论过的，在一定条件下体内器官能够发出射频范围内的电磁波（频率比可见光小得多），而且频率可随辐射点而有微小的变化。这样的辐射人眼不可见，因此要用复杂精致的仪器来接收，再经专门的计算机处理将其变为经过整理的图像。虽然如此，在实际生活中我们还是说看到了人体或物体的内部。

人类取得的这些异乎寻常的进步，全靠基础科学中的突破，其中最重要的有量子力学和它的角动量理论——辐射和物质相互作用的理论、数字电子学、信号变换的数学算法，以及计算机技术。

比起其他诊断方法来，MRI 技术具有许多重要的优点。技术员可容易地选择患者的任意部分来扫描，他还可以同时从几个视角来检查选定的器官。此外，适当选择磁场梯度有助于获得头颅内部垂直切面的图像（图 28-4）。可以得到中央视图，也可以移到左侧或右侧。这样的检查用 X 射线层析一般是做不到的。技术员也可以“窄化”观察区域，观察只从一个器官或器官的一部分发出的核磁共振信号，从而提高图像的分辨率。直接测量血液、淋巴液和其他体液黏度和流向的可能性是这种检查方法的另一重要优点。对每一条件适当选择参数（如脉冲时间和频率），技术员可以获得最佳图像质量，例如，改进图像的清晰度（图 28-4）。

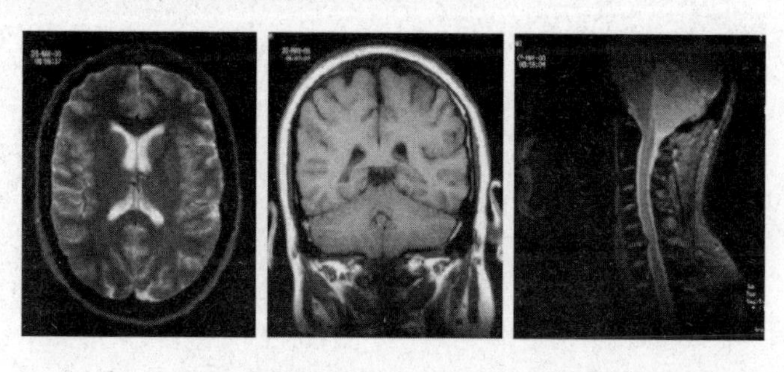

图 28-4　颅和脊椎的图像；以对比度染色表示出大脑白质和灰质、脊椎和脑脊髓液，具有解剖精度

综上所述，我们可以说，从每一图像点（像素，对应于被观察物的一个微小体积）都可以抽出各种有用的信息，有些情形下甚至是人体内某种化学元素浓度的分布。为了改进测量灵敏度，

即提高信号强度与噪声之比，需积累巨量的信号并将其积分。这样我们将得到质量足以显示真实物体的图像。这是 MRI 扫描需要很长时间的原因——患者必须一动不动地待在产生磁场的螺线管内许多分钟。

1977 年，曼斯菲尔德[1]发明了磁场梯度组合，这虽然不提供高成像质量，却使人们能够很快得到图像：一个信号就足以打出适当的图形（只需 50 毫秒）。这种技术（如今叫做 EPI[2]）能够实时跟踪心跳：在这种“电影”中，心脏的收缩和舒张交替地出现在屏幕上。

在量子力学出现之初，谁能想象 100 年后一个科学突破会使所有这些奇迹成为现实呢?

---

① Peter Mansfield (1933～)，英国物理学家，2003 年获诺贝尔物理学奖。

② 回声平面成像（echo-planar imaging）。——译者

第 29 章　向量子计算机迈进

小是美丽的。

——E. F. 舒马赫[1]

在图 29-1 中，你可以看到著名的罗塞塔石碑，那是 1799 年在埃及靠近罗塞塔镇的地方发现的。“在那个年轻人——他从他那建立了埃及的光荣的父王那里接受了王位——在位的时代……”为了纪念托勒密五世，它被切割为一块大小为 114 厘米×72 厘米的黑色花岗岩石材。十分幸运，罗塞塔石碑上刻有三篇铭文：顶上的那一篇是用埃及象形文字写的，中间那篇用的是埃及通俗文字，第三篇用的是古希腊文。古希腊文广为人知，所以罗塞塔石碑给了让·弗朗索瓦·齐柏林（Jean-Francois Champollion）于 1822 年解开埃及象形文字秘密的钥匙。

图 29-1　罗塞塔石碑

1970 年，日本电气公司（NEC）的工程师制造了一个动态记忆元件，它有 1024 个记忆单元（小矩形），排列成 32 列和 32 行的

① E. F. Schumacher（Ernst Friedrich，1911～1977），英国有国际影响的经济思想家、统计学家和经济学家。《小是美丽的》（*Small is Beautiful：A Study of Economic as if people Mattered*）是他的名作，被认为是第二次世界大战后出版的最有影响的 100 本书之一。——译者

4 个网格（图 29-2）。它的大小是 0.28 厘米×0.35 厘米，足以储存镌刻于罗塞塔石碑的全部信息。把罗塞塔石碑的内容下载到这块芯片上用了 300 微秒。

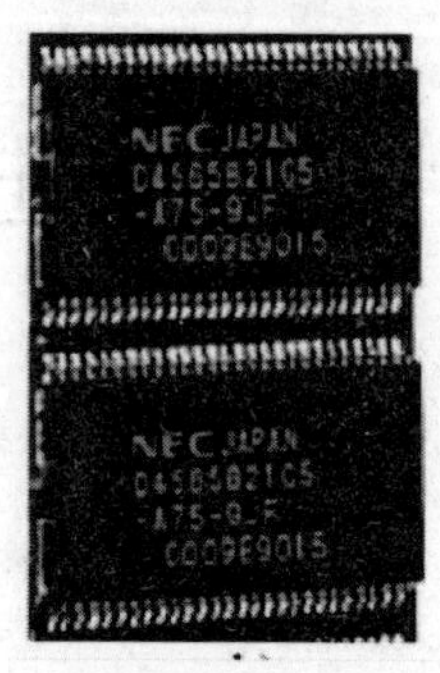
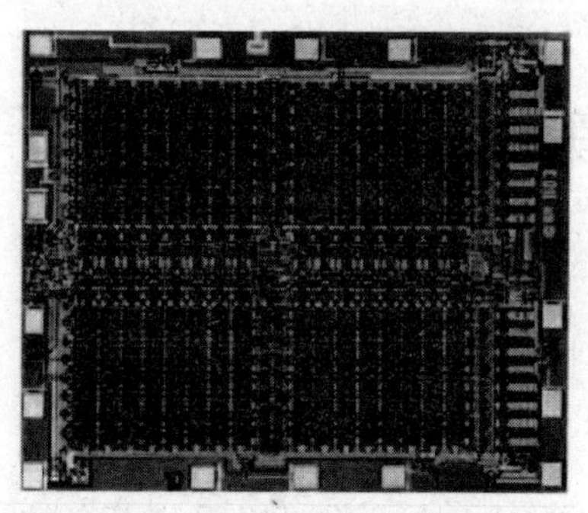

图 29-2 第一个动态存储元件

29.1 计算机时代的里程碑

储存和处理信息的全新方法的故事始于 1936 年，在艾伦·图灵[①]的论文《关于可计算的数及在决策问题上的应用》以后。这篇论文包含了一种通用计算机（如今叫做图灵机）的逻辑设计的主要概念。

十年后出现了第一代使用真空管（就像在老式电视机里使用的那种）的真实计算机。这些计算机构成了计算机时代的史前史。它们主要用来验证这个或那个理论概念。第一代计算机基本上是一些实验设施。这些“恐龙”的体积和重量巨大，常常需要为它们建造专用建筑物。

与此同时，电子学方面取得了显著进展。1947 年布兰顿[②]、肖克莱[③]和巴丁[④]发明了晶体管。这是通过在半导体基底上的点接触实现的，大小为厘米量级。后来，晶体管在电子技术中被广泛用做电磁信号放大器或由电信号操作的可控开关。它们全面取代了电子管。

① Alan Turing（1912～1954），英国数学家、计算机科学家、密码分析家，被誉为现代计算科学和人工智能之父。——译者

② Walter Brattain（1902～1987），美国物理学家，1956 年获诺贝尔物理学奖。

③ William Shockley（1910～1989），美国物理学家，1956 年获诺贝尔物理学奖。

④ John Bardeen（1908～1991），美国物理学家，获得两次诺贝尔物理学奖：1956 年因发明晶体管获奖，1972 年因超导理论获奖（见第 25 章）。

1958年，凯尔比（Jack Kilby）创造了第一块半导体集成电路（芯片），它只包含两个晶体管。此后，很快便出现了在同一半导体基底上集成数十或数百个晶体管的微电路。

这些发明开启了计算机时代的第二个时期（1955～1964年）。同时，磁芯和磁鼓——现代磁盘的祖先，开始作为计算机的数据贮存（常叫做存储或记忆）使用。

在计算机硬件快速发展的同时，逻辑器件的理念和构架也在跃进。1954年6月，冯·诺伊曼[①]发表了《关于EDVAC的报告的第一稿》，其中全面地描述了数字电子计算机的工作。在这篇论文中，冯·诺伊曼也详细讨论了计算机工作的基本逻辑，证明使用二进制[②]的合理性。从此以后，计算机被认为是攸关科学发展的事。这就是今日有些科学家称计算机为“冯·诺伊曼机器”的缘故。

所有这些重要的发现和发明标志着计算机时代第二个时期的开始。第三代计算机（1965～1974年）是在集成电路的基础上产生的。更小和容量更大的半导体记忆器件代替了笨重的磁记忆元件。不过它们仍在个人计算机中用做随机存取存储器（RAM）。在20世纪最后30年中，控制论、物理学和工艺技术中取得的突破使计算机技术得以迅速发展，计算机的体积大为缩小，价格下降到几乎人人都买得起。这就是自20世纪70年代中期以来计算机成为日常生活中一个重要元素的缘故。由于令人难以置信的技术进展，一块面积为3厘米^2（与凯尔比使用的相同）的集成器件可以容纳数千万个晶体管。现代存储器件使一部笔记本电脑足以储存美国国会图书馆的全部内容（一亿五千万册书和文件）。著名的摩尔定律[③]（Gordon E. Moore于1965年提出的

---

① John von Neumann（1903～1957），匈牙利出生的美国数学家和物理学家，在广泛的领域内作出重大贡献，包括集合论、泛函分析、量子力学、各态历经理论、连续几何、经济学和博弈理论、计算机科学、数值分析、（爆炸）流体力学、统计学，以及其他许多数学领域。一般认为他是现代史上最伟大的数学家之一。

② 二进制（或以2为基的数字系统）用两个符号0和1表示数值。

③ 1965年，Intel公司的共同创办人Gordon E. Moore根据1958～1965年的数据预测，可廉价地集成在一块芯片上的晶体管数目大约每18个月翻一番。这就叫做摩尔定律。这个预测惊人地精确（部分原因是半导体工业以此作为长期规划和设定研发目标的指南）。不仅是芯片，处理速率、存储能力、传感器，甚至数码相机的像素的增长都符合摩尔定律。摩尔定律标志着20世纪后期和21世纪初社会变化中的技术驱动力。——译者

经验规律）的一种说法是，存储容量和一个处理器内的晶体管数目随时间呈指数增长。从图 29-3 中，我们可以看到在 40 年的时间里处理器内晶体管的数目是如何增长的。

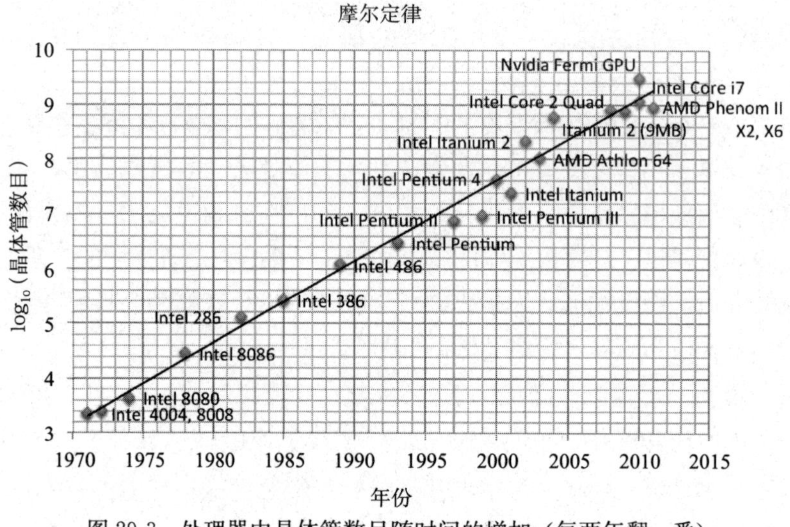

图 29-3　处理器中晶体管数目随时间的增加（每两年翻一番）

在同样的面积上集成更多的晶体管和更高的时钟频率成为计算机制造商的热切追求。2004 年，Intel 公司用 90 纳米技术（这意味着 1 厘米^2 的面积上有数百万个晶体管）设计的 Prescott 处理器包含了 1.5 亿个晶体管，工作于 3.4 吉赫兹的时钟频率。2007 年，计算机制造商改用 65 纳米技术，他们很快还将使用 45 纳米技术。尽管如此，提高计算能力的这种直接的方法几乎快要枯竭了。例如，一个明显的限制来源于电磁信号在电路里的有限传播速度：其值多少有赖于处理器的技术实现，但显然不能超过光速 $c=3\times10^8$ 米 / 秒。这个值看来巨大，且让我们作一简单估计。

时钟频率 $\nu=3.4$ 吉赫兹意味着两次操作的时间间隔的量级为 $\delta t=1/\nu\approx3\times10^{-10}$ 秒。这就是说，实现两个相继操作的单元间的空间区隔不能超过 $L=c\delta t\approx10$ 厘米。注意，我们是在信号以真空中光速传播的理想情形下得到这个结果的！因此，进一步提高时钟频率（这意味着处理器中基本晶体管数目的相应增加）的不可回避的条件是器件的进一步微型化。工程师很早以前就选择了这条路。

然而，我们正在接近进一步的微型化与现代处理器基本元件的物理性质相冲突的那一天。微型化引起的主要问题是处理器由于释放的焦耳热的增加而过热，虽然通过数亿个晶体管的电流极其微小。微型化的另一基本限制来自晶体管电极间氧化层[①]内电场的增大：它的厚度减小时电介质可能发生击穿。第三个限制是杂质分布密度波动的典型尺度。这种波动应当能够在处理器的最小元件尺度上自平均。因此，处理器越小，所用电流应当越弱。然而不可能把电压降低到零：超过某个限度，有用电流（信号）将淹没在电路中的各种背景噪声中。因此，研究者对大量降低电压不感兴趣，但为了微型化它们又不得不这样做。这样，直接提高时钟频率的前景已经渐渐消失。

29.2　21 世纪：寻找新范式

由于在传统处理器中直接提高时钟频率所面临的问题，2005 年，两家主要的芯片制造商（Intel 和 AMD）开始采用一种全新的“电脑”结构：多处理器。起初是双核处理器，现在我们会看到四核或更多核的处理器。这种器件把两个或多个独立的处理器联合起来，但检索存储器及其控制器是共同的。这种结构在不提高时钟频率的情形下使处理速度显著提升，从而避免了上述问题。可是你不要以为双核处理器比单核快了一倍。事情更为复杂：多核处理器的效力基本上要看你所处理的问题，也有赖于利用并行处理优点的全新软件的使用，在某些情形下，计算速度几乎快一倍，有时则不。

尽管多核技术的发展是一种有效的工程解决方法，它仍不过是计算机技术主体概念根本性变革的一种缓冲剂。应当认识到，我们实际上已经走到了处理器电路中电子行为仍受经典物理学定律制约的宏观世界的边缘。

---

① 分隔二电极电子系统的绝缘壁垒。

正因为如此，最近十年科学家一直在研究全新的计算器件的概念，它们基于新的（异于图灵和冯·诺伊曼的）逻辑和新的部件。典型的例子是新的量子计算算法（量子计算）和纳米元件（纳米科学，纳米技术）的发展。今天，为实现“量子计算机”所作的努力引起了一个有趣的新的数学领域的发展，但仍不能提供有实际意义的量子计算器件。因此，我们在这里讨论一些比较新的器件，它们遵守“经典的”计算机逻辑，但利用的实质上是量子现象。

29.3 宏观和微观世界的界限在哪里?

上面已经提到，变到 45 纳米设计规范将是计算机技术中下一个突破。这个尺度对于量子世界来说是小还是大? 纳米科学的特征尺度示于图 29-4。

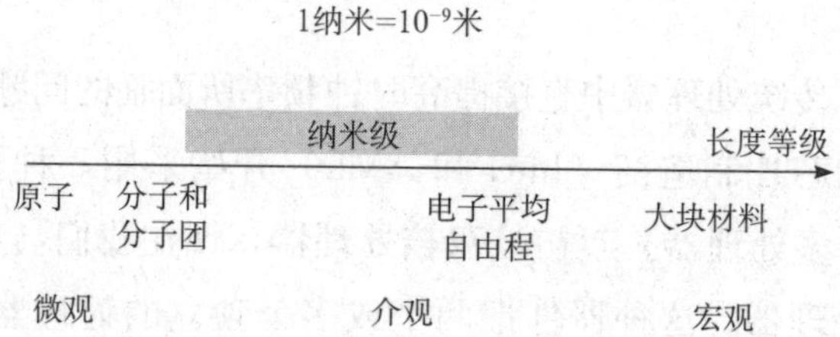

图 29-4 纳米物理学的特征尺度

降低计算机基本单元的尺度时，我们要记住的第一个微观（但仍是经典的）长度尺度是金属层内的电子平均自由程 l_e。当电荷的输运取决于杂质或其他缺陷的多电子散射时，电子的运动具有扩散特性，这是欧姆定律的基础。因为在欧姆定律的推导过程中，电子的运动是对缺陷位置平均的，它们的具体位置对最后结果没有影响。这种近似只在样品中的缺陷数量比较多时才适用。因此，当电路晶体管之间连线的长度 L 远大于电子平均自由程l_e（在溅射金属膜中 l_e的量级为数纳米）时，它们可被视为经典的欧姆电阻。相反，当 $L\sim l_e$时，电子运动是弹道式的：电子在整个器件上被电场加速，而不是通过器件扩散。我们可以预料，这时连线的性质将显著区别于经典的欧姆行为。

表征量子世界界限的另一个重要尺度是电子的德布罗意波长 $\lambda_F = h/p_e$。我们已经知道，量子化和干涉是量子世界的基本特征。一个电阻，当其最小尺度可与 λ_F 比较时，电子遵从量子力学。特别是，它们在相应方向的运动是量子化的，电阻器可描述为一个量子阱（见下面的叙述）。λ_F 值强烈依赖于电子浓度，且对正常金属为原子尺度。但在半导体中 λ_F 可大得多，且量子约束在相应的纳米物体内变得极其重要。特别是，沿一个方向的量子约束可以产生一种新实体——二维电子气体，它是许多现代电子器件的构成单元。

另一个在经典物理学中没有的纯量子尺度是所谓相位相干长度 l_φ。让我们指出，量子粒子的一个重要特征是其波函数的相位，这与其能量密切相关。当一个电子被静止杂质散射时，只有它的动量的方向发生变化，其绝对值 $|p_e|$ 或能量不变。这样的散射因此被称为弹性散射，相应的长度尺度即为电子平均自由程 l_e。即使在多次弹性散射事件后，电子的相位仍是完全确定的，因此，它可以参与量子干涉过程。但有时候，电子的自旋可因散射事件而翻转，或者电子被格点振动所散射，发生有限的能量转移。在这些情形下，终态与初态的相干遭到破坏。电子因随机散射事件相位改变 2π 的特征长度（这意味着完全丧失相位记忆）叫做相位相干长度 l_φ。它决定一个新的量子尺度：当器件的几何尺寸变得小于相位相干长度（$L < l_\varphi$）时，器件内可能出现量子干涉。

最后，我们记得在经典物理学中，电子电荷被视为无穷小，故在充电或放电过程中通过电容器极板的电流被认为是连续的。当器件的电容 c 小到电子的静电能 $e^2/2C$ 可与系统的其他能量（热能 $k_B T$ 或门电位电子能量 eV_g）量级相比较时，可发生一些有关单电子隧穿的新现象。

以上所述总结于表 29-1。

表 29-1　介观器件的重要长度尺度

常规器件	介观器件
扩散式，$L \gg l_e$	弹道式，$L \ll l_e$
不相干，$L \gg l_\varphi$	相位相干，$L \ll l_\varphi$
无尺寸量子化，$L \gg \lambda_F$	尺寸量子化，$L \ll \lambda_F$
无单电子充电，$\frac{e^2}{2C} \ll k_B T$	单电子充电，$\frac{e^2}{2C} \gg k_B T$

以上这些不同尺度的交互作用，导致纳米体系量子输运的不同模式。这些模式可有各种各样的应用。当然，这里没有足够的篇幅来详细讨论各种新的计算机基本元件的备选者，我们只简短地讨论其中一些的物理特性。

29.4　量子导线和量子点接触

让我们来考虑电荷流过所谓的量子导线，即非常细的通道。它包含载流子，但没有任何的杂质或其他晶格缺陷（图 29-5）。

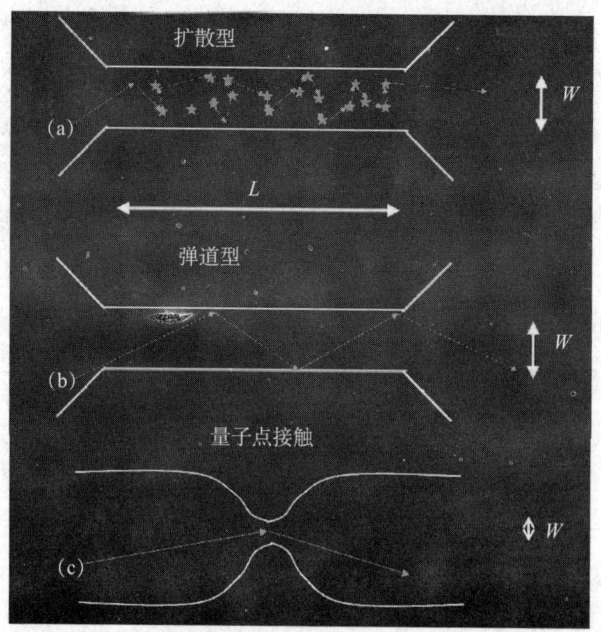

图 29-5　(a) 有杂质的正常电阻；(b) 量子导线内一个电子的弹道式运动；(c) 量子点接触

前面已指出，在导体的横向尺度 W 可与电子波长 λ_F 相比较的条件下，电子被约束在量子阱内，它在相应方向的运动是量子化的。这就是说，对应于横向运动的那部分能量只能取一定的离散值 E_n，而电子沿导线的运动仍是自由的。因为电子的总能量 E 是守恒的，E_n 值越大，为纵向运动留下的能量就越小。能量越小，相应的波长越长。因此，E_n 的每一能级对应着特定的平面波，特征波长为 λ_n（波模式）。这样，电子在量子线中的传播类似于波导内的一个波模式集合（图 29-6（a）），而不是粒子在散射介质内的扩散[①]（图 29-6（b））。

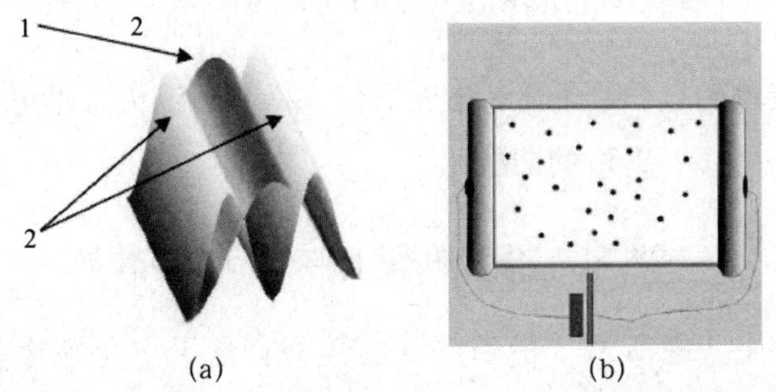

图 29-6　（a）量子导线的波模式；（b）一个普通有杂质的电阻

每一模式对电荷转移过程作出贡献，总的导电率决定于所有这些贡献之和。单个量子通道对电荷转移的贡献照例可以用量纲分析来估计。在理想情形下，这与导线的性质无关，纯粹是通用常数的组合。具有电阻量纲的唯一组合是 h/e^2，它不可能在经典理论中出现。原来，e^2/h 是用单模式沿量子导线传播时所能达到的最大电导值。

在图 29-7 中，你可以看到一个真实的量子点接触的实验曲线。在 $T=1.7\text{K}$ 的温度下，它的电导随门电压 V_g（控制导电通道的有效宽度）离散变化，而不是常数（经典行为）。每一级的高度值对应于 $2e^2/h$，与我们的量纲分析结果相符。

---

① 在第 4 章中我们讨论水下波导中的声传播，但没有考虑量子化。我们甚至根本没有考虑这种可能性，尽管它存在。事实上，当声波波长可与海的深度相比时，水下波导对于这种波来说变得如此窄，只有特定的波模式才可通过它传播。所以波导不能很好地工作，像贝尔的水麦克风（第 12 章）一样。特征波长必定达 1 千米的量级，即声频 $f=c/\lambda\approx 1$ 赫兹。随着频率增高，横驻波的节点数增多，我们就回到第 4 章的连续情形。

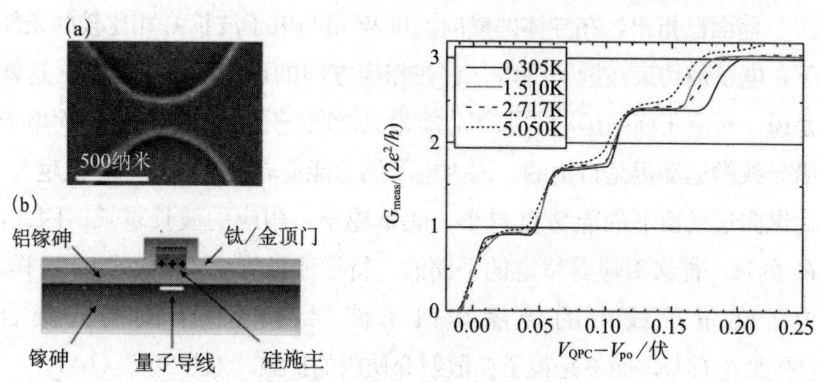

图 29-7 量子点接触的实验性实现及不同温度下其电导与门电压的关系

点接触的电导量子化一般在 $L>2$ 微米时消失，也可被温度升高抹平（见 $T=20\mathrm{K}$ 的曲线）。

29.5 “库伦阻塞”和单电子晶体管

我们来考虑所谓“量子点”的性质。量子点是绝缘基底上的一个尺寸远小于 1 微米 的金属小岛。各个金属电极实现不同的功能。第一个电极：“门”，改变量子点的静电位。第二对电极：“源”和“漏”，分别把电子供应给量子点和将电子搬离量子点。它们的布置如图 29-8 所示。

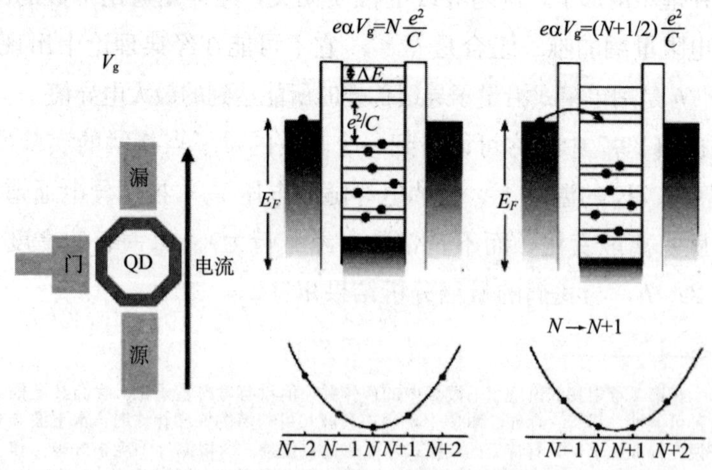

图 29-8 量子点：置于具有金属电极的隔离基底上的金属小滴

让我们假设点有 N 个多余电子，故它的总电荷是 $Q=Ne$。在没有外电位时，相应的量子点的静电能是 $Q^2/2C=N^2e^2/2C$，c 是点的电容（通常非常小）。这一能量来自分布于量子点表面的多余电荷的斥力。

当电位 V_g 施于门时，量子点的总静电能由两项组成：以上得到的多余电荷静电斥力的能量，加上外磁场把电荷从无穷远搬运到量子点上所做的功

$$E(N,\ V_g)=-V_gNe+\frac{N^2e^2}{2C}$$

这是电荷数目 N 的二次函数。形式上，它在 $N=CV_g/e$（那时导数 $\mathrm{d}E/\mathrm{d}N=0$）时达到最小值。

但 N 必须是整数。故随门电压 V_g 的不同，可能出现不同的情形（图 29-8）。第一种情形时是 $V_g=Ne/C$，抛物线的最小值果然对应着一个真实的状态：电子数为整数 N。然而当 $V_g=(N+1/2)\ e/C$ 时，最小值形式上出现于半整数个电子，这是不可能的。最接近于这一形式上的能量最小值的状态，是对应于整数 N 和 $N+1$ 的状态。重要的是这两个状态正好具有同样的能量

$$E\left(N=\frac{CV_g}{e}-\frac{1}{2},\ V_g\right)=E\left(N=\frac{CV_g}{e}+\frac{1}{2},\ V_g\right)=\frac{CV_g^2}{2}-\frac{e^2}{8C}$$

我们由此断言，当门电压 $V_g=Ne/C$ 时，点上有 N 和 $N+1$ 个电子的状态被能量 $e^2/2C$ 区隔，能量守恒定律“阻挡”电子通过量子点（在源和漏之间）迁移。相反，在 $V_g=e(N+1/2)/C$ 时，无能量损耗的电子转移是可能的，故量子点“打开”了。

我们在这里看到，一个小点可以像一个高效的晶体管那样工作。在低温下，$k_BT\ll e^2/2C$，在任何门电压下通过这样一个“单电子晶体管”的电流几乎消失，除了特殊值 $V_g(N)=e(N+1/2)/C$。在这些点附近，电导显示尖锐的峰。实验得到的量子点

电导与门电压的关系示于图 29-9。

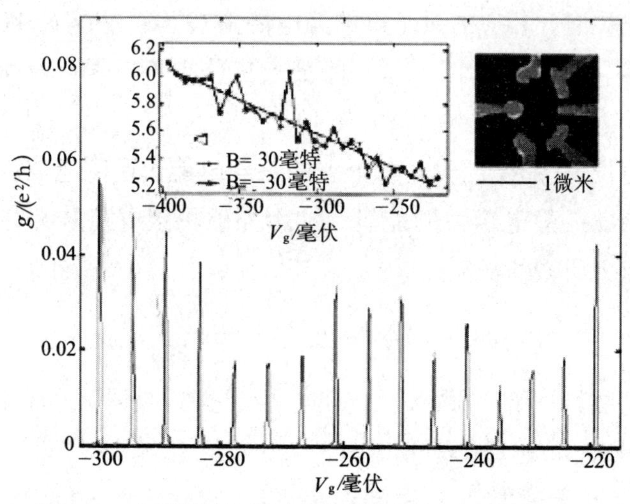

图 29-9　实验测得的量子点的微分电导与门电压的关系

可以期望，单电子晶体管未来将使人们能够开发工作于最小电流和极小损耗的逻辑电路。

29.6 结　束　语

纳米科学是一个引人入胜的新的研究领域，已经迎来了许多物理学和化学上的发现。以上只是一个非常简单、肤浅、远非全面的回顾。下面让我们列出纳米器件组成单元的其他备选者，这些都属于目前的研究前沿。它们有：石墨烯①，这是单层石墨，电子在那里形成具有相对论能谱的二维电子气；分子器件，如碳或非碳纳米管和纳米电子机械系统；基于各种原理的量子计算器件；

① 石墨烯是普通碳的薄片，只有一个原子的厚度。A. Geim 和 K. Novoselov 指出，这种形式的碳具有来自量子物理学世界的异乎寻常的性质。作为一种材料，石墨烯前所未有，不但最薄而且最强。作为电导体，它像铜一样优良。作为热导体，它优于其他一切已知材料。它几乎完全透明，但密度如此之高，连氦这种最小的气体原子也不能穿越。

Andre Geim（1958～），荷兰物理学家，曼彻斯特大学介观科学和纳米技术曼彻斯特中心主任。Konstantin Novoselov（1974～），英国籍俄罗斯物理学家，在同一中心工作。两人都因“关于二维材料石墨烯的开创性实验”被授予 2010 年诺贝尔物理学奖。

基于操控电子自旋的自旋电子器件[1]；纳米尺度上的超导和磁性等。纳米系统要求我们认识量子输运的特点，以及电子-电子相互作用和无序的相互影响，还有接触的作用和纳米器件的电磁环境。所有这些问题都还远远没有得到全面的理解。

① 自旋电子学（spintronics），是一门利用固体内电子内禀自旋及其磁矩的新兴技术。

卷 后 语

一点一点地，我们的物理学故事讲完了。我们告诉你，物理学如何帮助我们解释我们周围的许多事物。记着蜿蜒的河流和蔚蓝的天空，想想结合在一起的水滴和嘶嘶作响的茶壶，也别忘记歌唱的小提琴和高脚酒杯的鸣声。但物理学的魔力并不仅仅是解释我们所观察到的现象，而是预见会发生什么的能力，哪怕从来没有发生过的事。正是这种预测的能力，使物理学跻身于科学和技术进步的前沿。

现代物理学已经打开了通向奇妙的量子世界的大门。那里势阱的囚徒像基督山伯爵一样逃离了土牢；磁场使涡旋进入超导体；光量子的充满活力的波粒实体混合物让我们想起神秘的半人半兽的怪物。量子世界的奇妙超乎想象。但利用数学工具，理论物理学家成功地描述了量子行为，精确到理论预测和实验结果完全吻合的程度。这种正确描述几乎不可想象的现象的能力，在世界著名的物理学家朗道看来，是20世纪理论物理学的最伟大的胜利。

致　谢

在翻译本书的过程中，我得到中国科学院物理研究所于渌和王鼎盛两位研究员的鼓励和指点，于渌先生还亲自修改了最后一部分“量子世界之窗”，在此对两位先生表示深切的感谢。译文中的错误或不妥之处概由译者本人负责，敬请读者批评指教。

潘士先

2013 年 4 月于美国加利福尼亚州

彩图1　A.A.雷洛夫的油画《在蓝色中》

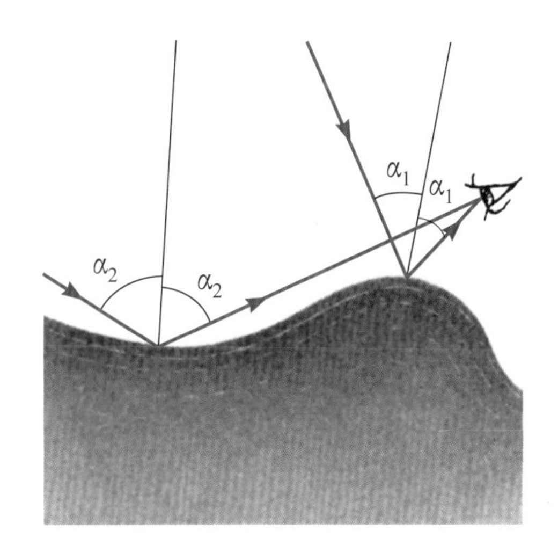

彩图2　一个波浪的示意图

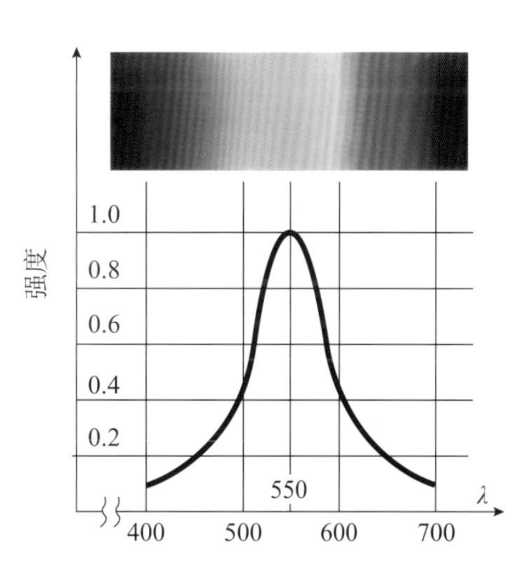

彩图3　人眼对不同颜色光的灵敏度

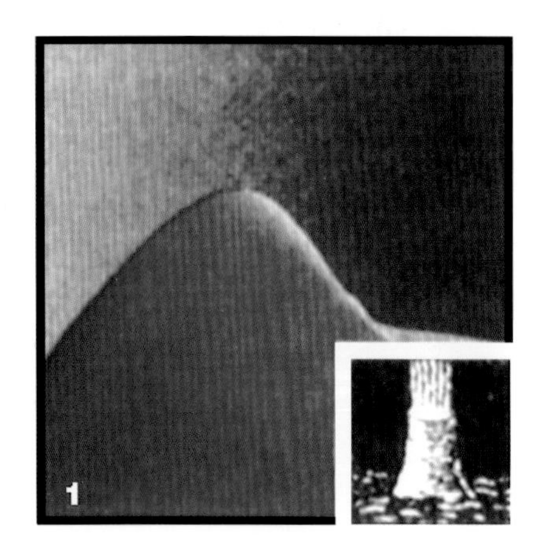

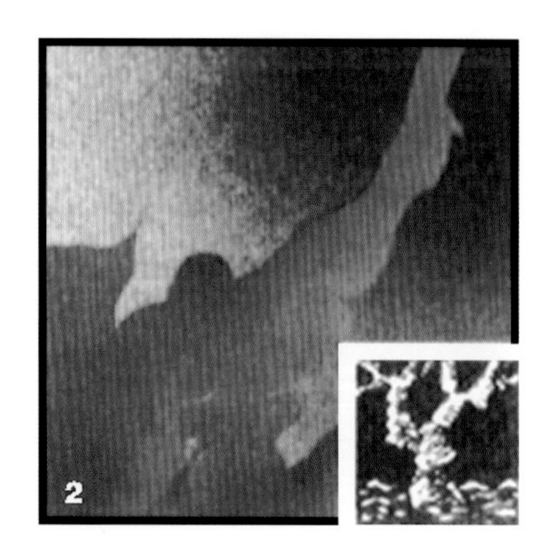

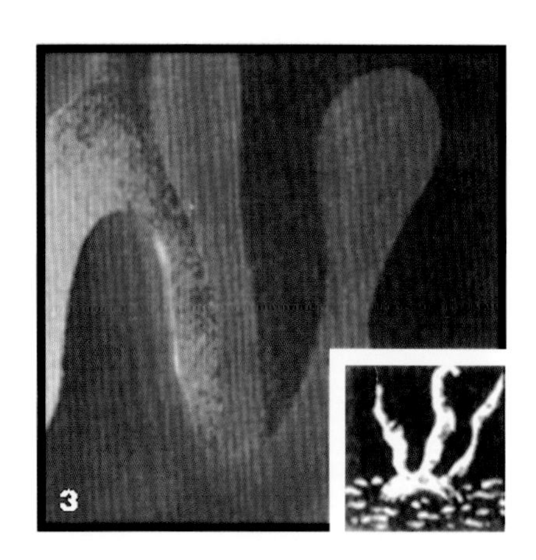

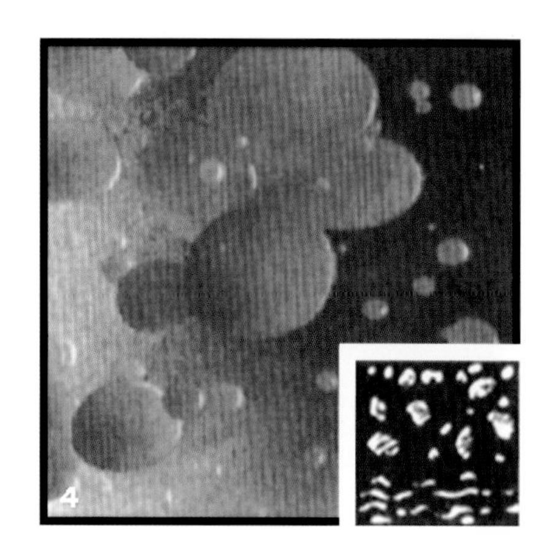

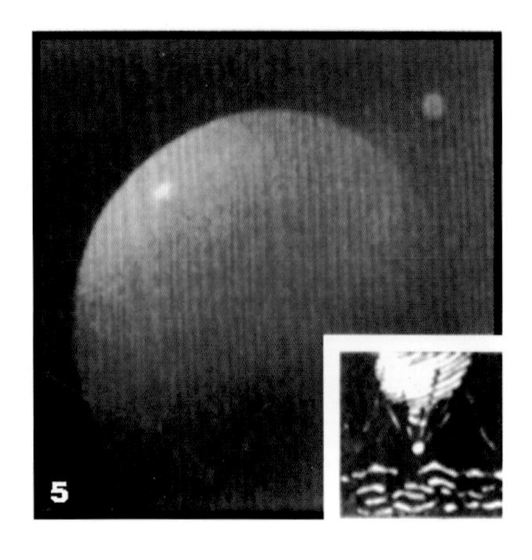

彩图4　魔灯

1.火山活动阶段
2.岩石森林阶段
3.隆块阶段
4.碰撞和灾难阶段
5.超级球阶段